面向新工科机械专业系列教材

U0185178

智能制造技术

Intelligent Manufacturing Technology

主　编　李　彬　宋伟志

副主编　张　锐　王　燕　郭俊恩　孙小捞

参　编　卢文涛　陈　超　刘　明　武　超
　　　　石念峰　宋黎明　王宁宁

中国教育出版传媒集团

高等教育出版社·北京

内容提要

智能制造技术通过计算机模拟制造业领域专家的分析、判断、推理、决策等活动,实现制造企业运作的高度柔性化和高度集成化,取代或延伸制造环境领域专家的部分脑力劳动,并对制造业领域专家的智能信息进行收集、存储、完善、共享、继承和发展。

本书共8章,主要内容包括智能制造的发展背景及意义、基本概念及未来趋势;人工智能、物联网、大数据、云计算等关键技术;智能机床、数字化工厂、智能生产线、智能装配等智能制造装备系统;工业机器人的机械系统、控制系统、传感器、编程;逆向工程、增材制造、虚拟制造等数字化制造技术,模糊控制、神经网络控制、专家系统控制、遗传算法等控制技术,机器视觉等检测技术,金属材料、无机非金属材料、高分子材料、复合材料等工程材料的智能制造等。

本书内容完整、系统性强,结合各个领域的应用案例分别进行讲解,可以很好地反映我国目前智能制造技术的发展、研究、应用现状。本书可作为高等学校机械工程相关专业的本科和研究生教材,也可供智能制造领域技术人员参考。

图书在版编目(CIP)数据

智能制造技术 / 李彬,宋伟志主编. -- 北京 : 高等教育出版社,2023.6

ISBN 978-7-04-060092-6

Ⅰ. ①智… Ⅱ. ①李… ②宋… Ⅲ. ①智能制造系统

Ⅳ. ①TH166

中国国家版本馆 CIP 数据核字(2023)第 036654 号

智能制造技术
Zhineng Zhizao Jishu

| 策划编辑 | 卢 广 | 责任编辑 | 卢 广 | 封面设计 | 张志奇 | 版式设计 | 张 杰 |
| 责任绘图 | 邓 超 | 责任校对 | 陈 杨 | 责任印制 | 耿 轩 | | |

出版发行	高等教育出版社	网 址	http://www.hep.edu.cn
社 址	北京市西城区德外大街4号		http://www.hep.com.cn
邮政编码	100120	网上订购	http://www.hepmall.com.cn
印 刷	山东临沂新华印刷物流集团有限责任公司		http://www.hepmall.com
开 本	787mm × 1092mm 1/16		http://www.hepmall.cn
印 张	19		
字 数	450 千字	版 次	2023 年 6 月第 1 版
购书热线	010-58581118	印 次	2023 年 6 月第 1 次印刷
咨询电话	400-810-0598	定 价	37.60 元

前　言

　　制造业是国民经济的基础，是决定国家发展水平的最基本因素之一。20 世纪 80 年代，美国学者赖特教授（P. K. Wright）和布恩教授（D. A. Bourne）最早提出智能制造的概念。智能制造是由智能机器和人类专家组成的人机一体化智能系统，它在制造过程中进行智能活动。通过人与智能机器的合作，扩大、延伸和部分地取代人类专家在制造过程中的脑力劳动。智能制造是制造自动化的扩展，使其向柔性化、智能化和高度集成化方向发展。其中，智能化是制造自动化发展的最重要方向，人工智能技术在制造过程的各个环节广泛应用。

　　《"十四五"智能制造发展规划》新闻发布会上，工业和信息化部相关负责人表示，当前全球新一轮科技革命和产业变革突飞猛进，并与我国加快转变经济发展方式形成历史性交汇。一方面，新一代信息技术、生物技术、新材料、新能源等不断突破，并与先进制造技术加快融合，为制造业高端化、智能化、绿色化发展提供了重要的历史机遇；另一方面，我国正处于转变发展方式、优化经济结构、转换增长动力的攻关期，制造业发展面临供给与市场需求适配性不高、产业链供应链稳定受到挑战、资源环境约束趋紧等突出问题。作为制造强国建设的主攻方向，加快发展智能制造，对巩固实体经济根基，建成现代产业体系，实现新型工业化具有重要作用。

　　近年来，我国智能制造业取得了快速发展，其核心技术有了很好的积累，某些领域产品装备已在制造领域得到了批量化应用，并建立起了较好的智能制造装备体系。在我国智能制造业高速发展的关键阶段，出版智能制造丛书意义重大。《智能制造技术》作为该套丛书之一，可帮助读者了解我国智能制造技术的发展现状及未来趋势。

　　本书结合目前智能制造业发展现状及未来趋势，详细介绍了智能制造核心技术、研究成果以及应用情况，内容包括智能制造基础理论与关键技术、精密加工、智能生产线、智能装配、工业机器人、逆向技术、增材技术、虚拟技术、智能控制技术、智能检测技术、材料智能制造技术等，内容丰富、实用。

　　本书由洛阳理工学院李彬、宋伟志、张锐、王燕、郭俊恩、孙小捞、卢文涛、刘明、武超、石念峰、宋黎明、王宁宁，国家农机装备创新中心陈超编写。具体编写分工如下：第 1、3、7 章由李彬、宋伟志、陈超编写；第 2 章由石念峰、郭俊恩编写；第 4 章由卢文涛、宋黎明编写；第 5 章由孙小捞编写；第 6 章由武超、王燕编写；第 8 章由张锐、刘明编写；李彬、宋伟志担任主编，张锐、王燕、郭俊恩、孙小捞担任副主编。

本书由武汉理工大学万小金教授主审。万教授在百忙之中对全书进行了仔细而全面的审阅,并提出了很多宝贵意见,在此表示诚挚的感谢。

本书在编写过程中得到了国内众多专家学者及单位的支持,中科慧远视觉技术(洛阳)有限公司董事长、中国科学院自动化研究所精密感知与控制研究中心副主任张正涛研究员为本书的编写提供了大量技术材料;国家农机装备创新中心李保忠副主任为本书的编写提出了宝贵意见。本书在编写过程中还参考了一些国内外相关领域的书籍、论文等文献资料,并借用了企业的一些工程实例,丰富了本书的内容。在此,向为本书编写提供大力支持的专家学者、有关单位以及有关参考文献的作者表示感谢。

由于作者水平有限,书中不足和不当之处在所难免,恩请广大读者批评指正。

编 者

2022. 11

目　录

第1章　智能制造概论

1.1　智能制造的发展背景和意义

作为基础工业的重要组成成分,制造业对国民经济的发展起到举足轻重的地位,其发展水平是一个国家发展水平的重要体现。机械制造业从最初的纯手工制造,逐渐发展为自动化、集成化的制造模式。对于制造自动化来说,20 世纪五六十年代主要是单机数控,70 年代之后逐渐发展为 CNC 机床及其组成的集成自动化装备,至 80 年代,柔性自动化初露端倪。由于计算机科学等高新技术的出现,机械制造业的发展出现两种不同的模式:一是传统装备制造技术的持续发展;另一个则是基于自动化学科和计算机学科的新制造技术。自 20 世纪 80 年代以来,传统制造技术得以快速发展,但是依然存在诸多问题。近年来,很多学者开始研究制造过程的自动化程度,这是由于自 19 世纪 70 年代之后的一百余年内,制造过程的效率提高了约 20 倍,而装备产品的设计效率仅仅增大 2 倍,这表明通过自动化技术,工人的体力劳动强度得到极大的缓解,但是脑力劳动依然未实现高度自动化,也就是说,生产过程中的决策自动化程度很低,人类的决策智慧并未引起足够重视,生产者的双手和大脑并未真正完全解放,各类复杂问题的解决对人类智慧的依赖性依然很强。

因此,对于产品种类多、同一批次数量少、市场更新快的经营环境和复杂多变的社会环境等综合因素的强耦合效应,若提高装备制造的自动化程度,必然面临各种各样的复杂问题:(1) 具有一定知识和技能储备的人才的流动,导致企业人才不足或技术不能及时传承;(2) 现代制造产品需要各类各层次专业技术人才在多领域协同作战,小至企业内部,大至企业之间甚至不同国家之间开展全方位合作;(3) 柔性化生产对制造系统的决策过程和决策效率提出更高的要求;(4) 现代生产制造过程包含数量更多、更复杂的信息,这对信息的处理能力提出更高要求,需要对传统处理信息的方法进行再次升级与提高;(5) 生产过程的自动化程度取决于制造系统的自我组织能力,也即是智能水平。由于计算机技术的快速发展,基于人工智能和集成制造系统的智能制造技术(intelligent manufacturing technology,IMT)和智能制造系统(intelligent manufacturing system,IMS)逐渐发展,这种新技术的发展有助于解决当前制造业面临的问题。当前,装备制造的全过程存在的问题可以总结为"制造智能"和制造技术的"智能化"。智能制造技术对于产品生产制造的所有环节,均以高度柔性和集成的模式,基于计算机来仿真各类技术人员的动作,对不同的信息进行综合分析与判断,目的是取代生产制造过程中人的脑力劳动,并对决策者的智能信息进行整合与发展。未来的装备智能制造必然是知识密集型行业,所以制造自动化的终极目标是决策自动化。

早在 1985 年,美国国家科学基金会(NSF)就开展"未来制造工厂"的重大应用基础研究项目,项目经费高达 1 700 万美元,该项目最终由普渡大学傅京孙(King-sun Fu)教授主导的研究团队获得。这也是全球最早的国家级"智能制造"基础研究,这些相关研究后来逐渐发展成为计算机柔性制造系统(CIMS)和计算机辅助制造(CAM),并成为现代智能制造的先驱。

1.2　智能制造的基本概念

智能制造(intelligent manufacturing,IM)是基于计算机辅助设计、计算机辅助制造、电子制造服务、电子设计自动化等学科而发展的,这一过程也是装备制造业从传统的机械化逐步走向数字化、网络化、柔性化、智能化的过程。

从本质上来说,智能制造是基于人工智能的相关理论与方法将相对分散的制造环境联系起来,将制造系统智能化与制造单元的柔性化进行集成,实现专业技术人员与机器的自然交互,形成一套完整的智能系统。在装备制造实际进程中,制造业的智能化是指能够对各种各样的数据信息进行分析、研判和决策,实现机器的智能化。

1.2.1　智能制造的定义、内涵及特征

智能制造可以从智能与制造这两个方面来解释。第一,从字面意义上讲,智能包含智慧和能力两方面的含义,智慧是从人的第一感觉到大脑思维的过程,其结果是人的逻辑语言与肢体行为,而能力是对逻辑语言和肢体行为进行准确表达,两者共同组成"智能";第二,制造即是对原材料进行去除或增加等加工,以及对各种零部件装配的过程。

智能制造是深度融合先进的生产制造技术和新一代通信技术的新型生产方式,贯穿于设计、生产、服务等制造过程的所有环节,具有自学习、自决策、自适应等功能,是一种面向产品的整个生命周期的制造思想。基于现代网络技术和传感技术,通过合理的人机交互,实现工业产品从设计到制造全过程的自动化,这是装备制造技术、自动化技术和通信技术深度融合的结果。智能制造以重要的制造环节的智能化为核心,以智能化的工厂为载体,以网络互相联通为支撑,以终端到终端的数据流为基础,可有效缩短产品的研发周期、降低运营成本,同时提高产品的质量和生产效率,并降低环境资源的消耗量。

在详细论述智能制造技术之前,需要首先说明智能制造的具体含义。在工业和信息化部等八部委联合印发的《"十四五"智能制造发展规划》中指出,智能制造作为一种新型的制造方式广泛地利用新颖的机械设计技术、通信技术和电子电工技术等学科的新技术,服务于生产加工的各个环节,其主要特点是生产方式的变革。因此,智能制造的核心即是整合利用各种新型的技术手段,提高生产过程的智能化水平和自动化水平,进而提高产品的生产效率和产品质量,最终实现解放劳动力的目的。

由此可以发现,智能制造是通信技术和新型制造技术在制造装备上的深度集成,是实现高质量、高效率生产制造的技术。无论是智能制造的功能,还是智能制造的经济目标,都显示着智能制造在世界各国工业转型升级中的重要地位,也体现着智能制造在国民经济发展中的重要作用。

1.2.2　智能制造技术体系结构

作为制造行业中最新的模式之一,智能制造具有良好的发展与应用前景。智能制造的重点是智能化,本质是对复杂的信息进行有效处理的系统,通过该系统来控制制造过程中的每一个元动作,实现零部件和产品的加工与装配。智能制造是第四次工业革命中机械制造业的发展方向,也是我国机械装备制造业实现快速发展的不二选择。

智能制造主要由支撑技术层、系统业务层、系统运作层、功能单元层、功能系统层共五个层次构成。各个层次之间互相促进、互相协调。智能制造系统以信息采集、传输和集成为核心,以所需产品的具体要求为系统输入、以基本的制造单元为依托,推动智能制造生产线的正常运作,实现市场需求个性化服务的目标,最大程度地满足市场的需求。各个层次的主要内容如下:

(1) 支撑技术层　应用模块化技术和传感技术,进行信号的有效识别,实现设备的安全维护和故障诊断与维修。

(2) 系统业务层　即系统目标,为客户提供大批量定制产品及个性化的服务。

(3) 系统运作层　主要包含精益化、数字化和敏捷化等最新技术。

(4) 功能单元层　应用通信网络和传感网络技术,实现设备和加工装备的信息传输。

(5) 功能系统层　主要功能包括设备预警、加工参数优化、生产的全过程监控、精度在线检测等。上述功能将最终通过信息技术系统进行集成。

1.2.3　智能制造与传统制造的区别

智能制造系统是基于工业互联网的生产制造体系,可以突破土地、环境、资金、劳动力等生产要素的空间约束,实现虚拟化生产和遥控远程指挥,主要特点是具有分散的用户和更低成本的供应企业。智能制造的长尾经济性和网络外部性,为各个生产协作企业挣脱陈旧产业链的约束,实现跨越式的发展提供了必要的条件。能否吸引到充足的创新型资源和平台的用户,并加入新的网络化协同运作的平台,成为传统型制造企业向智能化企业升级转型的关键要素。

智能制造以最新的通信网络技术为基础,整合了新工艺、新材料和新能源,贯穿于产品的设计、加工、服务等相关制造活动的所有环节,具有精准控制自执行、智慧优化自决策、信息深度自感知等功能的先进制造过程、模式和系统的总称。智能制造的本质是实体生产和机器人、互联网的相互融合与渗透,代表了装备制造业的未来发展趋势。一方面,以工业互联网为技术基础的智能机器人完全改变了传统制造业的生产方式,使产品的质量、生产效率及能量消耗等参数大幅度改善;另一方面,作为工业互联网的节点,机器人一直在扩大网络的作用,促进装备制造业的服务化转型升级,极大地促进供应链管理创新,对世界范围内制造业的转型与发展都产生巨大影响。随着劳动力成本增大、环境资源压力增大等多种制约因素日益增强,以工业机器人为主要代表的智能装备将被广泛地使用。以信息化、智能化、人机协作为明显特征的新一代机器人,必然成为装备智能制造产业发展的重点领域。智能制造的快速健康发展,也必然依赖于机器人、人工智能等高端前沿技术的发展。

在生产成本方面,由于智能制造能够对制造过程的各个环节充分优化,因此可以显著降低生产成本。在生产效率上,由于智能制造能够强化生产线的流畅性,因此能够显著提高生产效率。在产品开发方面,智能制造可以缩短产品的开发周期。在资源使用方面,智能制造能够合理配置资源进而达到减少资源浪费的目的。在产品质量方面,智能制造能够有效地监督生产操作过程,提高产品的质量。除此之外,智能制造与控制、过程优化等技术相结合,亦有利于制造环境和信息技术同步发展,降低产品的生产成本。智能制造在产品的设计阶段即可模拟产品的整个生命周期,从而更加有效地保证生产效率和产品全生命周期的质量。

智能制造的出现,改变了世界范围内价值链的分配方式,装备制造业的优势逐渐由低生产成本转变为高生产效率。随着科学技术的进步,人工智能逐渐发展为更加成熟的技术,由于智能制造整合了各类信息技术,必然迎来发展的高光时刻。

1.3 智能制造的关键技术

赛博物理系统(cyber-physical systems,CPS)通过3C(computing、communication、control)技术实现制造过程的实时感知与控制,使制造装备具有计算、通信、控制、协调等功能,进而实现现实世界与虚拟网络的深度融合。

人工智能(artificial intelligence,AI)是研发用于模拟和扩展人类智能的技术。人工智能的目的是设计并生产一种设备,该设备具有与人类决策类似的处理信息的能力,相关研究包括机器人、图像识别等。

增强现实技术(augmented reality,AR)是一种将虚拟世界的信息与真实世界的信息无缝融合的新技术,它把原本属于现实世界的、在一定时空范围内很难体验的实体信息(听觉、触觉、味觉、视觉等信息),通过计算机等技术进行模拟仿真再后处理,将虚拟的信息应用于真实的世界,进而被人的感觉器官所感知,最终达到超越现实的感官体验。增强现实技术不仅将虚拟的信息显示出来,而且展现了真实世界的信息,这两种信息亦能互相补充和叠加。增强现实技术主要包括三维建模、实时视频显示及控制、实时跟踪及注册、多传感器融合、场景融合等新技术和新手段。

基于模型的企业(model-based enterprise,MBE)利用建模和仿真技术将产品涉及的全部技术进行全方位无死角的改进,利用过程模型来控制和管理产品生产的全过程,并利用科学的模拟工具在产品生命周期的每一关键时刻作出最优的决策,从源头上减少产品研发需要的成本。

物联网(internet of things,IoT)是任意物体之间实现互联的网络,利用各类传感设备,及时准确地采集物体或过程中的信号,将采集的信号与互联网集成,形成一个广阔的网络。物联网的最终目的是将物、人之间的所有信息进行连接。

工业大数据(industrial big data,IBD)是将大数据思想植入工业制造领域的新技术,采用全新的数据处理方式,将设备、环境、服务等相关的孤立数据进行连接,使生产过程具有高效强大的智能决策能力。与其他领域的大数据相比,工业大数据具有更强的关联性、时序性、流程性和专业性等特点。(由于目前关于工业大数据尚未有成熟完整的定义,此定义是根据作者自己的理解,在结合 Gartner、IBM 等对大数据的定义的基础上形成的)

混合制造是将铣削加工(减材制造)技术与3D打印(增材制造)技术结合起来形成一种创

新型制造方式。基于混合制造,可有效利用增材制造的优势来加工全新的几何形状,同时,增材制造技术的使用使得加工的对象不再局限于小型件,加工的效率也大大提高。

工厂信息安全是将信息安全的思想应用于工业制造领域,实现对产品及工厂的生产与维护环节所涵盖的所有系统与终端进行安全防护。涉及的系统与终端设备主要有数据采集与监控系统(SCADA)、过程控制系统(PCS)、工业以太网、分布式控制系统(DCS)、远程监控系统、可编程逻辑控制器(PLC)等网络设备及工业控制系统。工厂信息安全就是保证工业网络和系统不被未授权地使用、中断和破坏,为设备的正常使用和企业的正常生产提供信息服务。

云计算(cloud computing,CC)指基于网络"云"方法将大量的数据处理程序拆分为一定数量的小程序,通过多部服务器组成的系统来处理这些小程序,将得到的结果反馈给用户。云计算早期是简单的分布式计算,将任务分发处理,并对结果进行整合。所以,云计算亦称为网格计算。采用该技术,可以在较短时间内对大量的数据进行处理,实现丰富的网络服务。

机器学习是一个多种学科交叉融合的技术,覆盖统计学、概率论、近似理论和复杂算法等相关知识,利用计算机作为工具,致力于模拟真实的人类学习模式,并将现有的内容进行结构划分,有效提升学习的效率。

互联互通(interconnection)是运营商的网络与不在该网络中的其他设备或设施之间的物理链路。互联互通可以指若干个(两个或多个)运营商之间的连接(网间互联),也可以指同一个运营商内部的设施及其客户设备之间的连接(设备间互联)。在欧美一些国家,互联互通被定义为两个或多个网络的链路,用于交换双边的通信流量。强制性要求那些处于支配地位的运营商实现互联互通是政府管理部门在电信市场中引入竞争的有效手段之一。

1.4 智能制造的现状与发展趋势

1.4.1 智能制造的发展现状

1. 我国智能制造的发展现状

近年来,在相关政策的支持下,我国智能制造装备业的规模迅速扩张。前瞻产业研究院的相关研究数据表明,2015 年我国智能制造装备业的产值已突破 1 万亿元大关,预计到 2024 年,这一规模有望突破 3 万亿元,由此可以看出,我国智能制造装备业的发展前景非常广阔。

我国目前已经在长三角、珠三角、环渤海、中西部等四个区域形成了装备制造业的产业集聚区,产业集聚区的形成反过来又进一步促使各个区域智能制造的持续健康发展。四个产业集聚区分别具有各自的特色,长三角地区具有较强创新能力,经济发展迅速,在智能生产设备方面的优势较为明显;珠三角地区重点发展智能机器人来代替人的劳动,逐步发展成为国内智能制造的主要基地;环渤海地区则充分应用地区与人力两大优势资源,形成"核心区域"和"两翼"的特色发展方式,通过错位发展优势来实现自身的迅速发展;与沿海地区相比,中西部地区的智能制造发展相对落后,目前尚处于自动化的阶段。

与西方发达国家相比,我国在智能制造领域的相关研究工作仍然处在讨论人工智能在装备制造领域中如何应用的阶段。近年来,我国研发了很多面向制造过程中特定问题、特定环节的"智能化孤岛",比如专家系统、智能辅助系统等,这些系统水平不同、类型各异,但是对制造环境全方位智能化的研究仍处于初期阶段。自 2009 年我国出台《装备制造业调整和振兴规划》以来,各级政府在政策上持续加大对智能装备制造业的支持力度。《中国制造 2025》国家行动纲领的推出,更是指明了我国智能制造业的发展方向。

2. 国外智能制造的发展现状

目前,智能制造技术与系统的相关研究越来越受到多个国家政府、工业界和众多研究学者的广泛重视。

作为全球智能制造理论的起源地之一,美国政府将智能制造作为新世纪占据全球制造技术领域头部地位的基石。从 1990 年开始,美国国家科学基金会就开始重点资助智能制造相关的多项研究,项目涵盖了智能制造的多项内容,主要包括智能制造过程中的智能决策、智能并行设计、智能协作求解和物流传输智能化等方面。2005 年,美国国家标准与技术研究所(NIST)提出了"智能加工系统(smart machining system,SMS)"研究计划。该系统的实质是智能化,主要研究目标:(1) 设备特征化,即设计具有一定特点的测量方法和标准,并在设备正常运行时对其性能进行测试;(2) 系统动态优化,即是将相关加工设备和加工工艺进行集成建模,对系统模型进行动态优化,在加工制造过程中测算工件精度和判断刀具磨损程度;(3) 状态监控和可靠性,即是开发与传感、测量、分析相关的技术;(4) 下一代数控系统,即与 STEP-NC 兼容的接口和数据格式,使基于模型的机器控制能够无缝衔接运行。美国智能制造领导联盟(smart manufacturing leadership coalition,SMLC)发布的《实现 21 世纪智能制造》报告不仅详细描述了此领域的发展宏图,而且确定了未来的十大优先目标,通过采用自动化技术和数字信息技术对传统加工厂进行现代化改造,改变传统的加工制造模式,从而获得经济发展和竞争力提高。

2010 年,欧盟启动"第七框架"计划(FP7)的制造云项目。作为制造业大国的代表,德国政府在实施了"智能工厂"(smart factory)计划之后,又在 2013 年于汉诺威工业博览会上提出了"高技术战略 2020"计划,旨在利用未来的高新技术来奠定本国在关键工业技术上的国际领先地位,这就是德国的"工业 4.0"计划。此概念是在西门子公司、弗劳恩霍夫协会、德国工程院等产业界和学术界的建议下形成的,目前,该计划已经上升为国家级战略。

1.4.2　智能制造的发展趋势

1. 流程型制造业率先实现智能制造

在实际生产加工过程中,由于生产控制系统、原材料、半成品等存在的变数比较小,其状态相对比较容易控制。所以,从长远来看,首先实现智能制造的领域必然是流程型制造业,即是生产过程自动化、流程化、智能化。

2. 供应链协同加速上游企业智能化发展

这方面的发展主要表现在:(1) 生产厂商对市场需求的变化必须及时准确地做出相应的反应,通过满足不同消费者不断变化的、个性化的要求,实现企业与整个产业链条的协同创新发展;(2) 通过智能化的计算能力和通信能力,提高全产业链的生产、交货能力,最终实现末端产品的快速、顺利交付。

3. 5G 促进智能制造进入成熟阶段

5G 网络可以将零散的、分布广泛的设备、人全部连接起来,建立一个统一互联的网络系统,帮助生产企业摆脱混乱的网络技术应用状态,推动生产制造企业进入"万物可控、万物互联"的智能制造成熟阶段,无线通信网络在工业领域的应用将迎来快速增长。

在国家政策推动下,我国制造业正朝着平台化、服务化、融合化的方向发展。制造业和服务业交互融合成为我国智能制造业发展的主要方向,制造业与服务业相互依存、相互融合的共生态势将有效促进科技创新发展和商业模式创新。未来制造业将会呈现出服务化的趋势,单纯生产加工的比例将会锐减,而管理、物流等服务性内容所占比例必然上升。随着消费者的个性化需求被逐步放大,定制平台将呈现快速增长,消费者可以通过定制平台直接参与产品的个性化设计和加工过程,这种模式将有效帮助企业解决消费者多样化、个性化的需求。

思考题

1-1　智能制造的含义是什么？

1-2　智能制造与传统制造的区别是什么？

第2章 智能制造基础理论与 关键技术

2.1 人 工 智 能

2.1.1 人工智能概述

人工智能是研究、开发用于模拟、延伸和扩展人类智慧的理论、方法、技术及应用系统的一门新技术；是计算机科学的一个分支。人工智能模拟人类的意识与思维过程，并生产出一种能以人类智慧相似的方式工作的智能机器。该领域的研究包括机器人、语言识别、图像识别、自然语言处理和专家系统等。随着科技的发展，人工智能的理论和技术日益成熟，应用领域也不断扩大，可以设想，未来含有人工智能的科技产品，将会是人类智慧的载体。人工智能不是人的智能，但能像人那样思考，也可能超过人的智能。

人工智能是一门极富挑战性的科学，从事这项工作的人必须懂得计算机知识、心理学和哲学。人工智能是包括十分广泛的科学，它由不同的知识领域组成，如机器学习、计算机视觉等，总的说来，人工智能研究的主要目标是使机器能够胜任一些通常需要人类智慧才能完成的复杂工作。

2.1.2 知识表示方法

知识表示（knowledge representation）是指把知识客体中的知识因子与知识关联起来，便于人们识别和理解。知识表示是知识组织的前提和基础，任何知识组织方法都是要建立在知识表示的基础上。

经过国内外学者的共同努力，已经有许多知识表示方法得到了深入的研究，使用较多的知识表示方法主要有以下几种。

（1）逻辑表示法

逻辑表示法以谓词形式来表示动作的主体、客体，是一种叙述性知识表示方法。利用逻辑公式，人们能描述对象及其性质、状况和关系。它主要用于自动定理的证明。逻辑表示是指假设与结论之间的蕴涵关系，即用逻辑方法推理的规律。它可以看成自然语言的一种简化形式，由于它精确、无二义性，容易被计算机理解和操作，同时又与自然语言相似，因此应用广泛。逻辑表示法主要分为命题逻辑和谓词逻辑。

命题逻辑是数理逻辑的一种，数理逻辑是用形式化的语言（逻辑符号语言）进行精确（没有歧义）的描述，用数学的方式进行研究。数学中的假设未知数是一种常用的数理逻辑表示方法。

例如，用命题逻辑表示：如果 a 是偶数，那么 $2a$ 是偶数。

定义命题如下,P:a 是偶数;Q:$2a$ 是偶数,则原知识表示为:$P \rightarrow Q$

谓词逻辑相当于数学中的函数表示。例如,对于所有满足 F 性质的 x,都存在满足 G 性质的对象 y,使得 x,y,z 满足关系 H,则可表示为:

$$\forall x(F(x) \rightarrow \exists y(G(y) \wedge H(x,y,z)))$$

(2)产生式表示法

产生式表示法,又称规则表示法,有的时候被称为 IF-THEN 表示法,它表示条件-结果形式,是一种比较简单表示知识的方法。IF 后面部分描述了规则的先决条件,而 THEN 后面部分描述了规则的结论。产生式表示方法主要用于描述各种过程知识之间的控制及其相互作用的机制。

例如,IF 动物会飞 AND 会下蛋,THEN 该动物是鸟。

(3)面向对象的表示法

面向对象的表示法是按照面向对象的程序设计原则组成一种混合知识的表示形式,是以对象为中心,把对象的属性、动态行为、领域知识和处理方法等有关知识封装在表达对象的结构中。在这种方法中,知识的基本单位就是对象,每一个对象是由一组属性、关系和方法的集合组成的。一个对象属性集和关系集的值描述了该对象所具有的知识;与该对象相关的方法集,操作在属性集和关系集上的值,表示该对象作用于知识上的知识处理方法,其中包括知识的获取方法、推理方法、消息传递方法以及知识的更新方法。

(4)语义网络表示法

语义网络表示法是知识表示中最重要的方法之一,是一种表达能力强而且灵活的知识表示方法。它是通过概念及其语义关系来表达知识的一种网络图。从图论的观点看,它是一个"带标识的有向图"。语义网络利用节点和带标识的边构成的有向图描述事件、概念、状况、动作及客体之间的关系。带标识的有向图能十分自然地描述客体之间的关系。

(5)基于可扩展标记语言的表示法

在可扩展标记语言(extensible markup language,XML)中,数据对象使用元素描述,而数据对象的属性可以描述为元素的子元素或元素的属性。XML 文档由若干个元素构成,数据间的关系通过父元素与子元素的嵌套形式体现。在基于 XML 的知识表示过程中,采用 XML 的文档类型定义(document type definitions,DTD)来定义一个知识表示方法的语法系统。通过定制 XML 应用来解析实例化的知识表示文档。在知识利用过程中,通过维护数据字典和 XML 解析程序把特定标签所标注的内容解析出来,以"标签+内容"的格式表示出具体的知识内容。知识表示是构建知识库的关键,知识表示方法选取得合适与否不仅关系到知识库中知识的有效存贮,而且直接影响着系统的知识推理效率和对新知识的获取能力。

2.1.3　确定性推理

在人工智能中,利用知识表示方法表达完一个待求解的问题后,还需要利用其他方法来求解这个问题。从问题表述到问题解决之间,有一个求解的过程,即搜索过程。在这个过程中,采用适当的搜索技术,包括各种规则、过程和算法等推理技术,力求找到问题的解答。这类问题的求解方法就包括确定性推理。

按所用知识的确定性,推理可以分为确定性推理和不确定性推理。所谓确定性推理,指的是推理所用的知识都是精确的,推出的结论也是精确的。比如一个事件是否为真,其推理的结果只能是真或者假,绝对不可能出现第三种可能。

确定性推理的方法有很多,具体有图搜索策略、盲目搜索、启发式搜索等。

(1)图搜索策略

可把图搜索策略看成一种在图中寻找路径的方法。初始节点和目标节点分别代表初始数据库和满足终止条件的目标数据库。求得把一个数据库变换为另一个数据库的规则序列问题就等价于求得图中的一条路径问题。

(2)盲目搜索

不需要重新安排 OPEN 表的搜索叫作盲目搜索,也称为无信息搜索。它包括宽度优先搜索、深度优先搜索和等代价搜索等。

(3)启发式搜索

盲目搜索的效率低,较多时间消耗于空间和时间的计算。如果能够找到一种方法用于排列待扩展节点的顺序,即选择最有希望的节点加以扩展,那么搜索效率将会大大提高,因此发展了启发式搜索。在许多情况下,能够通过检测来确定合理的顺序。

2.1.4 状态空间搜索

状态空间搜索就是将问题求解过程表现为从初始状态到目标状态寻找路径的过程。通俗地说,在两点之间求一线路,这两点分别是求解的开始和问题的结果,而这一线路不一定是直线,可以是曲折的。求解问题的过程中分支很多,主要是由于求解过程中求解条件的不确定性、不完备性造成的,众多分支就构成了一个图,这个图就表示状态空间。问题的求解实际上就是在这个图中找到一条从开始到结果的路径。对路径的寻找过程就是状态空间搜索。

常用的状态空间搜索方法有深度优先和广度优先两种。广度优先是从初始状态逐层向下找,直到找到目标为止。深度优先是按照一定的顺序查找完一个分支,再查找另一个分支,直到找到目标为止。

2.1.5 专家系统

专家系统是人工智能中最重要的也是最活跃的一个应用技术,它实现了人工智能从理论研究走向实际应用、从一般推理论策略探讨转向运用专门知识的重大突破。专家系统是早期人工智能的一个重要分支,可以看作是一类具有专门知识和经验的计算机智能程序系统,一般采用人工智能中的知识表示和知识推理技术来模拟通常由领域专家才能解决的复杂问题。

专家系统通常由人机交互界面、知识库、推理机、解释器、综合数据库、知识获取端等六个部分构成。其中,知识库与推理机相互分离而别具特色。专家系统的体系结构随专家系统的类型、功能和规模的不同而有所差异。专家系统的基本结构如图 2-1 所示,其中箭头方向为数据流动的方向。

专家系统的基本工作流程是,首先用户通过人机交互界面回答系统的提问;然后推理机将用户输入的信息与知识库中各个规则的条件进行匹配,并把被匹配规则的结论存放到综合数据库中;最后专家系统将得出最终结论呈现给用户。

在这里,专家系统还可以通过解释器向用户解释以下问题:系统为什么要向用户提出该问题(why),计算机是如何得出最终结论的(how)。

领域专家或工程师通过专门的软件工具,或编程实现专家系统中知识的获取,不断地充实和完善知识库中的知识。

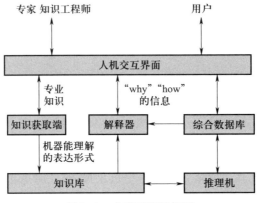

图 2-1　专家系统结构图

2.1.6　人工神经网络

人工神经网络(artificial neural network,ANN)的灵感来自生物学。生物神经网络使大脑能够以复杂的方式处理大量信息。大脑的生物神经网络由约 1 000 亿个神经元组成,这是大脑的基本处理单元。神经元通过彼此之间强大的连接(称为突触)来执行其功能。人脑约有 100 万亿个突触,每个神经元约有 1 000 个突触。神经元可分为四个区域,如图 2-2 所示。

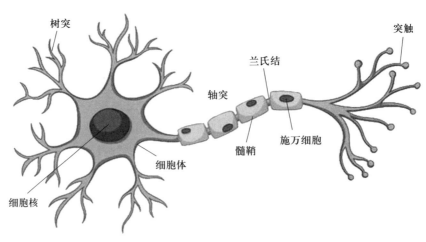

图 2-2　人体神经元模型

(1) 接收区　树突是神经元的接收区,用于接收输入信息。

(2) 触发区　触发区位于轴突和细胞体交接处,用于决定是否产生神经冲动。

(3) 传导区　轴突是神经元的输出通道,用于神经冲动的传递。

（4）输出区　输出区是轴突的神经末梢和突触。神经冲动使神经末梢、突触的神经递质放电,以便影响下一个接收的细胞,称为突触传递。

有关人工神经网络的定义有很多。芬兰计算机科学家托伊沃·科霍宁（Teuvo Kohonen）给出的定义:人工神经网络是一种由具有自适应性的简单单元构成的广泛并行互联的网络,它的组织结构能够模拟生物神经系统对真实世界所做出的交互反应。人工神经网络由输入层、输出层和隐含层三部分组成,其结构如图 2-3 所示。

（1）输入层　输入层接收特征向量 x。

（2）输出层　输出层产出最终的预测 $h(x)$。输出层基于网络的功能提供一个或多个数据点。例如,检测人、汽车和动物的神经网络将具有一个包含三个节点的输出层,对于银行在安全和风险之间进行分类的网络将只有一个输出层。

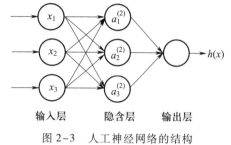

图 2-3　人工神经网络的结构

（3）隐含层　隐含层介于输入层与输出层之间,用于处理数据。之所以称之为隐含层,是因为当中产生的值并不像输入层使用的样本矩阵 X,或者像输出层用到的标签矩阵 Y 那样直接可见。

2.1.7　人工智能在智能制造领域的应用

人工智能是计算机科学的一个分支,可以模拟人类的意识与思维过程,并生产出一种能以人类智慧相似的方式工作的智能机器。该领域的研究包括机器人、语言识别、图像识别、自然语言处理和专家系统等。人工智能的理论和技术日益成熟,应用领域不断扩大,特别是在制造领域的应用,将推动制造技术向智能化方向发展。

智能制造是一种由智能机器和人类专家共同组成的人机一体化智能系统,它能在制造过程中进行诸如分析、推理、判断、构思和决策等智能活动。通过人与智能机器的合作,可扩大、延伸和部分地取代人类专家在制造过程中的脑力劳动。智能制造把制造自动化的概念进一步扩展,使制造业向柔性化、智能化和高度集成化方向发展。

智能制造借助工业机器人、视觉系统、RFID、伺服技术和强大的控制系统使生产线可靠性高、效率高、节能效果显著、动态响应速度快。完善的智能制造系统不需要人员操作,节省了人力,提高了产品质量。

目前,国内外关于智能制造的研究中,对于能适应不同的工业环境,结合现代控制技术、网络和通信技术,同时兼顾系统电磁兼容性的智能制造系统还有待进一步研究,改善其性能,使其广泛用于工业生产实践中。

2.2　物　联　网

2.2.1　物联网的概念

物联网（internet of things,IoT）又称泛互联,即万物相连的互联网,是在互联网基础上将各种信息传感设备与网络结合起来而形成的一个巨大网络,可实现在任何时间、任何地点,人、机、物的互联互通。

物联网是新一代信息技术的重要组成部分,其核心和基础仍然是互联网,是在互联网基础上的延伸和扩展,通过射频识别器、红外感应器、全球定位系统、激光扫描器等信息传感设备,按约定的协议,把任何物品与互联网相连接,进行信息交换和通信,以实现对物品的智能化识别、定位、跟踪、监控和管理。

2.2.2　物联网的主要实现方式

物联网是通过各种协议来实现的。常用的协议有如下几种。

（1）可扩展消息和状态协议

可扩展消息和状态协议（extensible messaging and presence protocol,XMPP）是一种基于标准通用标记语言 XML 子集的协议,它继承了在 XML 环境中灵活的扩展性,经过扩展以后的 XMPP 可以通过发送扩展的信息来处理用户的需求,以及在 XMPP 的顶端建立如内容发布系统和基于地址的服务等应用程序。此外,XMPP 包含了针对服务器端的软件协议,使之能与另一个进行通话,这使得开发者更容易建立客户端应用程序,或给一个配置好的系统添加新的功能。

（2）消息队列遥测传输

消息队列遥测传输（message queuing telemetry transport,MQTT）是 IBM 公司开发的一个即时通信协议,是物联网的重要组成部分。该协议支持所有平台,几乎可以把所有联网设备和外部连接起来,被用来当作传感器和致动器的通信协议。

（3）受限制的应用协议

受限制的应用协议（constrained application protocol,CoAP）是为物联网中资源受限设备制定的应用层协议。在最近几年的时间里,专家们预测会有更多的设备相互连接,而这些设备的数量将远超人类的数量。在这种大背景下,物联网和 M2M（machine to machine,机器与机器的对话）技术应运而生。虽然对人而言,接入互联网显得方便容易,但是对于那些微型设备而言接入互联网是非常困难的。在当前由 PC 机组成的网络世界里,信息交换是通过传输控制协议（transmission control protocol,TCP）和超文本传输协议（hyper text transfer protocol,HTTP）实现的,但是对于小型设备而言,实现 TCP 和 HTTP 协议的信息交换显然是一个过分的要求。为了让小设备可以接入互联网,CoAP 协议被设计出来。CoAP 是一种应用层协议,它运行于用户数据报协议（user datagram protocol,UDP）之上,但并不像 HTTP 那样运行于 TCP 之上,CoAP 协议非常小巧,最小的数据包仅为 4 字节。

（4）HTTP-restful 架构

表现层状态转移（representational state transfer,REST）指的是一组架构的约束条件和原则,如果一个架构符合 REST 的约束条件和原则,则称它为 restful 架构。

restful 架构与 HTTP 之间并不能画上等号,但是目前 HTTP 是一个 restful 架构相关的实例,所以通常描述的 HTTP-restful 架构就是通过 HTTP 实现的 restful 架构。

（5）家庭物联网通信协定技术

家庭物联网通信协定技术（Thread）是一种基于简化版 IPv6 的网状网络协议,该协议由行业领先的多家技术公司联合开发,旨在实现家庭中各种产品间的互联,以及与互联网和云的连接。Thread 易于安装,高度安全,并且可扩展到数百台设备。Thread 基于低成本、低功耗的 IEEE802.15.4 芯片组开发,目前正在使用的大量产品,只需一次简单的软件升级,便可支持 Thread。

2.2.3　物联网的关键技术

物联网中的关键技术目前主要有以下几种。

（1）低功耗广域网

物联网始于网络连接,但由于物联网是一个广泛多样的领域,所以无法找到一个通用的通信解决方案。

低功耗广域网（low-power wide-area network,LPWAN）是物联网中的新技术,该技术可以通过使用小型的、廉价的电池提供长达数年的远程通信服务,支持遍布工业、商业和校园的大规模物联网应用。

低功耗广域网几乎可以连接所有类型的物联网传感器,促进了从远程监控、智能计量、工人安全到建筑物控制和设施管理的众多应用。尽管如此,低功耗广域网只能以低速率发送小块数据,因此更适合于不需要高带宽且不具有时间敏感性的场景。

（2）蜂窝移动网络

蜂窝移动网络（3G/4G/5G）在消费市场中根深蒂固,提供了可靠的宽带通信,并支持各种语音呼叫和流视频应用,不利的一面是运营成本高,耗电量大。

虽然蜂窝移动网络不适用于大多数由电池供电的传感器物联网,但它们却非常适合特定的使用情形,例如交通和物流中的联网汽车或车队管理。此外,像车载信息娱乐系统、导航系统、高级驾驶辅助系统以及车队远程信息处理和跟踪服务系统都可以依靠无处不在的高带宽蜂窝移动网络。

具有高速和超低延迟的 5G 移动网络将成就自动驾驶汽车和增强现实的未来。预计 5G 还将用于公共安全的实时视频监控、互联健康医疗数据集的实时移动传输以及一些对时间敏感的工业自动化应用。

（3）紫蜂和其他网状协议

紫蜂（zigbee）是一种短距离、低功耗无线技术（IEEE 802.15.4）,通常部署在网状拓扑中,通过使用在多个传感器节点上的中继传感器数据来扩展覆盖范围。与低功耗广域网相比,zigbee 提供了更高的数据传输速率,但同时由于网格配置而降低了能耗效率。

由于它们的物理距离较短,不超过 100m,zigbee 和类似的网状协议（例如 z-wave、thread 等）最适合节点分布均匀且非常接近的中程物联网的应用。通常 zigbee 是 Wi-Fi 的完美补充,适用于智能照明、暖通空调控制、安全和能源管理等各种家庭自动化应用。

（4）蓝牙

蓝牙属于个人无线网络的范畴,是一种在消费者市场中定位良好的短距离通信技术。蓝牙由于其具有低功耗的特性（bluetooth low energy,BLE）,进一步优化了消费者的物联网应用。

支持 BLE 的设备主要与电子设备（通常是智能手机）结合使用,这些设备充当向云传输数据的枢纽。如今,BLE 广泛应用在健身和医疗等可穿戴设备(如智能手表、血糖仪、脉搏血氧计等)以及智能家居设备(如门锁)中,通过这些设备,可以方便地将数据传输到智能手机并在智能手机上实现可视化。在零售环境中,BLE 可以与信标技术相结合,以增强店内导航、个性化促销和内容交付等客户服务。

(5) 无线电射频识别

无线电射频识别(radio frequency identification,RFID)技术使用无线电波在很短的距离内将少量数据从射频识别标签传输到阅读器,这项技术推动了零售业和物流领域的重大革命。

通过在各种产品和设备上贴上射频识别标签,企业可以实时跟踪其库存和资产,从而实现更好的库存和生产计划,优化其供应链的管理。随着物联网应用的不断增加,RFID 技术继续巩固其在零售业中的地位,进而使智能货架、自助结账等物联网应用成为可能。

综上所述,每个物联网垂直领域和应用程序都有自己独特的网络需求。为物联网应用选择最佳的无线技术意味着要在范围、带宽、服务质量、安全性、功耗和网络管理方面准确地进行权衡。

2.3   大   数   据

2.3.1   大数据的概念

大数据,IT 行业术语,是指无法在一定时间范围内用常规软件工具进行捕捉、管理和处理的数据集合,是需要新处理模式才能具有更强的决策力、洞察力和流程优化能力的大量、高增长率和多样化的信息资产。

IBM 提出大数据具有 5V 特点:volume(大量)、velocity(高速)、variety(多样)、value(高价值)、veracity(真实性)。

从技术上看,大数据与云计算的关系就像一枚硬币的正、反面一样密不可分。大数据必然无法用单台计算机进行处理,必须采用分布式架构,依托云计算的分布式处理、分布式数据库、云存储和虚拟化技术,对大量数据进行分布式数据挖掘。

随着云时代的来临,大数据也吸引了越来越多的关注。大数据通常用来形容一个公司创造的大量非结构化数据和半结构化数据,这些数据在下载到关系型数据库用于分析时会花费过多时间和金钱。大数据分析常和云计算联系到一起,因为实时的大型数据集分析需要用像MapReduce 一样的框架来向数十、数百或甚至数千的计算机分配工作。

大数据处理需要特殊的技术,适用于大数据的技术包括大规模并行处理数据库、数据挖掘、分布式文件系统、分布式数据库、云计算平台、互联网和可扩展的存储系统等。

数据的最小基本单位是 bit,按从小到大的顺序给出所有单位:bit、byte、kB、MB、GB、TB、PB、EB、ZB、YB、BB、NB、DB。它们按照进率 1 024(2^{10})来计算。

2.3.2   大数据的主要实现方式

大数据应用开发流程可以分为五个步骤。

（1）数据采集

这一步骤获取原始数据。数据采集有线上和线下两种方式,线上一般通过爬虫抓取,或者通过已有应用系统进行采集,在这个阶段,可以做一个大数据采集平台,依托自动爬虫(使用python 或者 node.js 制作爬虫软件)、ETL 工具或者自定义的抽取转换引擎,从文件、数据库、网页中专项获取数据。如果这一步通过自动化系统来做的话,可以很方便地管理所有的原始数据,并且从对数据进行标签采集开始,便可以规范开发人员的工作,且目标数据源也可以更方便地管理。

数据采集的难点在于多数据源,例如 mysql、postgresql、sqlserver、mongodb、sqllite,还有本地文件、excel 统计文档,甚至是 doc 文件。将它们规整、有条理地整理到大数据流程中也是必不可缺的一环。

（2）数据汇聚

这一步骤获取经过清洗后可用的数据。数据汇聚是大数据流程最关键的一步,可以使数据标准化,也可以进行数据清洗与数据合并,还可以在这一步将数据存档,将确认可用的数据经过可监控流程进行整理归类,累积到了一定的量就形成了一笔数据资产。

数据汇聚的难点在于如何使数据标准化,例如表名标准化、表的标签分类、表的用途、数据的量、是否有数据增量、数据是否可用等。因此,需要下很大功夫,必要时还要引入智能化处理方法,例如根据内容训练结果自动打标签,自动分配推荐表名、表字段名等。

（3）数据转换和映射

这一步骤获取经过分类、提取后的专项数据。经过数据汇聚的数据如何提供给用户使用,是这一步骤主要解决的问题。在数据应用中,如何将若干数据表转换成能够提供服务的数据,然后定期更新增量则是主要考虑的问题。

经过前面的几步操作,在这一步骤中难点并不太多,要做的工作就是数据转换、数据清洗、数据标准化,将两个字段的值转换成一个字段或者根据多个可用表统计出一张图表数据等。

（4）数据应用

数据的应用方式很多,有对外的、有对内的,如果拥有了前期的大量数据资产,可以通过restful api 提供给用户,或者提供流式引擎 kafka 给用户应用,或者直接组成专题数据供应用查询。这里对数据资产的要求比较高,所以前期工作做得越好,数据应用的途径就越多。

（5）数据可视化

分析好的数据可视化处理后,更直观。

大数据可视化不仅仅是图表的展现,而是归类于数据的开发与应用。

在开发中,大数据可视化扮演的是可视化操作的角色,例如如何通过可视化的模式建立模型,如何通过拖拽或者立体操作来实现数据的可操作性。画两个表格加几个按钮就实现复杂的操作流程是不现实的。

在应用中,大数据可视化则是研究如何转换数据,如何展示数据,图表只是其中的一部分,更多的工作还是对数据的分析。只有对数据和数据的应用有深刻的理解,才能开发出合适的可视化应用。

2.4　云　计　算

2.4.1　云计算的概念

云计算是分布式计算的一种,指的是通过网络"云"将巨大的数据计算处理程序分解成无数个小程序,然后通过多部服务器组成的系统进行处理和分析这些小程序得到结果并返回给用户的计算方法。早期的云计算就是简单的分布式计算,进行任务分发,并进行计算结果的合并。因而,云计算又称为网格计算。通过这项技术,可以在很短的时间内(几秒钟)完成对数以万计的数据的处理,从而实现强大的网络服务。

现阶段所说的云服务已经不单单是一种分布式计算,而是分布式计算、效用计算、负载均衡、并行计算、网络存储、热备份冗余和虚拟化等计算机技术混合演进并跃升的结果。

狭义上讲,云就是一种提供资源的网络,并且可以看成是无限扩展的,使用者可以随时获取"云"上的资源,按需使用,并按使用量付费。"云"就像自来水厂一样,用户可以随时接水,并且不限量,按照自己家的用水量,付费给自来水厂。

从广义上说,云计算是与信息技术、软件、互联网相关的一种服务,这种计算资源共享池叫作"云"。云计算把许多计算资源集合起来,通过软件实现自动化管理,只需要很少的人参与就能实现资源的快速提供。也就是说,计算能力作为一种商品,可以在互联网上流通,就像水、电、煤气一样,可以方便地取用,且价格较为低廉。

总之,云计算不是一种全新的网络技术,而是一种全新的网络应用概念。云计算的核心概念就是以互联网为中心,在网络上提供快速且安全的计算服务与数据存储,让每一个使用互联网的人都可以使用网络上的庞大计算资源与数据中心。

云计算是继互联网后在信息时代又一种新技术,是信息时代的一个大飞跃。未来的时代可能是云计算的时代。虽然目前有关云计算的定义有很多,但总体上来说,其基本含义是一致的,即云计算具有很强的扩展性和需要性,可以为用户提供一种全新的体验,云计算的核心是可以将很多的计算机资源协调在一起,因此使用户通过网络就可以获取无限的资源,同时获取的资源不受时间和空间的限制。

2.4.2　云计算实现的关键技术

（1）体系结构

实现云计算需要创造一定的环境与条件,尤其是体系结构必须具备以下关键特征:第一,要求系统必须智能化,具有自治能力,在减少人工作业时间的前提下实现自动化处理平台响应的要求,因此云系统应具有自动化技术;第二,面对变化信号或需求信号,云系统要有敏捷的反应能力,所以对云计算的架构有一定的敏捷性要求。与此同时,随着服务级别和需求的快速变化,云计算同样面临巨大挑战,应具有集群化技术与虚拟化技术以应对此类变化。

云计算平台一般由用户界面、服务目录、管理系统、部署工具、监控器和服务器集群组成:

① 用户界面　主要用于云用户传递信息,是双方互动的界面;

② 服务目录　为用户选择提供的列表;

③ 管理系统　主要是指对应用价值较高的资源进行管理;

④ 部署工具　能够根据用户请求对资源进行有效的部署与匹配;

⑤ 监控器　主要用于对云系统上的资源进行管理与控制,并制定相关措施;

⑥ 服务器集群　包括虚拟服务器与物理服务器,隶属管理系统。

（2）资源监控

云系统上的资源数据十分庞大,同时资源信息更新速度快,要获取精准、可靠的动态信息需要有效措施确保信息的快捷性。而云系统能够对动态信息进行有效部署,同时兼备资源监控功能,有利于对资源的负载、使用情况进行管理。资源监控作为资源管理的"血液",对整体系统性能起着关键的作用,一旦系统资源监管不到位,信息缺乏可靠性,其他子系统引用了错误的信息,必然对系统资源的分配造成不利影响,因此资源监控工作十分重要。资源监控过程中,可以通过一个监视器连接各个云资源服务器,然后周期性地将资源的使用情况发送至数据库,由监视器综合数据库有效信息对所有资源进行分析,评估资源的可用性,最大限度地提高资源信息的有效性。

2.4.3　云计算在智能制造领域的应用

智能制造加速了云计算的普及。云计算不仅解决了传统 IT 成本高、部署周期长、使用管理效率低下的难题,在数字时代,云计算更大的价值在于其可以快速通过物联网、人工智能、大数据等新技术带动产业融合和升级,培育和推进了新兴服务型制造业,更为提高制造业在全球产业链中的附加值和规模提供了弹性支撑和服务创新空间。

（1）带动传统制造业转型升级

过去的几十年里,我国的制造业得到迅速发展,产业基础越做越大,产业体系不断健全,自主创新能力不断增强,为我国的经济社会发展做出了突出贡献。然而,随着我国经济由要素驱动向创新驱动的转变,先进制造技术也正在向信息化、网络化、智能化方向发展。与全球先进水平相比,我国制造业主要集中在中低端环节,产业附加值低。发展智能制造业成为实现我国制造业从低端制造向高端制造转变的重要途径。云计算作为新一代信息技术的基石,也是智能制造的核心平台。如何通过云计算加速传统制造业转型,提质增效,通过产业协作平台提高服务创新能力,将物联网和人工智能转化成产业升级新动能,将成为智能制造的战略目标。

（2）促进制造业提质增效

通过新技术提质增效成为提高现有制造业运营效率的起点。相对于传统的 IT 和业务系统的分离,以云计算为代表的新一代信息技术与制造业的深度融合,不仅优化了制造业全流程资源使用效率,而且提高了企业生产效率和经济效益,同时,可以通过制造业产业协作和重塑,带动中国制造业的整体提质、增效、升级。

传统制造业从研发、设计、制造、交付,到运营和管理等,系统之间存在大量数据孤岛,这成为从规模型制造向柔性生产转型的技术瓶颈。同时,不同系统的数据无法共享,难以互联互通,无法通过全流程智能分析提高业务管理运营效率。在数字经济时代,个性化服务创新能力和市场快捷响应速度直接决定着企业的竞争力。现在越来越多的制造企业通过托管云和混合云替代传统 IT,以提高业务响应速度和企业内部运营效率。

云计算深入渗透到制造企业的所有业务流程,能够根据用户的业务需求,经济、快捷地进行 IT 资源分配,实现实时、近实时 IT 交付和管理,快速响应不断变化的个性化服务需求。不仅有助于促进创造优质附加值和制造业生产效率的提升,还提升了制造企业整体竞争力,灵活应对复杂的国际环境变化,为经济全球化环境下制造企业实现智能制造打下坚实基础。

（3）推动制造业向服务型制造转型

提高服务在制造业中的占比,推动从传统制造业向服务型制造业转型,成为优化中国制造业格局的关键。"十四五"规划中明确指出,要改造提升传统产业,促进生产型制造向服务型制造转变。同时,制造业向服务化转型也是推动供给侧结构性改革,创造新供给、满足新需求的要求。

在新经济下,随着制造业产品复杂程度的不断提高,单纯的"以产品为中心"的制造业不仅产品开发周期长、产品附加值低、业务创新能力不足,同时整个产业链上下游企业相互隔离,导致协作创新能力低下,难以实现高效协同生产。在数字经济时代,提高制造业产品附加值和实现产业链协作创新,成为制造业向服务型转型的关键因素。

云计算作为制造业服务创新平台,以大数据为基础,通过软件服务、协同服务、数据服务,形成资源共享、供需对接的生态服务,实现跨行业和跨企业的协作创新。此外,云计算平台通过上下游产业链协作和全球协同,在延伸和提升价值链的同时,提高了全要素生产率、产品附加值和市场占有率,从而推动我国制造业向服务型转型。

（4）实现产业智能化升级

建设制造强国战略要实现的是整个制造产业的智能化升级。我国政府加大在大数据、人工智能、物联网的政策导向和资金投入,让建设制造强国战略在技术上具有高起点,为我国成为制造强国奠定基础。基于大数据、云计算的产业协作平台,让数据智能成为制造业发展的新动能,人工智能、云计算、大数据、物联网与制造业的融合,成为制造业实现产业智能化升级的关键因素。

德国制造业领军企业如西门子,正在打造工业 4.0 平台以推动智能制造的进程。在建设制造强国战略政策驱动下,我国制造业领先企业纷纷开发智能制造平台,让制造业能够短平快地利用智能云平台,将物联网、人工智能、虚拟现实等新技术转化为企业发展的新动能,加速传统制造向个性化需求驱动的全智能生产转型。

云计算产业平台实现跨企业、跨行业、跨地域的协作创新,在保证各方数据权限管理前提下,通过应用整合,提高资源利用率,优化用户体验,更快捷地满足用户需求。在业务全球化过程中,云计算产业平台以整个制造产业为依托,并结合物联网和人工智能,通过产业智能化协作平台,加速制造产业的智能升级。

（5）评估智能制造云计算服务水平的重要因素

制造业考虑的不仅是现在的业务升级能力,更多的是全球化服务能力、竞争力和响应速度。因此,制造业在智能制造转型升级过程中,评估云计算服务水平更多的是从市场维度出发。评估智能制造云计算服务水平应考虑以下几点重要因素。

① 服务水平和管理效率

传统制造业向智能制造演进是一个长期持续的过程。不同规模的制造企业处在不同的业务发展阶段,对云计算服务的需求也不同。因此,能够灵活提供基础设施服务(IaaS)、平台服务(PaaS)、软件服务(SaaS),并且保证优质的服务水平和管理效率,满足制造企业当前以及未来的业务需求,成为用户选择云计算服务的首要考虑因素。同时具备全面云计算服务能力的提供商,能够让制造业在转型发展过程中迅速将虚拟现实技术和物联网技术转化为业务创新能力。

② 云计算的全球服务能力

通过智能制造提升我国制造在全球市场创新服务中的竞争力,是我国从"制造大国"到"制造强国"转变的关键所在。因此,云计算在全球的服务能力通常以云计算服务管理流程、跨全球多区域的云计算集中统一管理以及跨混合云和多云的业务支撑能力来衡量。云计算的全球服务能够让制造企业在全球业务拓展中优化资源利用率和产销链流程来提高全球市场响应速度和创新效率。

③ 云计算服务的可信可靠度

在全球化业务拓展过程中,云计算逐步成为智能制造的核心业务平台。用户在评估核心应用"云化"过程中,云计算服务商在同等企业规模和行业的积累成为用户重要的评估指标。验证的企业级用户群意味着云计算服务商提供的云计算服务经过了实践的验证,这对于确保企业业务的稳定安全,降低向云计算转型的业务风险至关重要。可信可靠的企业级云计算服务,能够提高制造企业从研发到服务的全流程协作管理效率,加速从传统制造到柔性制造的转型。

2.5　机　器　学　习

2.5.1　机器学习的概念

机器学习是一门多领域交叉学科,涵盖概率论、统计学、近似理论和复杂算法等知识,使用计算机作为工具并致力于实时地模拟人类学习方式,并将现有内容进行知识结构划分来有效提高学习效率。机器学习的含义包含以下几个方面:

(1)机器学习是一门人工智能的科学,该领域的主要研究对象是人工智能,特别是如何在经验学习中改善具体算法的性能。

(2)机器学习是对能通过经验自动改进计算机算法的研究。

(3)机器学习可用数据或以往的经验来优化计算机程序的性能。

2.5.2　机器学习的主要实现方式

机器学习是研究计算机通过模拟或实现人类的学习行为,以获取新的知识或技能,并重新组织已有的知识结构使之不断完善的一门技术。其过程可以用图2-4简单表示。

机器学习算法可以按照不同的标准来进行分类。比如按函数$f(x,\theta)$的不同,机器学习算法可以分为线性模型和非线性模型;按照学习准则的不同,机器学习算法也可以分为统计方法

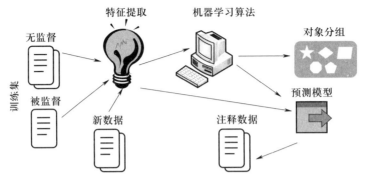

图 2-4　机器学习过程

和非统计方法。但一般来说,按照训练样本提供的信息以及反馈方式的不同,将机器学习算法分为以下几类。

（1）监督学习

监督学习（supervised learning,SL）中的数据集是有标签的,就是说对于给出样本的答案是已知的。如果机器学习的目标是通过样本的特征 x 和标签 y 之间的关系:$f(x,\theta)$ 或 $p(y|x,\theta)$,并且训练集中每个样本都有标签,那么这类机器学习称为监督学习。根据标签类型的不同,又可以将其分为分类问题和回归问题两类。前者是预测某一样本所属的类别（离散的）,比如给定一个人的身高、年龄、体重等信息,然后判断性别、是否健康等;后者则是预测某一样本所对应的实数输出（连续的）,比如预测某一地区人的平均身高。大部分模型都属于监督学习,包括线性分类器、支持向量机等。

常见的监督学习算法有 k-近邻算法（k-nearest neighbors,kNN）、决策树（decision trees）、朴素贝叶斯（naive bayesian）等。监督学习的基本流程如图 2-5 所示。

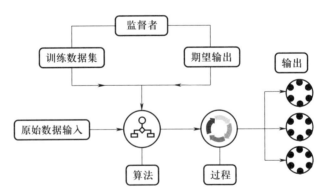

图 2-5　监督学习的基本流程

（2）无监督学习

与监督学习相反,无监督学习（unsupervised learning,UL）中数据集是完全没有标签的,依据相似样本在数据空间中一般距离较近这一假设,将样本分类。

常见的无监督学习算法包括稀疏自编码（sparse auto-encoder）、主成分分析（principal component analysis,PCA）、K 均值算法（K-Means）、DBSCAN（density-based spatial clustering of applications with noise）算法、最大期望（expectation-maximization，EM）算法等。

（3）半监督学习

半监督学习（semi-supervised learning）是监督学习与无监督学习相结合的一种学习方法。半监督学习一般针对的是数据量大、但有标签的数据少或者说标签数据的获取很难的情况，训练时有一部分数据是有标签的，而有一部分数据没有标签。与全部使用标签数据的模型相比，使用训练集的训练模型在训练时更为准确，训练成本更低。常见的两种半监督的学习方式是直推学习（transductive learning）和归纳学习（inductive learning）。

2.5.3 机器学习在智能制造领域的应用

根据工业和信息化部发布的《工业大数据白皮书》对工业大数据集的定义，工业数据包括了企业信息化数据、物联网采集的数据和外部相关的跨境数据，而机器学习也就成了工业大数据分析和挖掘的主要方法之一。

在现代的生产制造过程中，专家系统和模式识别技术已经广泛应用，视觉识别、自然语言理解、机器人等多种技术也在制造系统中融合应用。原有专家系统更多的是把专业技术人员的经验和实验数据用规则的方式在系统中定义，然后集成数学规划的算法根据给定条件找出问题的最优解，比如调度排产中处理多目标的动态规划；而模式识别是根据已经设定的特征，通过参数设定的方法给出识别模型从而达到判别目的，重点解决数据变化小、业务目标单一的感知问题，比如生产信号处理、图像识别和统计过程控制。而机器学习能够采用标准的算法，对学习历史样本进行选择和提取特征来构建和不断优化模型，使得企业中原有的系统增加了自主学习的能力，解决生产过程中不确定业务，提升系统的智能化水平。

比如，在排产系统实施过程中，实施顾问会与有经验的调度人员确认规则，比如由于工艺约束产品必须排在甲线而不应该排在乙线，或者由于切换时间更少应该先排 A 产品再排 B 产品等，生产批次最大 100 个，最小 40 个等，通过某些专业知识来制定规则集，在系统中通过数学规划方式得出排产结果。而机器学习首先建立调度任务的模型和衡量度量指标，然后通过对大量的生产计划的最终执行结果进行主因分析，提取影响度量指标的特征，再用模型对生产批次大小的区间利用规则进行参数调整优化，直至归纳出新规则来设定生产批次大小的区间，进而达到优化排产系统模型的目的，并且这个学习的过程是持续的，可以根据最新的特征不断调整，从而避免了传统的由专家定时修改规则参数的方式。

2.6　智　能　传　感

智能传感技术是基于信息处理技术、人工智能技术，能够实现信号采集与处理、逻辑判断、双向通信、自检测、自校准、自补偿、自诊断等功能的技术。智能传感是通过智能传感器实现的。

2.6.1　智能传感器的概念

智能传感器（intelligent sensor）是具有信息处理功能的传感器。智能传感器带有微处理

器,具有采集、处理、交换信息的能力,是传感器与微处理器相结合的产物。与一般传感器相比,智能传感器具有以下三个优点:

（1）通过软件技术可实现高精度的信息采集,且成本低;

（2）具有一定的编程自动化能力;

（3）功能多样化。

智能传感器能将检测到的各种数据储存起来,并按照指令处理这些数据,从而创造出新数据。智能传感器之间能进行信息交流,并能自我决定应该传送的数据,舍弃异常数据,完成分析和统计计算等。

2.6.2 智能传感器的主要类型

目前,智能传感器主要有非集成式、混合式和集成式三种类型。这三类传感器的技术难度依次增加,集成化的程度越高,传感器智能化的程度就越高。

（1）非集成式智能传感器

非集成式智能传感器是指将传统的传感器（采用非集成化工艺制成的）与信号处理电路、带数据总线接口的微处理器组合在一起而构成的智能传感器。此类传感器集成度较低,技术壁垒低,不适用于微型化产品领域,不属于新型智能传感器。

（2）混合式智能传感器

混合式智能传感器是指根据需求,将系统各集成化环节（敏感元件、信号调理电路、数字总线接口）以不同组合方式集成在不同的芯片上,并封装在一个外壳内构成的传感器。此类传感器是智能传感器的主要种类,被广泛应用。

（3）集成式智能传感器

集成式智能传感器是指利用集成电路工艺和微机电技术将传感器敏感元件、信号处理电路、数字总线接口等系统模块集成到一个芯片上,封装在一个外壳内的传感器。它内嵌了标准的通信协议和标准的数字接口,使传感器具有信号提取、信号处理、双向通信、逻辑判断和计算等多种功能。

集成式智能传感器是 21 世纪最具代表性的高新技术成果之一,也是当今国际科技界研究的热点。随着微电子技术的飞速发展和纳米技术的问世,大规模集成电路工艺日臻完善,集成电路的集成度越来越高。各种数字电路芯片、模拟电路芯片、微处理器芯片和存储电路芯片等价格的大幅下降,促进了集成化智能传感器的落地应用。

微机电系统（MEMS）传感器是目前智能化程度最高的传感器。MEMS 技术是在传统半导体材料和工艺基础上,在微米操作范围内,在一个硅片基础上将传感器、机械元件、致动器与电子元件结合在一起的技术,是目前微型传感器的主流方案。

集成式智能传感器具有多功能、一体化、精度高、适宜于大批量生产、体积小和便于使用等优点,是未来智能传感器的发展方向。

2.6.3 智能传感在智能制造领域的应用

随着制造强国战略的深入实施,工业自动化成为未来的主流,AI 技术的发展为行业带来了核心驱动力,传统制造业转型升级迫在眉睫。对企业而言,如何利用最新的技术实现工厂的"智能化"至关重要。智能制造作为全球关注的焦点,机器在自动化中扮演的角色越来越重要,机器视觉成了智能工厂的"标配"。机器视觉是用机器代替人眼来进行测量和判断,从而提高生产的灵活性和自动化程度。随着 3D 检测与 AI 技术的结合,兼备 3D 测量和 3D 机器人引导的智能传感器大有可为。它不仅能实现机器操作的可视化,还可以通过信息处理进行控制决策,成为如今最热门的机器视觉技术。

机器视觉在中国有着非常广阔的前景,越来越多的企业运用 3D 智能传感技术提高生产效率和产品质量。

2.7　远程运维

2.7.1　远程运维的概念

远程运维,顾名思义就是可以通过网络对服务器进行运行、维护等远程操作。其工作核心主要是通过网络远程保障产品上线后的稳定运行,对在此期间出现的各种问题进行快速解决,并在日常工作中不断优化系统架构和部署,以提升服务质量。

远程运维的好处有两点:一是操作上的便利,能够以最快的速度实施远程维护;二是较少受外界因素的限制(比如地理位置、软硬件设备等),可以随时随地地进行远程运维。选择方便的远程运维方案,不仅提高了工作效率,而且保证了运维的质量。

远程运维平台可实现设备的跟踪、在线监控,故障远程诊断及维修、能源监控及分析、辅助研发等功能,帮助用户降低成本、提高运营效率,并为智能工厂提供在线增值服务。远程运维平台还将采集到的数据安全、实时、有效地传输到云平台进行大数据累积、展现、分析、应用,通过智能预警模型、智能诊断模型、智能自学习知识库等应用,为企业提供更好的设备维护方案、运营优化方案、运营战略管理方案。

2.7.2　远程运维的主要实现方式

运维的终端设备越来越多,但是对于数据的维护人员来说,选好用哪种远程运维方式非常重要,适合自己的公司网络方案,不但提升运维效率,还能保证安全。下面介绍几种常用的网络方案。

(1)虚拟专用网

虚拟专用网(virtual private network,即 VPN)是比较常见的一种远程运维方式,是系统集成的网络连接方式,能够实现跨平台的操作,具有很好的安全性保护。目前市面上的 VPN 解决方案在安全性和易用性方面有了很大的提高。

(2)专业远程运维

针对越来越多的远程运维方案,也有不少公司开始推出专业的远程运维方案。这些远程运维方案对网络设备进行维护,既可以在设备的近端安装客户端实现,也可以在远离设备的地方安装客户端实现。由于需要在各个网络节点进行部署,所以需要很大的资金支持。

（3）第三方软件

利用第三方软件来实现远程运维是一个非常不错的方式,虽然这种方式相对便宜,但是在安全性和稳定性方面则参差不齐,对于重要业务,还应尽量选择其他的运维方式。

2.7.3　远程运维在智能制造领域的应用

远程运维在智能制造领域的应用可以总结为以下几个方面:

（1）采用远程运维服务模式的智能装备或产品应配置开放的数据接口,具备数据采集、通信和远程控制等功能,利用支持 IPv4、IPv6 等技术的工业互联网,采集并上传设备状态、作业操作、环境情况等数据,并根据远程指令灵活调整设备运行参数。

（2）建立智能装备或产品远程运维服务平台,能够对装备或产品上传的数据进行有效筛选、梳理、存储与管理,并通过数据挖掘、分析,向用户提供日常运行维护、在线检测、预测性维护、故障预警、诊断与修复、运行优化、远程升级等服务。

（3）智能装备或产品远程运维服务平台应与设备制造商的产品全生命周期管理系统（PLM）、客户关系管理系统（CRM）、产品研发管理系统实现信息共享。

（4）智能装备或产品远程运维服务平台应建立相应的专家库和专家咨询系统,能够为智能装备或产品的远程诊断提供智能决策支持,并向用户提出运行维护解决方案。

（5）建立信息安全管理制度,具备信息安全防护能力。通过持续改进,建立高效、安全的智能服务系统,提供的服务能够与产品形成实时、有效互动,大幅度提升嵌入式系统、移动互联网、大数据分析、智能决策支持系统的集成应用水平。

思考题

2-1　什么是人工智能？

2-2　知识表示方法有哪些？

2-3　什么是机器学习？其学习方法有哪些？

2-4　智能传感器在智能制造领域的应用有哪些？

 # 第3章　智能制造中的装备系统

3.1　智能制造装备概述

3.1.1　智能制造装备的特征

18世纪60年代至19世纪中期,随着蒸汽机的出现,手工劳动开始被机器生产逐步替代,世界工业经历了第一次革命,人类发展进入"蒸汽机时代";19世纪70年代至20世纪初期,伴随电磁学理论的发展,电力技术得到广泛应用,机器的功能开始变得多样化,世界工业经历了第二次革命,人类发展进入"电气化时代";自20世纪50年代开始,随着信息技术的不断发展,社会生产不再局限于单台机器,互联网的出现使得机器间可以互联互通,计算机、机器人、航天、生物工程等高新技术得到了快速发展,世界工业经历了第三次革命,人类发展进入"信息化时代"。回顾每一次工业革命,人类社会的发展都离不开科学技术的进步,而在智能制造技术不断发展的今天,世界工业正面临着一场新的产业升级与变革,智能制造技术也将成为第四次工业革命的核心推动力量。

智能制造的产业链十分广泛,包括智能制造装备、工业互联网、物联网、工业软件等,其中智能制造装备是实现智能制造的核心载体。智能制造装备是指具有感知、分析、推理、决策、执行功能的制造装备的总称,是先进制造技术、信息技术和人工智能技术的高度集成,在航空、航天、汽车、能源、海洋工程等国民经济重点制造领域占据着重要地位并发挥着关键作用。大力发展智能制造装备能够加快制造业的转型升级,提升制造装备的研发水平和产品质量,还能降低资源的消耗,同时智能制造装备的发展水平也是衡量一个国家工业现代化程度的重要标志。

智能制造装备是机电系统与人工智能系统的高度融合,充分体现了制造业向智能化、数字化和网络化发展的需求。与传统的制造装备相比,智能制造装备的主要特征包括以下几个方面。

1. 自我感知能力

自我感知能力是指智能制造装备通过传感器获取所需信息,并对自身状态与环境变化进行感知,而自动识别与数据通信是实现自我感知的重要基础。与传统的制造装备相比,智能制造装备需要获取数据量庞大的信息,而信息种类繁多,获取环境复杂,因此研发新型高性能传感器成为智能制造装备实现自我感知的关键。目前,常见的传感器类型包括视觉传感器、位置传感器、射频识别传感器、音频传感器与力/触觉传感器等。

2. 自适应和优化能力

自适应和优化能力是指智能制造装备根据感知的信息对自身运行模式进行调节,使系统

处于最优或较优的状态,实现对复杂任务不同工况的智能适应。智能制造装备在运行过程中不断采集过程信息,以确定加工制造对象与环境的实际状态,当加工制造对象或环境发生动态变化后,基于系统性能优化准则,产生相应的调控指令,及时地对系统结构或参数进行调整,保证智能制造装备始终工作在最优或较优的运行状态。

3. 自我诊断和维护能力

自我诊断和维护能力是指智能制造装备在运行过程中,对自身故障和失效问题能够做出自我诊断,并通过优化调整保证系统可以正常运行。智能制造装备通常是高度集成的复杂机电一体化设备,当外部环境发生变化后,会引起系统发生故障甚至是失效。因此,自我诊断与维护能力对于智能制造装备十分重要。此外,通过自我诊断和维护,还能建立准确的智能制造装备故障与失效数据库,这对于进一步提高装备的性能与寿命具有重要的意义。

4. 自主规划和决策能力

自主规划和决策能力是指智能制造装备在无人干预的条件下,基于所感知的信息,进行自主的规划计算,给出合理的决策指令,并控制执行机构完成相应的动作,实现复杂的智能行为。自主规划和决策能力以人工智能技术为基础,结合系统科学、管理科学和信息科学等其他先进技术,是智能制造装备的核心功能。通过对有限资源的优化配置及对工艺过程的智能决策,智能制造装备可以满足实际生产中不同的需求。

3.1.2　智能制造装备的形式

智能制造装备是人工智能技术与装备先进设计制造技术的深度融合,覆盖了庞大的业务领域。典型的智能制造装备包括智能机床、智能数控系统、智能机器人、智能传感器、智能装配装备及智能单元与生产线等。

1. 智能机床

传统数控机床不具有"自感知""自适应""自诊断"与"自决策"的特征,无法满足智能制造的发展需求。智能机床可以认为是数控机床发展的高级形态,它融合了先进制造技术、信息技术和智能技术,具有自我感知和预估自身状态的能力,其主要技术特征包括:利用历史数据估算设备及关键零部件的使用寿命;能够感知自身加工状态和环境的变化,诊断出故障并给出修正指令;对所加工工件的质量进行智能化评估;基于各种功能模块,实现多种加工工艺,提高加工效能,并降低对资源的消耗。以智能数控车床为例,通过在车床的关键位置安装力、变形、振动、噪声、温度、位置、视觉、速度、加速度等多源传感器,采集车床的实时运行数据及相应的环境数据,形成智能化的大数据环境与大数据知识库,进一步对大数据进行可视化处理、分析及深度学习,形成智能决策。在2006年9月的IMTS展会(美国芝加哥国际机械制造技术展览会)上,日本 Mazak 公司展出了世界上第一台智能机床,在此之后,日本 OKUMA 公司、瑞士MIKRON 公司等著名制造厂商也相继推出了智能机床,实现了主动振动控制、智能热屏蔽、智能安全、智能工艺监视等功能。

2. 智能数控系统

智能数控系统是智能机床的"大脑",在很大程度上决定了机床装备的智能化水平。与传统数控系统相比,智能数控系统除完成常规的数控任务外,还需要具备其他技术特征。首先,智能数控系统需要具备开放式系统架构,数控系统的智能化发展需要大量的用户数据,因此,只有建立开放式的系统架构,才能凝聚大量用户深度参与系统升级、维护和应用;其次,智能数控系统还需要具备大数据采集与分析能力,支持内部指令信息与外部力、热、振动等传感信息的采集,获得相应的机床运行及环境变化大数据,并通过人工智能方法对大数据进行分析,建立影响加工质量、效率及稳定性的知识库,给出优化指令,提升自适应加工能力;最后,智能数控系统还需要具备互联互通功能,设置开放式数字化互联协议接口,借助物联网实现多系统间的互联互通,完成数控系统与其他设计、生产、管理系统间的信息集成与共享。国内华中数控推出了 iNC-848D 智能数控系统,提供了全生命周期"数字孪生"数据管理接口和大数据智能化算法库,为智能机床的研发提供了技术支撑。沈阳机床集团也研发了基于工业互联网环境的 i5 智能数控系统,提出了"工业互联-云服务-智能终端"的新模式。

3. 智能机器人

智能机器人是集计算机技术、制造技术、自动控制技术、传感技术及人工智能技术于一体的智能制造装备,其主体包括机器人本体、控制系统、伺服驱动系统和检测传感装置,具有拟人化、自控制、可重复编程等特点。智能机器人可以利用传感器对环境变化进行感知,基于物联网技术,实现机器与人之间的交互,并自主做出判断,给出决策指令,从而在生产过程中减少对人的依赖。随着人工智能技术、多功能传感技术以及信息收集、传输和分析技术的快速发展,通过配备传感器、机器视觉和智能控制系统,智能机器人正朝着服务化与标准化的方向发展。其中,服务化要求未来的智能机器人充分利用互联网技术,实现在线的主动服务;而标准化是指智能机器人的各种组件和构件实现模块化、通用化,使智能机器人的制造成本降低,制造周期缩短,应用范围得到拓展。

4. 智能传感器

智能传感器是指能将待感知、待控制的参数进行量化并集成应用于工业网络的高性能、高可靠性与多功能的新型传感器,通常带有微处理系统,具有信息感知、信息诊断等功能。其核心技术涉及五个方面,分别是压电技术、热式传感技术、生物微机电技术、磁传感技术和柔性传感技术。多个智能传感器还可组建成相应的网络拓扑,并且具备从系统到单元的反向分析与自主校准能力。在当前大数据网络化发展的趋势下,智能传感器及其网络拓扑将成为推动制造业信息化、网络化发展的重要力量。

5. 智能装配装备

随着人工智能技术的不断发展,智能装配技术及装备开始在航空、航天、汽车、半导体、医疗等重点领域得到应用。例如,配备机器视觉的多功能多目标智能装配装备首先可以准确找到目标的各类特征,并自动确定目标的外形特征和准确位置,进一步利用自动执行装置完成装配,实现对产品质量的有效控制,同时增加生产装配过程的柔性、可靠性与稳定性,提升生产制造效率;数字化智能装配系统则可以根据产品的结构特点和加工工艺特点,结合供货周期要求,进行全局装配规划,最大限度地提升各装配设备的利用率,尽可能地缩短装配周期。除此之外,智能装配装备在农林、环境等领域也具有巨大的应用潜力。

6. 智能单元与生产线

智能单元与生产线是指针对制造加工现场特点,将一组能力相近相辅的加工模块进行一体化集成,实现各项能力的相互接通,具备适应不同品种、不同批量产品生产能力的组织单元,智能单元与生产线也是数字化工厂的基本工作单元。智能单元与生产线还具有独特的属性与结构,具体包括结构模块化、数据输出标准化、场景异构柔性化及软硬件一体化,这样的特点使得智能单元具有交互的能力。在建立智能单元与生产线时,需要从资源、管理和执行三个维度来实现基本工作单元的智能化、模块化、自动化和信息化功能,最终保证工作单元的高效运行。

3.2 高速数控机床的智能化

3.2.1 高速加工机床结构优化设计

1. 高速加工机床结构的国内外发展历程

现代机械制造业的竞争,其实就是生产技术能力的竞争。伴随世界经济一体化、多元化条件的建立,现代机床产业的竞争也更激烈,这也促进了我国机床产业的飞跃发展。与世界先进水平相比,目前我国机床生产技术还有较大差距,主要体现为机床产品设计仿制多,技术创新水平低,市场竞争力不足,生产利润率较低;机床产品设计方式相对落后,机床结构设计尚保持着传统的经验、静态、类比式的设计阶段,很少顾及机械结构的动、静特性对机床产品性能所产生的影响,设计生产精度低,产品质量不易提高;产品生命周期较长,产品效率低,处于反复开发、测试和调整阶段,机床产品设计更新换代速度缓慢,生产成本较高。所以,在充分结合当前我国国情和行业发展趋势的背景下,及时学习和引进国外先进的机床设计与制造技术,研制出结构合理、智能化水平高、机械加工精度好、价格低的机床新产品,以迅速应对国际市场形势快速的变化,提高我国机床加工制造业的国际地位,显得尤为重要。

从20世纪50年代初到60年代末,有限元技术的研究与应用在国内外兴起。有限元技术作为工程计算分析的有力手段,在工程结构分析中的广泛应用使力学理论真正得以付诸工程应用。结构设计理论的第二个飞跃,出现在结构设计的理论演变与实践过程中,这是结构分析理论与方法(尤其是有限元理论)、各种实用的数字计算方法和计算机技术共同发展的产物。按照实际应用与操作的需要,根据力学理论,构建起数学模型,并利用优化理论与方法得出最优设计。其中,有限元技术是现代结构优化设计的重要基石之一,从有限元分析方法中获取的,无论结构在负荷下的力学应变率还是其对设计变量的导数,都是现代结构优化设计必不可少的重要信息。目前的系统优化设计方法已打破了原有的传统架构设计模式,解决了统计、类比方法以及通过多种假设和简化后导出的计算公式对结构工程设计再校核的一系列问题,把传统设计方法和现代有限元技术结合起来,充分运用了计算机、有限元技术等系统优化手段,自主地制定出符合设定条件的最优化结构设计尺寸和形状等参数,使架构设计过程迅速而准确,大大缩短了工程设计周期,提高了产品的精度和稳定性。

2. 床身的优化设计

床身是机床的主要结构单元,它的结构直接影响机床的制造加工质量。机床的床身,通常采用具有肋板的框形结构,床身肋板的排列方式和肋板的开孔参数对机床整机性能有着重要的影响,通过科学合理的设计肋板的排列方式和肋板开孔的尺寸与形状,不仅能够改善床身的整体性能,同时也能够减少加工材料投入,降低生产成本。

图 3-1、图 3-2 分别为床身的原结构图和改进后的床身结构图。从图 3-2 中可以看出,相较于原结构,修改后的床身在内部肋板的排列布置和肋板的开孔尺寸等方面都有了相应的改变,如在机床内部靠上的部位增加了两条肋板,此肋板布置方向与导轨受力方向一致,这种布局提升了机床的整体刚性。

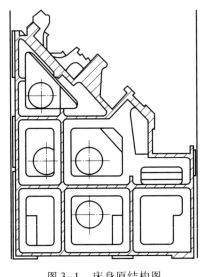

图 3-1　床身原结构图

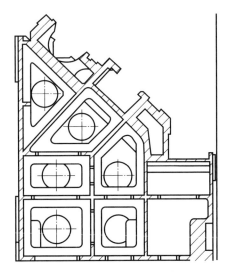

图 3-2　改进后的床身结构图

表 3-1 给出了优化前后机床床身 Y 向变形误差。从表 3-1 可以看出,优化后的床身结构,其导轨支承处的刚度(包含抗弯和抗扭)得到明显提升,Y 向的变形误差明显减少。

表 3-1　优化前后机床床身 Y 向的变形误差

导轨安装面变形	原结构	改进后结构
Y 向安装变形/μm	2.4633	1.6993 提升约 31%
Y 向扭转变形/(μm/mm)	0.0119	0.0067 提升约 44%

3. 主轴部件的结构优化

高速数控机床的运行特性取决于其主轴部件的质量。数控机床的高速主轴部分分为主轴动力源(电主轴)、机床自然本体、轴承以及主轴箱体等多个主要组成部分,涉及机床的精度、安全性、适用性和加工范围,其驱动性能和可靠性对高速加工起着至关重要的作用。主轴箱体则是保证机床系统稳定运行的一个重要零部件支撑单元,主轴箱体的合理设计,对于降低机床在高速运转时产生的机械振动以及提高机床的运行精度等方面,具有重要的直接作用。

通过对机床主轴箱体建立模型,并模拟电动机的运行情况,应用 SolidWorks Simulation 软件进行偏误的有限元模拟与数据分析,实现了对机床主轴箱体的优化设计,进一步提高了机床的制造质量。

4. 尾部部件的结构优化

高速机床在使用一段时间之后,就会产生机床主轴轴线和机床尾座轴线间高度不一的现象,因此当机床加工长轴类工件时(此时工件采取卡盘夹紧、尾座顶尖顶紧的装夹形式),就会产生机械加工精度下降、稳定性变差等各种各样的问题。

为了解决此问题,经过对原结构的分析,总结其不足之处,然后对原结构进行了改进和优化,图 3-3、图 3-4 分别为锁紧机构原结构与改进后的结构图。

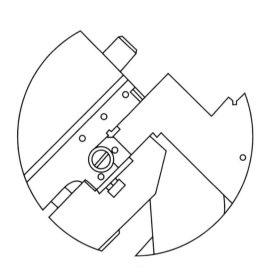

图 3-3 锁紧机构原结构示意图

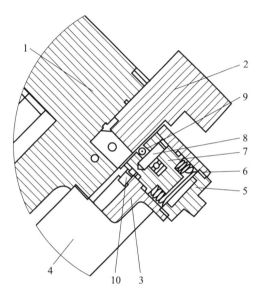

图 3-4 锁紧机构改进后的结构示意图

1—机床尾座;2—斜床身尾座导轨;3—防倾覆压块;
4—尾座锁压板;5—旋紧螺母;6—碟簧;7—压紧块;
8—圆柱销;9—轴承;10—内六角圆柱端紧定螺钉

机床尾座在采取了改善的结构措施后,从后期的实际应用状况来看,很好地解决了尾座在移动工作过程中易倾覆的实际问题,并进一步提高了机床主轴轴线和尾座轴线间的运动稳定性与精密性,改善了机床整体加工的运行可靠性,同时也大大提高了数控机床尾座的服役寿命和安全性。

5. 高速数控车床基础结构优化设计的关键技术

(1)静态刚度分布检测及分析技术与动态特性监测技术

1)整机静态刚度分布检测及分析技术 建立整机静态刚度分布实验装置,开发全载荷(力和力矩)加载装置,实现整机静态刚度的分布检测及分析。

2)动态特性监测技术 主要包括主轴振动监测技术、刀架振动监测技术和实验分析技术。

(2)整机刚度设计技术与综合分析软件

1)整机刚度设计技术 主要包括整机刚度分配技术、整机刚度综合技术、整机刚度设计修改技术。

2）整机刚度综合分析软件　自主开发整机刚度分配、综合、设计、修改及机床小变形接合处耦合处理技术软件,将自主开发的上述软件与功能强大、但尚无有效处理机床接合面非线性小变形接合处耦合功能的商用有限元分析软件集成起来,开发出整机刚度综合分析软件系统。

此外,还可结合机床整机有限元模型,用于改进多个位置的工况计算情况,提升计算速度。

3.2.2　高速主轴单元设计

1. 高速主轴单元的设计要求

高速机床和一般数控机床的主要不同点就是高速机床必须具有非常高的切割效率和满足高速度加工等一系列功能,这就要求机床主轴的转动速度非常快且运行功率高、进给量大、行程效率高、床鞍运行的加速度大,同时高速机床必须具备优良的静、动态特性和热稳定性等特点。高速主轴单元是高速机床最重要的单元之一,而主轴单元的结构设计是实现高速加工的关键。主轴单元的设计应满足以下几点基本要求。

（1）转速适应性　转速应满足加工所需要的最高转速和最低转速,这主要取决于滚动轴承的形式和构造、润滑方式、散热要求和主轴的自动平衡等。

（2）主轴旋转精度　主轴的径向误差将影响被加工零部件的表面圆度,而主轴的轴向误差则会影响被加工零部件的波纹度以及表面形状误差,而主轴的角度偏差则将影响被加工零部件孔的圆柱度。造成这些误差的主要因素有轴承制造的缺陷、各轴承配套部件的表面几何精度、前后轴承的同轴度和主轴部件工作中的振动等。

（3）动、静态刚度　机床主轴的静态刚度是指主轴抵抗（静态力）变形的能力,静态刚度主要随着外力的作用点和工作方式而有所不同。机床主轴静刚度不够会导致工件的尺寸误差和形状误差,干扰机床主轴的正常运行,大大降低了生产效率,有时还会引起机床振动,降低主轴的使用寿命。除此以外,机床主轴还应具有抵消因断续切削、被加工件硬度及加工余量的改变而产生振动的能力。

（4）热稳定性　主轴单元工作温度的改变会引起主轴的轴向拉伸,主轴轴线对基准平面的垂直度、平行度、配合间隙的改变都可以产生加工误差,从而影响主轴单元的工作特性。

（5）精度可靠性与稳定性　由于机床元件的制造精度将直接影响到所加工零部件的品质,因此其精度可靠性（保持性）与稳定性（寿命）对机床的生产效率和产品质量都起着至关重要影响。

2. 高速主轴单元的优化设计

（1）运用有限元技术构建高速主轴控制系统的动力学模型,采用仿真与实验的方式对模型的有效性加以检验,并对模型做出必要的调整。研究轴承支承强度和刚度的确定方式、影响轴承支承强度和刚度的主要因素,进而确定高速主轴轴承的强度和刚度。构建高速主轴体系的三维有限元模型,通过利用大型有限元计算软件进行分析运算,得出主轴体系的模态及谐响应特点,并对其加以优化。

（2）针对高速金属切削中心的主轴装置进行热特性研究,以探讨其对机床性能的影响。研究主轴系统的热力学特征和确定热力学参数,并通过有限元技术构建主轴系统的热力学模型,对主轴展开热平衡过程研究,以探究其对主轴系统特性的影响,并对其加以完善。

3. 高速主轴单元的总体结构设计

为了满足主轴旋转速度高、传递扭矩大、转动平稳性好的需要,机床上一般使用了非接触式内部电动机驱动控制的传动形式,如电主轴单元。电主轴单元一般由带冷却控制系统的壳体、定子、叶轮、轴承等组件构成,是一类采用了无壳体电动机的智能型功能元件。电主轴单元通过将装有冷却套的电动机定子安装在主轴部件的壳体内,使定子与机床主轴的转动部分成为一体,在工作时通过变化电流的频率,来进行增减转速。

电主轴具有以下优点:

(1)电主轴具有结构紧凑、质量轻、惯性小、振动小、噪声低、响应快、转速高、功率大等优点,同时还应具有一系列控制主轴温升与振动等机床运行特征的功能,以确保其高速运转的可靠性与安全性;

(2)使用电主轴可以避免带传动和齿轮传动的缺陷,并简化机床结构,易于实现主轴定位,是高速主轴单元中的一种理想结构;

(3)使用电主轴还能实现极高的速度、加(减)速度和定角度的快速准停;

(4)电主轴采用交流变频调速和矢量控制的电气驱动技术,输出功率大,调速范围宽,有比较理想的扭矩和功率特性;

(5)电动机内置于主轴两支承之间,与常规主轴单元相比,这种设计可以大大增加主轴单元的刚性。电主轴在高速运行过程中,电动机转速也可保持在临界速度之下,确保了电动机在高速运行过程中的安全性。

电主轴的机械结构虽较为简单,但其生产工序却十分严谨。如电动机的内置设计就牵连许多问题,涉及了对电动机的散热计算、高速主轴的自动平衡、主轴支承结构设计以及润滑方式的选择等。只有对这些问题进行适当的处理,才能保证电主轴平稳安全地高速运转,进行高效、精密的机械加工。

为保证电主轴有足够刚度来实现较高的加工精度和加工质量,选用电主轴置于前、后轴承之间的两支承结构,支承受力方式为外撑式,如图3-5所示。

此主轴单元结构主要功能原理为:电主轴定子2的外径紧固于圆柱形主轴套1的内壁,主轴套1的前端内孔用于安装前轴承5,这样主轴套1就代替了传统结构中外壳和前轴承座两个零件,简化了主轴部件结构,降低了制造成本,同时也避免了安装过程中的累计误差,能获得很好的安装精度。电主轴转子3通过热装方式过盈固装在主轴4上,与主轴4合成一体,后轴承座7与主轴套1的后端紧固在

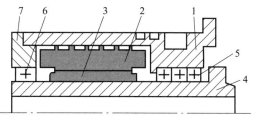

图3-5　主轴单元简图

1—主轴套;2—电主轴定子;3—电主轴转子;
4—主轴;5—前轴承;6—后轴承;7—后轴承座

一起,用于安装后轴承6。这样主轴套1、电主轴定子2、电主轴转子3、主轴4、前轴承5、后轴承6及后轴承座7就构成了一个电主轴模块化单元,当电主轴出现故障需要维修时,只需利用专用工装将电主轴定子2或电主轴转子3从主轴套1或主轴4上取出即可,操作简单方便。图3-6所示为主轴单元实物图。这样设计的主轴单元能很好克服目前机床传动结构的缺陷,

解决了传统车床主轴单元构造复杂,动作响应速度较慢,降低了传动效率,且由于摆动过大而不利于高速、高精密加工等问题,同时还很好地处理了现有电主轴结构安装、保养较麻烦和安装精度低等问题。

4. 电主轴单元主要技术参数的确定

（1）主传动系统的功率和扭矩特性

主轴输出的最大扭矩

$$T_{\max} = 9\,550\,\frac{P\eta}{n} \qquad (3-1)$$

式中：$T_{\max}$——主轴输出的最大扭矩,N·m；

P——主轴电动机最大输出功率,kW；

η——主轴的传动功率系数,对于高速数控机床,$\eta = 0.85$；

n——主轴计算转速,r/min。

图 3-6　主轴单元实物图

低速绕组时主轴最大输出扭矩

$$T_{\max1} = 9\,550\,\frac{15\times0.85}{1\,800}\,\text{N}\cdot\text{m} = 67.6\,\text{N}\cdot\text{m} \qquad (3-2)$$

高速绕组时主轴最大输出扭矩

$$T_{\max2} = 9\,550\,\frac{15\times0.85}{8\,000}\,\text{N}\cdot\text{m} = 15.22\,\text{N}\cdot\text{m} \qquad (3-3)$$

（2）主轴直径确定

主轴直径直接影响主轴部件的刚度,直径越粗,刚度越好,但同时与它相配的轴承的尺寸也越大,这样将导致主轴转速的下降。机械设计手册上关于主轴直径的推荐值,都是在普通机床基础上得来的经验值,倾向于低速大扭矩,数据比较陈旧。随着数控技术的发展,现代数控机床越来越倾向于高速化,各个企业大都是根据自己的相关经验,在刚度、速度、承载能力等各方面取得平衡,来确定主轴直径。数控机床因为装配的需要,主轴直径通常是由前往后逐步减小的。前轴颈直径 D_1 大于后轴颈直径 D_2。对于数控车床,一般取 $D_2 = (0.7 \sim 0.9)D_1$。

5. 主轴刚度的有限元分析

主轴单元的刚度是综合刚度,是主轴、轴承等刚度的综合反映,对加工精度和机床性能有直接的影响。采用 SolidWorks Simulation 软件对主轴进行有限元仿真和分析来确定主轴的刚度值,分析步骤如下：

（1）主轴力学模型的建立；

（2）主轴箱体有限元网格模型的建立；

（3）载荷的施加及边界约束；

（4）材料的定义；

（5）有限元分析；

（6）计算结果的分析。

6. 主轴单元轴承组件的设计

机床实现高速度、超精密的加工的重要部件之一便是高速度轴承单元。主轴的支承需要具有高速度、高回转精度运行的功能,以及尽可能大的径向和轴向刚度特性,材料应具有高强度、高耐磨性和高温稳定性,确保支承具有很长的服役寿命。主轴支承一般分为滚动轴承支承、流体静压轴承支承和磁悬浮轴承支承。

(1)滚动轴承支承是电主轴支承中较为常见的支承。电主轴采用滚动轴承支承,具有结构强度高、高速特性好、结构紧凑、标准化程度高及价位适当等优势,因此在电主轴中获得了最普遍的使用。

(2)流体静压轴承支承是非直接接触式轴承,该轴承支承具有磨损面积小、服役时间久、转速调节精度高、阻尼振动小等优势。主轴单元采用此类支承的机床,在加工零部件时有利于延长刀具使用时间、提高工件表面质量。气体静压轴承电主轴的最高速度可高达 200 000 r/min,但是由于其刚性较差,承载能力低,因此配备该轴承的机床通常用于工件的小孔加工。

(3)磁悬浮轴承若在空气中旋转,其 $D_m N$(D_m 为轴承节圆直径,N 为转速)值相当于一般滑动轴承的 $1 \sim 4$ 倍,线速度可高达 200 m/s(陶瓷球轴承为 80 m/s),该类别轴承的温升极低,主轴的轴向变形极小,且旋转精度极高(可高达 0.1 μm),是一类非常有发展前景的轴承支承,但造价较高,目前在工业生产中的应用还不广泛。

主轴单元一般可以选用滚动轴承,用于主轴的常用滚动轴承主要有圆柱滚子轴承、双向推力角接触球轴承、角接触球轴承、圆锥滚子轴承等。

7. 主轴单元的冷却系统

高速机床在执行高速机械加工任务时,主轴单元的产热是机床在切削中的重要热源之一,其热传导能力、温度场变化以及热变形等特性是影响机械加工精度的重要原因之一。机床在内、外热源的共同影响下,各组成部分温度都将变化,机床各部分之间会产生不同程度的热变形,这种热变形破坏了原机床上已调整好的工件和刀具之间的相对位移,因而大大降低机床的切削精度。因此,主轴单元在电主轴定子和壳体连接处安装水循环冷却系统。冷却水套一般采用传热效率高(热阻小便于快速散热)的金属材料制成,套外环设计成螺旋槽形状,可为提高冷却效果。电主轴工作后,在螺旋槽内加入含有防腐剂的冷却水(或冷却油),冷却水的温度需严格控制,并保持均衡的水压和流速。此外,为了避免电主轴过热而降低轴承稳定性,电主轴须选用热阻大的材料,目的是使电主轴转子的产热主要经由气隙传到定子,再由冷却水带走。

图 3-7 为冷却系统结构简图。由图 3-7 可知,圆柱形主轴套 4 为本冷却系统的主体件,其外圆柱面与主轴箱 3 的内孔配合装配,在主轴套 4 的外径圆柱面上加工一冷却腔槽及一螺旋槽,构成第一层冷却通道,用来传导前轴承 8 运转产生的热,两端采用密封圈 11 对主轴箱 3 和主轴套 4 接合处进行密封。电主轴定子 6 紧固于主轴套 4 的内壁,且电主轴定子 6 的外表面加工有一螺旋流体通道构成第二层冷却通道,电主轴转子 7 通过热装方式过盈固装在主轴 5 上,前轴承 8 安于主轴套 4 的前部内孔,后轴承座 10 与主轴套 4 的后端紧固在一起,用于安装后轴承 9。工作时,冷却流体由温度自动调节器进行恒温控制,从冷却流体进口 2 进入主轴套 4 的第一层冷却通道,吸收前轴承 8 的运转发热量之后进入第二层冷却通道,经过多圈螺旋流动,利用热传导原理吸收热量后从冷却流体前出口 1 流出,另一路从冷却流体后出口 12 流出,并在后出口外面设置一流量控制阀,控制冷却流体对前轴承 8 外圈的冷却程度,防止因

轴承的内、外圈温差过大使轴承的预紧力增加,影响轴承的使用寿命。

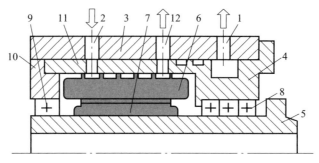

图 3-7　冷却系统结构简图

1—冷却流体前出口;2—冷却流体进口;3—主轴箱;4—主轴套;5—主轴;6—电主轴定子;
7—电主轴转子;8—前轴承;9—后轴承;10—后轴承座;11—密封圈;12—冷却流体后出口

图 3-8 为主轴冷却原理图,该冷却系统有效地转移了电主轴和主轴轴承的运转发热量,吸收热量后的流体流回温度自动调节器 5,释放热量后循环使用。

8. 主轴单元润滑系统

主轴单元润滑主要是指主轴轴承部件的润滑。滚动轴承在高速运转时会产生较大的热量,导致轴承部件发生变形,过热时甚至会造成轴承烧坏(或抱死),导致设备无法正常工作,影响产能。影响轴承摩擦产热的因素很多,如轴承的结构设计、润滑方式、轴承预紧、密封装置等,其中轴承润滑方式是一项重要影响因素。合理设计轴承润滑方式,才能起到降低摩擦、减少温升的效果。根据主轴轴承的使用条件和使用目的,其润滑方式主要采用脂润滑和油润滑两种。

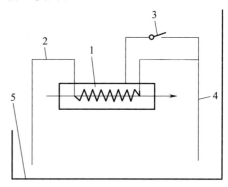

图 3-8　主轴冷却原理图

1—电主轴单元;2—冷却流体进路;3—流量控制阀;
4—冷却流体总回路;5—温度自动调节器

（1）脂润滑

脂润滑的优点主要有:使用容易,保养方便,轴承密封结构简单;对倾斜轴或竖直轴来说,润滑脂易保存;在轴承内的润滑脂同时具备密封作用,可防止外部灰尘、水分等杂质侵入轴承内部,且不易泄漏,可提高机械整体的清洁度。其缺点是只能适合运转速度低的轴承,散热效果较差,润滑脂的寿命随着温度的提高而迅速降低,因而脂润滑较难适应高速运转的要求。

（2）油润滑

油润滑主要优点有:流动性极好,能迅速进入轴承间的摩擦接触区域;能冲走轴承间隙的水分和污物,更重要的是可带走轴承摩擦产生的热量;易形成油膜等。显然,油润滑是高速运转滚动轴承较为理想的润滑方式。

油润滑又可分为油雾润滑、油气润滑和喷射润滑三种方式。其中,油雾润滑以压缩空气作为动力,使油液在雾化器内雾化,并混入空气流中形成油雾,其浓度和流速均可调节,然后输送到需要润滑的地方,同时带走部分摩擦热进行冷却。因此,油雾润滑是具有润滑与冷却双重效果的润滑方式。油雾润滑有如下优点：油雾可以随着压缩空气输送到需要润滑的大部分区域，因而能实现轴承部件内部的均匀润滑，获得良好的润滑效果；压缩空气不仅能输送油雾，流动的油雾还能带走摩擦产生的大量热量，从而实现冷却效果，起到降低工作温度的功能；由于使用压缩空气作为动力源，因此油雾润滑还能够大幅度地降低润滑油的使用量，不仅降低成本，还能避免因搅动润滑油而引起的发热现象；由于油雾有一定的压力，因此可以起到良好的密封作用，避免外界的水分、灰尘等杂质进入轴承间隙。然而油雾润滑的最致命缺点是油雾颗粒不能百分百有效地进入全部润滑区域，同时排出的油雾废气会严重污染环境，环保效益差，故现在已逐渐减少使用。

各种润滑方式的比较如表 3-2。

表 3-2　各种润滑方式的比较

项目	脂润滑	油润滑		
		油气润滑	油雾润滑	喷射润滑
$D_{\mathrm{m}}/\mathrm{mm}\times$ $N/(\mathrm{r/min})$	0.6×10^6	2×10^6	1.5×10^6	3.5×10^6
轴承温升	高	较低	较高	较低
特点	无需润滑装置，密封简单，但冷却性能差，更换麻烦	灰尘与切削液不易侵入，无污染，能实现最小油量润滑，冷却性能好，成本较高	灰尘与切削液不易侵入，但易造成污染，成本低	灰尘与切削液不易侵入，油量需求大，摩擦磨损大，易漏油，成本高
用途	适用于低转速	适用于高转速	适用于高转速	立式主轴禁用，用于特殊场合

3.2.3　高速驱动进给系统结构设计

1. 高速驱动进给机构的分类

机床进给传动方式的定性与定量特性，在很大程度上决定了机床的稳定性。机械传动结构是数控机床进给体系中位置控制的一个重要环节，该传动结构对进给系统的稳定性起直接作用。目前，进给传动结构可分为滚珠丝杠、齿轮齿条、直线电动机三种传动类型。其中，滚珠丝杠传动可分成丝杠转动结构和螺丝母转动结构两种传动类型，齿轮齿条传动可分为单齿轮传动及双齿轮消隙传动两种传动类型。根据机床的服役环境和加工精度要求的不同，其使用的进给传动结构也会有较大区别。

2. X 向滚珠丝杠的选择

滚珠丝杠具有高效率、高精度、高刚度及无间隙等优点，目前"旋转电动机+滚珠丝杠"的进给方式在数控机床进给系统中得到了广泛应用。滚珠丝杠作为机床传递动力及定位的关键部件，是机床性能的重要保证。下面以 X 向进给系统为例进行讨论，Y、Z 向进给系统与 X 向进给系统结构相似，不再赘述。数控机床的主要功能部件一般进行了动态性能优化和轻量化设计,其 X 向高速驱动进给系统的使用条件为:工作台质量 $m=180\ \mathrm{kg}$,最大行程 $L=165\ \mathrm{mm}$,快进速度 $v_{\mathrm{max}}=42\ \mathrm{m/min}$,摩擦系数 $\mu=0.003$,加速时间 $t=0.05\ \mathrm{s}$,最大切削力 $F=1\ 900\ \mathrm{N}$,X 向分力 $F_x=0.5F=950\ \mathrm{N}$,Z 向分力 $F_z=0.4F=760\ \mathrm{N}$。

因本机床为 $45°$ 斜床身结构,所以滑动阻力为

$$F_r=mg\sin\ \alpha+\mu mg\sin\ \alpha=1\ 251\ \mathrm{N},(g=9.8\ \mathrm{m/s}^2)\qquad(3-4)$$

(1)初选滚珠丝杠的精度等级为 C3 级,确定滚珠丝杠安装部位的精度。

(2)确定滚珠丝杠的轴向间隙,并对滚珠丝杠的预紧力进行计算。因为对滚珠丝杠施加预紧力,螺栓部位的刚度就会增加,但是预紧载荷过大时,对寿命、发热等会产生不利影响。因此,根据以往的设计经验,取最大预紧力为基本额定动载荷的 8%。

(3)根据数控机床一般使用情况,拟定 X 向高速驱动进给系统的运转条件和负载条件。

(4)确定滚珠丝杠的导程、轴径和丝杠的安装方法等,最后确定初选 X 向丝杠型号。

3. X 向联轴器的选择

大多数情况下联轴器是按照最大传递扭矩选用的,选用联轴器的最大扭矩应大于系统的最大扭矩,由下式计算所选联轴器所需扭矩为

$$T_{\mathrm{KN}}\geqslant 1.5T_{\mathrm{AS}}\qquad(3-5)$$

式中:T_{KN}——联轴器最大扭矩;

T_{AS}——系统最大扭矩。

根据计算结果可在联轴器具体参数表中选择联轴器型号。

4. 高速驱动进给系统的精度分析

为了满足高速驱动进给精度和重复定位精度,在 X 向加装了测量绝对位置的光栅尺,使高速进给驱动系统形成一个闭环系统。光栅尺安装方式如图 3-9a 所示,安装后的结构如图 3-9b 所示。

(a) 光栅尺安装方式　　　　　　　　　　(b) 安装后光栅尺结构

图 3-9　光栅尺安装

3.2.4　车床关键部件制造工艺分析及优化

车床的床身、主轴、主轴箱、法兰套、床鞍等的关键零件的加工难度非常大,且对车床的

运行至关重要,因此车床关键部件制造工艺不仅要满足产品设计需要,同时还要节约制造成本,这也是目前机床关键部件制造工艺的一个重大难题。要解决这一难题,需在继承原有工艺的基础上,采取新工艺技术,不断攻克技术壁垒,在高速车削典型零件的制造工艺方面做大胆创新与尝试。下面分别介绍床身、法兰套两个典型零件的制造工艺分析及优化方法。

1. 床身的主要技术要求

高速数控车床的床身,它支承了数控车床的主轴箱体、床鞍、滑板、刀架、尾座等多个功能部件,承受了切削力、重力、摩擦力等静态力和动态力的共同作用,因此床身是高速数控车床的主要支承零部件。床身作为机床的关键零部件之一,其主要精度指标有直线导轨侧定位面长度方向的直线度、直线导轨安装面的平面度、两直线导轨安装面的平行度。

2. 床身时效处理工艺的制定

床身的时效处理工艺为:铸造后采用热时效,粗铣、半精铣后采用振动时效,导轨中频淬火后再次采用振动时效。

3. 床身划线工艺的制定

划线的主要功能是作为加工依据,检查毛坯形状、尺寸,将不合格毛坯剔除,合理分配工件的加工余量等。

以工件上某一条线或某一平面作为划线依据,划出剩余的尺寸线,把这样的线和面称为划线基准。划线基准需尽可能与设计的划线基准相互统一。毛坯的基准一般选其轴线或安装平面。

图 3-10 所示为床身划线工艺简图。

4. 床身加工工艺方案的制定

(1) 床身的加工工艺的制定,应在常规工艺流程(即分别通过龙门铣粗铣导轨面、五轴加工中心半精铣导轨面,最后由导轨磨床精磨导轨面)上,解决因零件内应力没有完全消除而造成的变形问题。为此,在借鉴原有人工时效处理的基础上,在粗铣、半精铣、中频淬火这些工序之后,再次分别采用三次振动时效来消除零件在制造过程中产生的内应力,从而有效提升了床身的加工质量。

(2) 为保证床身线性导轨的安装螺纹孔与线性导轨安装面的垂直度,钻孔与攻螺纹的加工工艺由五轴加工中心完成,可有效避免以往钳工钻孔、攻螺纹造成的制造误差等问题。

(3) 在攻螺纹、涂漆加工过程中,为了避免吊装、转运、翻面造成的床身磕碰对零件加工精度的影响,可将这两道工序(攻螺纹与涂漆)调整到精磨和精铣工序之前,使得床身在精加工之后直接转至装配现场,避免了中间环节,从而保证了零部件的加工精度。

(4) 同时设计专用桥板工装,并结合水平仪,来核验床身的加工精度是否与设计要求一致。

5. 床身导轨直线度与平行度的检测

水平仪是测量导轨在水平面的水平度,在垂直平面内的直线度的主要仪器,其测量步骤如下。

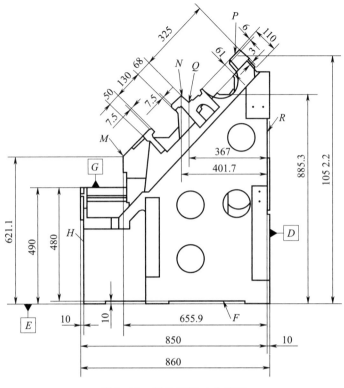

图 3-10　床身划线工艺简图

（1）将水平仪分别放于导轨中间和两端的位置上，将导轨调整到水平状态，水平仪的气泡在各个部位都能保持在刻度范围内即可。

（2）以 200 mm 为基准将导轨分成若干等份，再对分好的若干等份进行测量，使头尾衔接，逐段检查并读数，然后确定水平仪气泡的运动方向和水平仪实际刻度。

（3）记录数据，填写"＋"和"－"符号，将数据输入计算机，最终通过计算机计算机床导轨直线度和误差值。

在床身导轨的磨削或精铣过程中，无论其处于冷态还是处于热态，都需要严格按照上述方法来检验导轨的平行度和直线度。同时还需要通过专用桥板和水平仪来检验床身的各导轨之间是否平行。图 3-11 为专用桥板的模型图。

6. 法兰套主要功能与技术要求

法兰套事实上就是传统意义上的主轴箱，是机床床身的核心部件，其主要功能是实现和维持机床主轴系统的精度。法兰套还可利用冷却循环水对机床高速旋转的主轴部件进行降温，防止机床主轴部件温度过高，增加主轴轴承的使用寿命。

法兰套作为机床的关键零件之一，其主要技术要求包括主轴前轴承孔的尺寸精度、主轴前轴承孔的形状公差、主轴前轴承孔的表面粗糙度。

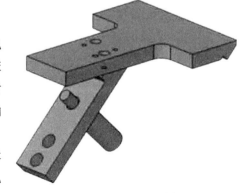

图 3-11　专用板桥

3.3 数控刀架与刀具的智能化

3.3.1 数控刀架的制造一致性

1. 制造一致性的概念

大批量制造的零件,其重要几何形状准确度和基本物理性能在统计意义上,与其数学目标(或者说工程设计合理值)的接近程度,称为制造一致性(其离散程度用方差来表达)。制造一致性是衡量产品质量的关键技术参数,用于衡量一个零件的相关精度和表面质量之间的波动程度。所以,数控刀架的制造一致性主要是指同一批刀架在精度和表面质量上表现出的波动。

2. 工序能力

工序能力又称过程能力,在机械加工领域中称之为加工精度,是指在一定的连续时间内,加工过程处于控制状态(稳定运行状态)下的实际加工能力,它反映出制造过程的一致性和稳定性。工序能力主要受机器运行能力、综合制造水平、工艺条件的影响,如机器或设备在一定条件下的制造能力等。工序能力反映的是制造过程的生产能力,即制造工艺的稳定性。稳定性越高代表着生产能力越强。其通常以产品质量特性数据分布的 6 倍标准偏差表示,记为 B,即

$$B = 6\sigma \tag{3-6}$$

3. 工序能力指数

工序能力指数是评估工序能力强弱的指标。工序能力指数越高,说明工序能力越强,越能满足工艺要求,甚至还具备一定的储备能力。工序能力指数主要通过质量标准(T)与工序能力(B)的比值来衡量,记为 C_p:

$$C_p = \frac{T}{B} = \frac{T}{6\sigma} \tag{3-7}$$

工序能力指数的评价见表 3-3。

表 3-3 工序能力指数的评价

等级	特级	一级	二级	三级	四级
C_p	≥1.67	≥1.33 ~ 1.67	≥1 ~ 1.33	≥0.7 ~ 1	<0.7
评价参考	工序能力过高(视具体情况而定)	工序能力充分,表示技术管理能力已很好,应继续维持	工序能力充足,表示技术管理能力较勉强,应设法提高	工序能力不足,表示技术管理能力很差,应采取措施立即改善	工序能力严重不足,表示应采取紧急措施和全面检查,必要时停工整顿

4. 数控刀架自身可靠性控制技术

可靠性是产品质量的综合表现,是衡量产品性能的主要标准。而数控刀架作为数控机床的重要控制单元之一,能使数控机床在零件一次装夹中完成外圆、端面、内圆弧、螺纹的加工以及切槽和切断等多种工序,甚至全部工序。数控刀架可靠性直接关系到数控机床整机的运行

性能。目前国内数控刀架的运行存在可靠性差、稳定性低、质量问题多、安全性低等问题,是制约国产数控机床发展的主要瓶颈。

寻找影响数控刀架运行可靠性、精度保持与性能稳定等方面的主要因素,并查明其薄弱环节,对数控刀架运行可靠性的关键技术加以攻破,不但能够为我国数控机床功能元件的发展和专业化制造提供重要的技术指引,同时也可整体提升国产高端数控机床及其关键配套部件的技术含量,为中国数控机床体系可靠性的完善奠定扎实的技术基础,让我国的数控机床在国际上占据一席之地。

5. 数控刀架辅助元器件的可靠性控制

数控刀架辅助元器件的性能是否稳定可靠,对刀架整机可靠性与性能优劣起着重要的作用。对辅助元器件的入场检验,可以使部分潜在的早期失效元器件提前暴露出来,并对其进行剔除,杜绝不合格品进入后续的装配过程,从而提高刀架产品可靠性,避免更大的经济损失。

为了保证进入装配阶段的元器件的可靠性,必须在检验过程中对其进行全面的质量检验。主要的检验流程如下。

(1)目视检测 元器件外壳一致,无缺陷、裂纹,表面平整,无划痕与锈蚀;侧面端盖表面无缺陷、毛刺、铁瘤等;接线完好无缺陷;螺母锁紧到位;铭牌位置准确且固定良好,无脱落;规格尺寸符合要求。

(2)一般检测 元器件功能的完整性、运动的灵活性与准确性、噪声与振动,材料成分及硬度等各项指标符合技术要求。

(3)高温与低温贮存 此过程是剔除电气元件早期失效的关键项目。高温与低温的循环变化不仅可以使元器件暴露出临界状态下的隐患,还可以对其进行疲劳应力的施加,使其缺陷暴露。高温与低温贮存过程中元器件的失效项目有电性能不稳定、腐蚀和表面沾污、硅体内缺陷和金属化缺陷等。

(4)初选 在温度循环下的高温与低温贮存后,对元器件进行初步筛选,包括跌落、漏检和外观检查等项目。把上述过程中发生断线、密封性能差、出现裂纹及焊接不良等缺陷的元器件剔除,并记录详细失效项目。

(5)功率老化 模拟元器件在实际工作情况下的运行条件,对其进行通电,再加上80~180℃的高温条件,使之进行几小时至几十小时的老化,对出现缺陷的元器件进行剔除。

(6)常温、低温与高温参数测试 将经过功率老化测试的元器件分别在常温、低温与高温条件下进行电参数测试,把已经不能正常运行或者性能无法满足条件的元器件剔除。

(7)检查与整改 对检验过程中的功率老化筛选与检验的质量进行考核,考核合格的元器件满足装机要求。对淘汰率高的元器件及其失效机理进行详细的记录,并进行有针对性的整改。

6. 可靠性驱动的数控刀架装配工艺

(1)数控刀架运动功能的结构化分解

数控刀架转位换刀动作的完成是通过各部件自身功能以及部件间连接功能而实现的,而部件间的连接功能则通过机械连接方式及电子控制信号的传递予以实现,部件自身的功能则通过零部件基本动作的实现进行保证,归根结底,数控刀架功能的实现是通过零件的装配过程进行保证的。因此,数控刀架装配可靠性的控制,需要从其功能形成过程的可靠性入手。首先从刀架的功能分析出发,得到刀架的功能动作及其功能需求;然后从保证功能动作的可靠性出发,分析刀架各动作可能的故障及其原因;最后针对故障原因确定数控刀架装配过程的可靠性控制点。

（2）数控刀架运动功能结构化分解过程

对于一般性的产品,其运动功能是通过各组成部件功能的实现进行保证的,而各部件功能是通过零件基本动作的实现进行保证的,只要产品各零件基本动作足够可靠,产品整机的功能实现就可以得到保证。零件基本动作是通过产品的装配过程来实现的,对产品装配过程的可靠性控制就转化成了对零件基本动作可靠性的控制,因此可靠性驱动的装配过程首先需要对产品进行运动功能分解,得到零件基本动作,然后进行零件基本动作可靠性的分析与控制。产品运动功能结构分解如图 3-12 所示。

对产品运动功能进行逐层分解,最终得到零件基本动作。第一层为产品层,主要分析产品最终可以实现的功能,如数控机床的切削加工、数控刀架的转位换刀等;第二层为部件层,主要分析产品运动功能的实现所需求的部件运动,如蜗轮蜗杆副运动、齿轮副转动等;第三层为零件层,主要分析各部件下零件的基本运动,如零件转动、零件移动等。

数控刀架作为数控机床的关键功能部件,其可靠性对机床整机的可靠性、加工效率与质量有着重

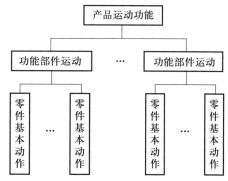

图 3-12　产品运动功能结构分解

要的影响。装配过程是数控刀架功能形成的关键环节,确保装配过程的可靠性是保证数控刀架系统可靠性的关键。

数控刀架是通过回转分度来实现刀具的自动交换和回转动力刀具的传动。数控刀架由动力源（电动机）、机械传动机构（齿轮传动）、预分度机构（电磁铁和卡销）、定位锁紧机构（三联齿盘）、信号检测装置（传感器和编码器）等组成。数控刀架实现转位分度所需的运动功能有:传动机构的回转运动为刀架转位提供动力,要求转动平稳,无机械卡死;工位的检测与信号的发出实现对刀架转位角度的控制,要求感应灵敏,发信及时准确;预分度装置的运动实现刀架分度位置的预定位,要求动作有力;三联齿盘的啮合锁紧实现刀架的精确定位,要求定位准确,重复定位误差小。数控刀架运动功能结构化分解如图 3-13 所示。

7. 数控刀架装配过程可靠性控制点的确定

数控刀架装配过程可靠性控制点的确定,是在传统装配工艺规程的基础上对零部件的装配顺序、装配方法、各装配工序的技术要求进行确定。以保障数控刀架零件基本动作的可靠为出发点,对数控刀架基本动作可能出现的故障及原因进行分析和归纳。

现对零件层的各基本动作可能发生的故障和影响因素进行分析,提取出可靠性控制点。以动齿盘的转动为例,动齿盘的转动可能出现的故障为转动不灵活或不转,产生此故障的可能原因是动齿盘与定齿盘的间隙控制不匹配,或者编码器拨盘的顶丝未锁紧导致的无信号发出

等问题。针对上述问题,装配过程的可靠性控制点为定齿盘、动齿盘配合间隙控制,编码器组件安装质量控制。

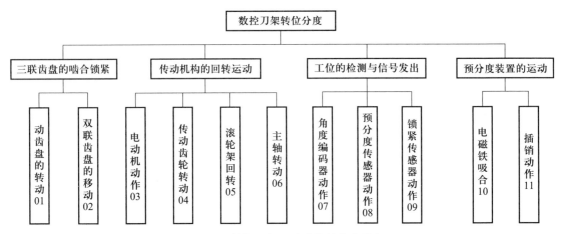

图 3-13　数控刀架运动功能结构化分解

8. 部件装配一致性控制技术

部件装配一致性控制技术是由可靠性驱动装配工艺方案与螺纹连接一致性工艺方案构成的。螺栓的连接质量是影响装配一致性的关键因素,所以要保障装配的一致性就要保证螺栓的连接质量。可靠性驱动的装配工艺方案是从设备或部件的功能分析入手,侧重于功能可靠性的控制,当然,精度控制也是面向可靠性的。

(1) 可靠性驱动装配工艺的概念

可靠性驱动的装配工艺主要从功能实现的可靠性方面来考虑,其目的在于提高产品可靠性,对于可能存在的故障原因进行装配工艺层面的可靠性控制。可靠性驱动的装配工艺与传统装配工艺的区别如下。

1) 出发点不同　传统的装配工艺主要是从机械结构和精度出发,而可靠性驱动的装配工艺主要是从功能实现的可靠性出发。

2) 侧重点不同　传统装配工艺主要侧重于精度的控制,而可靠性驱动的装配工艺主要侧重在功能可靠性的控制,精度控制也是面向可靠性的。

3) 目的不同　传统装配工艺主要解决如何把产品装好、精度如何达到的问题,而可靠性驱动的装配工艺主要是对产品的相关功能进行预防性保证。

综上所述,可靠性驱动的装配工艺方案是以实现产品功能为出发点,分析得到实现产品功能所需要的动作,再利用可靠性分析技术对最后一级的“元动作”进行可能的故障排除和分析,归纳总结故障原因,最后针对这些故障原因,在反馈的工艺方案中增加可靠性控制点和相应的控制措施。

(2) 可靠性驱动装配工艺的制定步骤

可靠性驱动装配工艺方案制定的流程如图 3-14 所示。

1) 在制定装配工艺方案前应熟悉对应部件(产品)的图样。

2) 分析功能部件的基本功能,包括自身的功能和与其他单元相连接时所需要的外部功能。

3）利用结构化分析和设计技术（SADT）分析实现单元某一功能所必需的相关动作，包括一级动作、二级动作甚至三级动作等，直至元动作（一级动作主要是指实现基本功能的最直接动作，二、三级动作主要是指具体的某零件的动作，元动作为最后一级动作），同时分析对应动作应达到的基本要求。

4）结合对图样的认识或曾经产生的故障对元动作进行可能的故障分析，得出故障的表现和相关原因（如滑块行程无法调节的情况，而产生这种情况的原因可能是蜗轮蜗杆卡死或同步杆连接套脱落等）。

5）针对这些故障原因分析相应的可靠性控制点，并在装配工艺方案编制时详细描述控制方法，着重检查。

6）可以将装配过程中相同的可靠性控制点提取为装配的整体可靠性要求，如清洁度控制和密封性控制等。

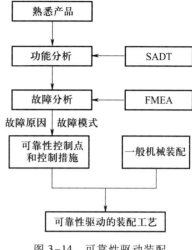

图 3-14 可靠性驱动装配
工艺制定的流程

7）在工艺方案编制中，采用逐级分析方法，其中控制点工艺可能会产生重复，不需要再次进行重复描述；在实际装配时部分控制点工艺是在各个动作间交叉循环进行的，也不需要完全按照工艺方案的顺序进行编制。

8）将可靠性控制点和控制措施与一般的机械装配要求相结合，形成可靠性驱动的装配工艺方案。

3.3.2 数控刀架与主机的适应性技术

1. 数控刀架与数控系统控制匹配技术

由于数控车床技术在企业的规模化普及和使用，使得机械加工的效率快速提升。数控转塔刀架单元作为普及型及高级型数控车床的关键功能部件，是保证被加工零件通过一次装夹，就自动完成车削外圆、端面、螺纹和镗孔、切槽等众多加工工序的关键，它的运行可靠性和稳定性直接影响整机运行的稳定性和被加工产品质量的可靠性。而数控转塔刀架单元的工作又是通过数控系统控制的，因此数控转塔刀架与数控系统间的控制匹配是决定数控车床运行可靠性的一个关键部分，其主要内容是选择合适的控制方案，设计正确的接口线路，编制高效的控制程序，并在控制系统出现故障时发出警报。

2. 数控转塔刀架控制方案的选择

数控转塔刀架控制系统的任务包括控制数控转塔刀架的转位、松开与夹紧以及换刀报警等各种开关量信息，如果采用大量的继电器来实施控制，会使系统过于庞大，故障率高，后期维修也将是很大的问题。

可编程逻辑控制器（programmable logic controller，PLC）是以微处理器为基础的工业自动控制装置，它融合了自动控制技术、计算机技术和通信技术，能在工业现场可靠地进行各种工业控制。PLC 控制相对于传统的继电器控制具有可靠性高、抗干扰能力强、结构简单、通用性强，编程语言简单、容易掌握，体积小、质量轻、功耗低等优点。因此，PLC 被广泛应用于数控机床加工过程的顺序控制。

数控机床 PLC 可分为内装型 PLC 和独立型 PLC 两类。内装型 PLC 是专为实现数控机床顺序控制而设计制造。独立型 PLC 具有独立的软件和硬件,能独立完成规定的控制任务,其输入/输出接口技术规范、输入/输出点数、程序存储容量以及运算和控制功能等均可满足数控机床的控制要求。

内装型 PLC 是从属于数控(computer numerical control,CNC)车床的装置,PLC 与 CNC 装置之间的信号传递在 CNC 内部即可完成。PLC 与机床侧则通过 CNC 的输入/输出电路实现信号的传递。内装型 PLC 的 CNC 系统特点如下:

(1)内装型 PLC 其实是带有 PLC 功能的 CNC 装置;

(2)内装型 PLC 系统适用于单机数控设备;

(3)内装型 PLC 与 CNC 可使用各自的 CPU,也可共用同一个 CPU;

(4)采用内装型 PLC 结构的 CNC 系统,可实现某些高级控制功能,如梯形图编辑和传送功能等。

独立型 PLC 又叫外装型 PLC,也是通用型 PLC 的一类、可以独立执行控制指令和完成控制任务。独立型 PLC 的 CNC 系统特点如下:

(1)独立型 PLC 的基本结构和功能与通用型 PLC 一样;

(2)数控机床一般采用中、大型的独立型 PLC,输入/输出点数一般在 200 点以上,因此独立型 PLC 多选用积木式模块化结构,具有安装操作简易、功能易于升级和转换;

(3)独立型 PLC 的输入/输出点数可通过输入/输出模块的增减进行配置。

由于数控车床加工控制程序相对简单,一般采用内装型 PLC 的 CNC 系统,因此数控转塔刀架与 CNC 系统的控制匹配是通过内装型 PLC 实现的。

3. 刀架与主机管路连接可靠性控制

数控刀架作为数控车床最为关键的功能部件,其任一微小的故障都会导致机床整机工作的中断甚至停机。在刀架系统与整机的结合过程中,需要采用管道将刀架的液压、线路与整机连接起来,管接头是否漏油、管道是否畅通都将对刀架系统的正常作业产生巨大影响。综合主机装配和实际运行情况,发现液压油管路的连接质量对刀架的正常工作影响很大,同时影响刀架与主机的配套应用。

液压传动中所使用的管道可分为挠性管和刚性管,也就是一般所谓的软管和硬管。常见的软管包括金属软管、橡胶软管、塑料软管等,而常见的硬管主要包括金属硬管和有机聚合物硬管等。

在金属硬管道中,钢材质的强度、耐腐蚀性较好,具备长期的尺寸稳定性,碳钢材质的价格比较低,且可以应用于中高压系统中,对于低压系统,也可选用生产成本较低廉的有缝钢材管道;铜质管道细且软,安装时易于布线,安装容易,但价格较昂贵,抗振能力较差,只能适用于中低压系统;聚合有机物硬管(如尼龙硬管)的耐热性能不好,但加热后能够方便地获得想要的外形,冷却后还可维持外形不变,所以尼龙硬管在环境温度不高的中低压系统中使用较为普遍,另外还有一些透明的聚合有机物硬管便于观测内部介质流动状况。

在橡胶软管中,不同尺寸的橡胶软管可以在低压或者高压使用。另外,橡胶材质的软管往往往具备优异的吸振性能、可挠性以及消声性能,适用于有相对位移的两个构件之间的对接。但因为橡胶软管弹性变化很大,易造成运动部件的动作停顿和滞后,所以橡胶软管不适用于精密的液压控制系统中。虽然塑胶软管成形简单,但由于承压能力低的缘故,只能使用在低压的回油、泄油等输送管道中,且塑料软管的抗老化能力差,故而使用较少。

3.3.3 数控刀架故障分析及排除

1. 数控转塔刀架故障分析及排除

刀架的故障可以分为三类:刀架运转不正常、刀架锁不紧、刀架体故障。

(1)刀架运转不正常故障可以归结为电气控制故障、刀架转动阻力大、内部机械卡死、电磁铁卡销、预分度传感器不稳定、操作错误等问题。在新刀架的设计和现有刀架的改良过程中,必须针对上述问题制定相应的控制措施,才能避免刀架运转不正常故障的再次发生。

(2)刀架锁不紧故障可以归结为刀架电动机不反转、锁紧力不足、刀架内部锈蚀、刀架移位等问题。为提高刀架产品的可靠性,必须对故障的底层原因进行控制。

(3)刀架体故障可以归结为刀架异响、刀架体发热、振动过大、分度精度超差、刀盘摆动量大、刀架漏水等问题。

2. 装配可靠性增长技术简介

机械产品的可靠性,是通过产品反复设计、不断优化和最终确定并制造来逐步实现。随着时代发展,机械产品复杂性和新技术的应用也在不断的增加,以适应科技的快速发展和产品的使用环境的不断苛刻化。机械产品设计与优化是一个不断认识、逐步更新、反复验证和最终完善的过程,根据样机在运行过程中的故障现象,分析故障产生原因,得出改进方法,不断优化和提升产品的可靠性和稳定性,逐步实现预期目标。这种通过系统地、永久地消除故障的方法,实现产品可靠性水平提升的过程称之为可靠性增长。可靠性增长就是一个通过逐步改进产品设计和制造缺陷,不断提高其可靠性的过程,它贯穿于产品的整个寿命周期。

可靠性增长离不开产品的反复设计、改进和优化。随着设计趋于成熟,实际存在或潜在的故障源得以确定,下一步的工作重心就是排除这些故障源。这种工作模式可以适用于产品研制设计过程,也可以用于产品制造设计过程。可靠性增长可分为研制过程的可靠性增长和生产过程的可靠性增长两种。

装配可靠性增长属于生产过程的可靠性增长,通过对产品进行故障分析,找到故障源,并结合装配工艺,提出装配阶段故障控制措施,从而实现可靠性增长。

3. 刀架系统装配可靠性增长技术

合理的装配工艺方案不仅可提升生产效率和产品质量,而且可降低产品成本,因此在产品定制个性化和顾客需求多样化的时代,装配工艺技术方案的创新就显得至关重要。为提高产品的竞争力,国内数控机床制造商大多选择从国外高价购买零部件,虽然这些零部件本身的性能优异,但在国内装配完成后,其整机产品的可靠性仍然无法与国外水平相媲美,可见零部件装配工艺的可靠性决定了产品整机的可靠性。

机床装配可靠性增长技术其实就是把可靠性驱动的装配工艺融入机床的一般机械装配工艺,通过故障模式提取出相应的故障控制措施,并确定相应的可靠性控制点,以便优化装配工艺。

整机的装配可靠性增长技术与部件的装配可靠性密不可分。首先是分析机床的各功能部件,建立其结构组成、结构层次和功能层次对应图,了解部件的结构组成;然后统计相关部件的装配故障,找出与装配相关的故障模式及故障原因,进而确定相应的可靠性控制点,以便在优化装配工艺中应用;最后是故障控制措施的提出,其主要工作应由装配车间的工人来配合完成。在后续的故障控制中应引入装配故障的发生频率和重要度,其主要目的是在优化可靠性驱动的装配工艺时根据故障的发生频率和重要度来定性地优化装配工步,比如对发生频率较高且重要度指数高的故障,在优化装配工艺时要适当地考虑改善装配方法或者增加检测工步,而对一些发生频率很低且重要度指数较低的故障,只需在装配时注意装配过程的标准化即可。还应进一步确定各故障原因所对应的装配工步,以便在优化装配工艺时更具有目的性;制定机床每一部件的装配检核表,记录检核装配后的质量。装配可靠性增长技术是通过优化部件的装配工艺来实现的,由于刀架对于主机厂而言属于外购件,因此,刀架厂商可对刀架仅做一个装配可靠性增长技术的报告。

另外,装配现场的作业应进行标准化控制,即装配阶段的可靠性控制管理体系。该体系由装配工艺制定的思路、方法、相关工艺方案以及装配现场管理规范等组成。首先根据编制思路熟悉可靠性驱动的装配工艺设计方法,根据该设计方法对可靠性驱动的装配工艺进行编制,从而得到相关的装配工艺方案;然后依据装配工艺方案对原有装配工艺进行修改和完善;最后对装配现场进行工艺纪律的执行及清洁装配的管理控制。

总之,将可靠性增长技术引入数控刀架的装配过程,制定一套完整的数控刀架装配过程的可靠性控制体系,作为数控刀架装配工艺文件的补充,将大幅提高数控刀架的装配质量。

3.3.4 柔性智能制造系统刀具的管理系统

1. 智能加工中心自动换刀装置

自动换刀装置是由刀库单元、选刀单元、刀具交换单元以及主轴上的刀具自动装卸单元等部分组成的。当加工中心在加工零件需要换刀时,换刀装置可自动完成换刀动作。自动换刀系统具有换刀时间短、定位精度高、刀库存刀量大、结构紧凑、刚性较好、运转安全性高等优点。

(1)刀库单元

加工中心上刀库可分为盘式刀库和链式刀库两种类型,如图3-15所示。

盘式刀库通常适用于对刀库容量要求不高的小型立式加工中心,一般能容纳20~30把刀即可。链式刀库的换刀操作依靠链条将被换刀具输送到指定位置,再由机械手夹具将刀具换装到主轴上。链式刀库的存刀量大,一般可达30~120把,甚至更多,一般用于大型加工中心。

(2)选刀单元

选刀单元的选刀方式可分为顺序选刀和软件选刀两种模式。顺序选刀是将不同类型的刀具按照固定的顺序安装在刀库上,换刀时必须按照刀具的相应顺序转到的相应位置来实现换刀,其特点是刀具需按固定顺序安装,如果安装错误,则易发生换刀错误导致的加工事故,故这类选刀方式已很少使用。软件选刀,即对刀具进行编号,带有编号的刀具可以安装在刀库上的任意位置上,换刀时计算机会根据刀具编号调动对应刀具,来实现选刀。相较于顺序换刀,软件换刀快捷、安全、高效。

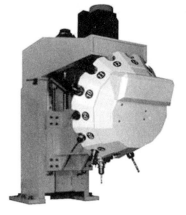

(a) 盘式刀库

(b) 链式刀库

图 3-15　刀库单元的类型

（3）刀具交换单元

刀具交换单元一般采用机械手夹持刀具的方式进行刀具更换。机械手的夹持方式多采用柄式夹持,如图 3-16 所示。

（4）刀具

数控加工中心使用的刀具主要分为铣削用刀具和孔加工用刀具两大类。其中铣削用刀具包括面铣刀、立铣刀、模具铣刀、键槽铣刀、鼓形铣刀、成形铣刀、锯片铣刀,如图 3-17 所示。孔加工刀具包括钻头、铰刀、镗刀、丝锥、扩（锪）孔刀,如图 3-18 所示。

1）铣削用刀具

面铣刀主要适用于平面加工,其制造材料大多选用硬质合金,相较于高速钢材质的面铣

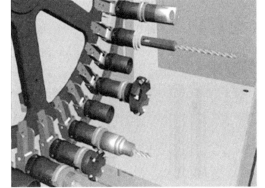

图 3-16　柄式夹持

刀,硬质合金材质的面铣刀切削效率更高,产品加工质量更好。因此,面铣刀具有生产效率高、进给量大、刚性好、通用性广、精度高、刀具寿命长等特点。

立铣刀是加工中心中常用的一种刀具。立铣刀的圆柱表面和端面都可以用于切削,两者可同时进行切削,也可单独使用。它具备平面铣削、凹槽铣削、台阶面铣削和仿形铣削四种功能。

模具铣刀是由立铣刀演化过来,主要适用于加工模具型腔的成形表面。型腔的其他部分加工主要依靠其他类型立铣刀完成。

键槽铣刀一般用于各类键槽的加工,如平键和半圆键键槽,其圆柱面为主切削刃,端面为副切削刃。

鼓形铣刀主要用于对变斜角类零件的变斜角面的近似加工。

成形铣刀是加工零部件成形表面的专用铣刀,其刀具轮廓的形状、尺寸等参数需依据被加

工工件的廓形进行设计确定。成形铣刀能够加工表面形状复杂的零件,加工精度准、质量好、效率高。成形铣刀多用于成形直沟和成形螺旋沟的加工。

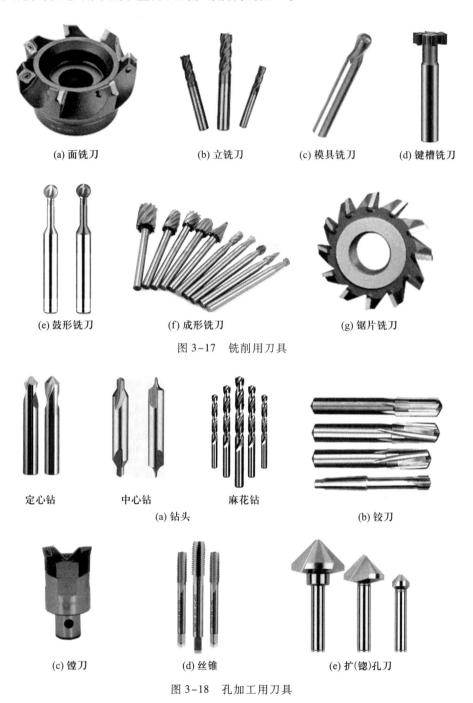

(a) 面铣刀   (b) 立铣刀   (c) 模具铣刀   (d) 键槽铣刀

(e) 鼓形铣刀   (f) 成形铣刀   (g) 锯片铣刀

图 3-17   铣削用刀具

定心钻   中心钻   麻花钻

(a) 钻头   (b) 铰刀

(c) 镗刀   (d) 丝锥   (e) 扩(锪)孔刀

图 3-18   孔加工用刀具

锯片铣刀既是锯片又是铣刀,主要用于铁、铝、铜等金属材料零部件的窄深槽的加工,或者是中硬金属材料的切断,同时也可用于塑料、木材等非金属的铣削加工。超硬材料和硬质合金的锯片铣刀可用于难切削材料的铣削加工。

2）孔加工刀具

钻头有多种类型，依据使用范围可分为定心钻、中心钻、麻花钻。钻的颜色一般为黑色，其制造材质一般为高速钢或硬质合金钢。也有一些钻头的表面镀上一层稀有硬金属薄膜，经过热处理之后，钻头材料表面变硬，呈现金色效果。

铰刀是具备一个或多个刀齿的旋转精加工刀具，主要用来切除已加工零件的孔表面薄层金属，用于扩孔或修孔。铰刀的制造材料通常为硬质合金，其铰孔精度可达 IT7 等级。

镗刀为孔加工刀具中的一种，其形状一般为圆柄形，多适用于孔加工、扩孔、仿形等加工工序，其中在孔加工中，可执行对孔的粗加工、半精加工和精加工等加工工艺。根据刃口的多少和是否可调，镗刀可分为单刃镗刀、双刃镗刀、微调镗刀。

丝锥是一种加工内螺纹的刀具，按照形状可以分为螺旋丝锥和直刃丝锥。

扩（锪）孔刀主要用于扩孔和孔口端面的锪平。当需要保证被加工零部件孔口平面与孔中心线的垂直度时，需要用到扩（锪）孔刀将其孔口的端面锪平，并使其与孔中心线垂直，这样可以保证连接螺栓（或螺母）的端面与连接件保持良好的接触。

2. 刀具的管理系统

柔性制造系统（flexible manufacturing system，FMS）的成功运用离不开刀具的有效管理。在机床制造生产体系中，刀具方面的花费约占总产品投入的 14%，但在 FMS 中，这个比例还会更高，但在过去并没有受到太多的重视。虽然 FMS 大大提高了企业的产能，但由于对 FMS 中大量刀具的管理并不合理，制约了生产效率的进一步提高。所以，对 FMS 中大量刀具的管理研究也就显得至关重要。

（1）刀具管理的功能

FMS 中，刀具管理的含义是以经济的成本在正确的时间把种类正确和数量准确的刀具送到正确的地方。按功能划分，FMS 中刀具管理系统可划分为刀库支持、刀具配置管理和刀具动态调度管理三个子系统。

1）刀库支持系统

包含刀具预调和信息采集、刀具的信息编码制作与粘贴、刀具组件管理、制造刀具的计划以及刀具的出入库清单等。

2）刀具配置管理系统

包括生成机床刀库配置表、零件组间刀具调整管理和刀具寿命管理。

3）刀具动态调度管理系统

包括刀具实时调度、刀具故障检测及处理、刀具寿命实时监控和刀具数据流管理。

（2）刀具动态调度管理系统

刀具动态调度管理系统可以有效保障机床快速得到正确刀具，可以实现机床刀库、中央刀库的初始化设置，刀具在 FMS 内的动态调整，刀具服役管理和刀具磨损监测等。好的刀具动态管理系统，可以按照系统中所加工工件的工艺流程、加工路线和系统作业调度计划，按最优方案为机床生产准备好所需要的刀具；并且能够准确计算该组刀具在加工某工件时的剩余寿命，确保不会因为刀具的剩余寿命不足而在加工过程中损坏，如果发生了意外损坏也能及时地进行修补。

1）刀具实时调度

FMS 刀具自动储运与管理系统主要有两种工作模式。一种是在加工中心中配备相应数量的刀具库存,该种配置形式的主要弊端是,因为每台加工中心的刀具库容量有限,在加工工件的种类增多时,加工中心就必须停下来更新刀具,从而无法高效地连续生产。二是设有独立的中央刀库,通过换刀自动化机器人或刀具搬运夹具,实现多个加工中心的刀具互换,按照刀具互换方法,可分成互换单把刀具和互换活动刀库两个基本形式。

目前应用最广泛的是互换单把刀具的模式。一套完善的刀具自动储运与管理系统应该由中央刀库、刀具预调装置、刀具运输装置、刀具交换装置(换刀机器人或刀具运输小车)、刀具进出管理装置,及监控刀具信息流的刀具管理计算机构成。其工作过程大致如下。

① 在刀具预调装置上,由工作人员将刃磨好的专用刀具或采购来的标准刀具,在对刀仪上输入刀具号等相关参数。

② 刀具与标准刀套组装,并预调刀具。

③ 将刀具的结构参数、刀具代码以及其他有关信息,输入刀具管理计算机,然后通过专用的读写装置,将这些刀具信息存入刀柄上的磁卡或其他形式的记录器中,对刀具进行编号。

④ 人工将预调好的刀具搬运到刀具进出管理装置,准备进入系统。

⑤ 刀具交换装置会根据刀具管理计算机发出的刀具调度指令,将刀具进出管理装置上的刃磨并预调好的刀具搬运至中央刀库;根据刀具调度指令,刀具交换装置会将各加工中心中央刀库的刀具运往各加工中心来满足加工零件的需要。已磨损或破损的刀具则直接由刀具交换装置送至刀具进出管理装置。

2）刀具故障检测及处理

确定每把刀具的位置对于刀具故障检测与及时处理是十分关键的。控制系统必须随时掌握某把刀具是在中央刀库内,还是处于输送途中,又或是在某台机床的刀库内。因此,为了掌握刀具的信息流,每把刀具上都必须带有自身的标识信息,例如带有特定的编码标志,或在刀具的某个部位带有一颗 EPROM 身份芯片。通过收集刀具上信息流(主要方式是在机床的相应部位安装上传感器,对刀具状况进行监控),对机床上的刀具进行实时动态监测,可对因为刀具的损坏、崩裂以及一些异常情况所引起的换刀请求指令迅速做出反应,从而提高生产质量。

3）刀具寿命实时监控

由于在 FMS 中运输到各个加工中心的每把刀具的额定寿命有所不同,又由于加工工艺的不同,每次加工需要用到的加工时间也不同,所以各个刀具的使用状态都会不断地变化。为保证系统有序运行,刀具监测系统实时监测加工中心中每把刀具的切削状态。当加工中心需要进行零部件加工时,被加工零部件在送往加工中心前,刀具的监控系统与控制程序将检测这些零部件所需要的刀具要求,并且在加工中心刀库上匹配相对应的加工刀具,并同时判断这些刀具是否有充足的寿命来完成这些零部件的加工生产。而一旦刀具短缺或寿命不足,监控系统与控制程序将会向主控系统提出换刀请求,换刀机器人立刻响应换刀指令并执行装刀。一旦达到加工条件,调度系统的小车运输装置将该零部件送往加工中心上加工。在加工中心加工完成了某个零部件后,再通过加工中心的 CNC 控制器,将该刀具使用时间传输给主控系统,算出该刀具的剩余服役时间后,再由刀具控制程序按照刀具的剩余寿命,再次计算下一个待加工零部件的刀具要求。刀具监控程序框图见图 3-19。

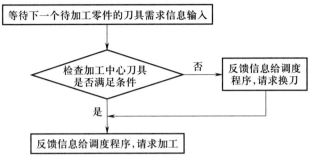

图 3-19　FMS 刀具监控图

4）刀具数据流管理

要想处理好上述的这些问题，刀库系统必须准确地处理大量数据。由于刀库的数据信息量非常大，所以对数据的有效存储也就显得非常重要。目前多采取面向功能的数据存储方法，这种存储方法的主要问题是数据冗量太大，且刀具数据信息的变动也将影响其他数据库系统。想要解决这个问题，需要引入面向对象的数据存储方法，即采用统一专门的刀具数据模型，刀具数据的变化只限制单个数据库系统。

（3）刀具信息管理

刀具数据信息的分析和处理除为刀具管理提供服务以外，还要作为信息源，向实时过程控制系统、产品调度管理系统、加工仓储管理系统、材料供应管理和订单管理系统、刀具预调站和刀具修理站等部门提供信息服务。零件的编程员通常也要掌握刀具的几何尺寸、制造材料、加工技术等信息参数，从而按照加工工序的实际需求合理选用刀具。因为 FMS 要求的刀具种类和数量都相当大，所以就必须通过刀具数据库加以控制。刀具数据分析的内容中一般包含了刀具编码数据以及有关刀具几何尺寸的属性数据，刀具编码的方式多种多样，但 FMS 所用的数据文件中通常是使用刀具自身的直接编码，这种方式使得刀具标识与刀套及其在机床刀库内的位置均无关联，因此选择刀具时也无须关注如何选择刀套，刀具在互换后也不必考虑返回到原来的位置。刀具的几何外形等属性数据一般采用真实数据，数据文件中除刀名外，刀具的几何尺寸、操作口令和刀具寿命等都为真实数据。铣刀的几何尺寸数据一般包括长度和刀尖半径，在每次刃磨后这些数据都可能发生变化。刀具寿命取决于机床的加工模式，因为寿命与加工环境密切相关。刀具的工作尺寸也因与加工零部件的加工方式密切相关，因此它也是在机床上形成的。

3.4　数控机床功能与数控系统的智能化

3.4.1　数控机床功能的智能化

1. 智能健康保障功能

机床在运行过程中，主轴、电动机、传动轴、刀具、刀库等不可避免地处于损耗状态，因此智能机床首先要实现的功能是"自我体检"。

智能健康保障功能是智能机床进行自我检测和修复的重要功能,也是智能机床必备的功能之一。通过运行机床健康体检程序,采集数控机床运行过程中的实时大数据,形成指令域波形图,并从中获取可反映机床装配质量、电动机质量、伺服调整匹配度的特征参数,形成对数控机床健康状态的全面评估和保障。

健康保障算法以指令域分析为基础,将时域信号按照 G 指令进行划分,并提取相关时域信号的特征值,对特征值做相关聚类处理和可视化处理,得到数控机床进给轴、主轴和整机的健康指数,通过雷达图的方式,利用时序分析和历史健康数据对数控机床的进给轴、主轴和整机的健康状态进行预测。通常以机床健康指数雷达图表示机床健康状况,指数范围为 0 ~ 1,越接近 1 表示健康状况越好,由健康指数雷达图可以直观地看出机床主轴、X 轴、Y 轴、Z 轴和刀库的健康程度。

2. 热误差补偿

数控机床在热机阶段,机床整体的温度会上升,由于机床各部位材料不同,因此各部位的热膨胀系数不同,热膨胀系数不同带来的结果是车床各部位热变形不一致,从而导致加工精度下降,造成零件加工质量下降。智能车床的智能化功能之一即是实现车床的热误差补偿,其流程结构如图 3-20 所示。

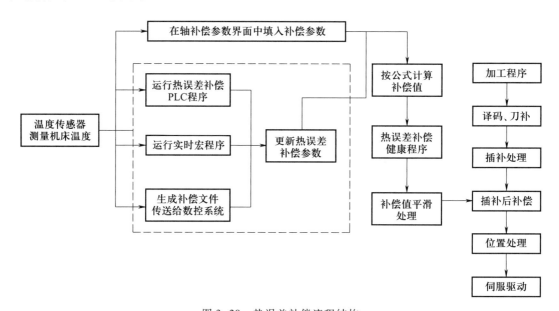

图 3-20 热误差补偿流程结构

（1）在机床主轴,各进给轴轴承座、螺母座及主轴轴承座等关键位置安装温度传感器,采集机床关键位置温度变化和机床运行过程中各个重要位置的温度信息,获取机床的实时温度场。

（2）在用户接口的轴补偿参数界面填入补偿参数,同时运行热误差补偿 PLC 程序和实时宏程序,通过 I/O 模块,将采集到的温度数据发送到机床控制系统中,同时生成补偿文件传送给数控系统,从而实现热误差补偿参数的更新。

（3）将更新后的参数代入补偿公式中计算补偿值，运行热误差补偿监控程序，实现热误差补偿值的平滑处理，进而获取插补后的补偿值。

（4）在加工程序中进行译码、刀补等操作，利用插补器实现插补处理。

（5）利用伺服驱动器进行驱动，从而实现热误差补偿后的位置更新，提高零件加工质量。

3. 智能断刀检测

机床在进行零件的加工操作时，刀具受到切削力、转速等多种因素的影响，容易出现磨损、疲劳等问题，这就导致了刀具在进行一定时间的加工操作后出现断裂的情况。由于加工刀具一般较小，操作人员肉眼难以分辨是否存在裂纹，如果不及时进行换刀，将会大大影响加工质量，延长制造周期。

智能断刀检测功能能够自动检测刀具的运行状态，在刀具断裂时及时报警，提醒操作人员更换刀具。智能断刀检测流程如图 3-21 所示。

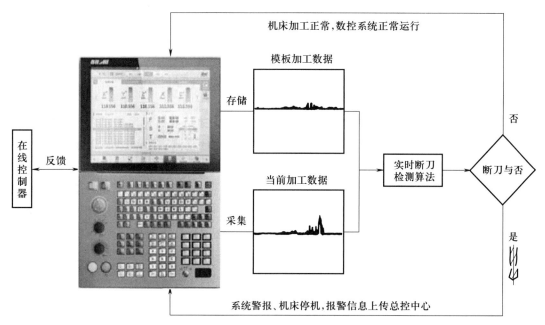

图 3-21 智能断刀检测流程

（1）采集加工主轴正常运行状态下的主轴电流特性，并且将其保存为模板。

（2）基于指令域的方法，计算刀具断裂时及断裂后的主轴电流特征。

（3）监测加工状态下主轴的电流变化特征，并且自动与正常切削时的主轴电流进行比对。如果当前加工状态电流特征与模板特征相差较小或在允许的变化范围内，则向机床反馈加工正常，数控系统正常运行；如果电流变化与模板相差较大，系统则主动报警，同时机床自动停机，并且将报警信息自动上传到车间的总控中心。通过添加智能断刀检测功能，能够保证断刀时及时更换刀具，减少加工损失，提高加工质量。

4. 智能工艺参数优化

在进行零件加工时，通常是先导入 CAD 模型，基于模型进行 CAM 编程，生成 G 代码（即轨迹位置指令），然后通过解释器对指令进行解析，进而获得各轴的运动参数。然而由于实际加工过程受主轴振动等影响,实际运动路径与理论运动路径之间存在一定的偏差,因此需要对加工参数进行优化。

基于双码联控的智能化数控加工技术,是在不改变现有 G 代码的格式和语法的前提下,增加一个基于指令域大数据分析、包含机床特性优化和补偿信息的第二加工代码文件,来同时进行加工控制和主轴电流反馈的一项优化技术。利用 G 代码和智能优化指令对运动路径进行重新规划,通过插补器将偏差值进行补偿,利用伺服驱动器对偏差补偿运动量进行精确控制。在数控加工过程中提供基于机床指令域大数据的机床优化和补偿信息,用于对具体机床的响应特征进行优化补偿。根据第二加工代码可以优化进给速度,将原始主轴电流中的最大值降低,最小值提升,波动值减小,在均衡刀具切削负荷的同时,可有效、安全地提高加工效率。

5. 主轴动平衡分析

机床在加工运行的时候,主轴和电动机都处于高速旋转状态,从而导致整个主轴处于长时间的振动状态,因此需要对主轴的动平衡进行分析。在机床的主轴不同位置分别安装振动传感器,实时采集主轴各部位的振动信号,通过 PLC 程序将采集到的信号传输给数控系统。通过编写好的动平衡分析算法,基于主轴振动信号进行主轴不平衡量检测及分析,计算主轴不平衡量,在主轴不平衡量过大的情况下进行报警,提醒操作人员进行检修处理。

6. 基于互联网的数控机床远程运维系统

近年来,随着"互联网+"发展的持续深入,以及网络技术与数控机床的结合,大数据、物联网、智慧传感技术等已经运用于数控机床的远程管理、运行监测、故障诊断、工作状态控制等领域。

"互联网+传感器"是"互联网+机床"的典型特征,它有效克服了现代智能数控机床感知能力差和信息连接互通困难等方面的问题。通过工业互联网将各个设备之间进行连接互通,实时采集和汇聚机床在运行状态下的数据,对采集到的数据进行分析与处理,能够实现机床在运行过程中的实时或非实时的反馈控制。图 3–22 为"互联网+机床"工作原理示意图。通过远程运维系统,能够将机床生产厂和最终用户紧密连接在一起。

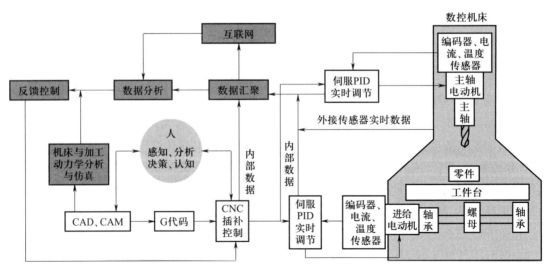

(a) "互联网+机床"控制原理

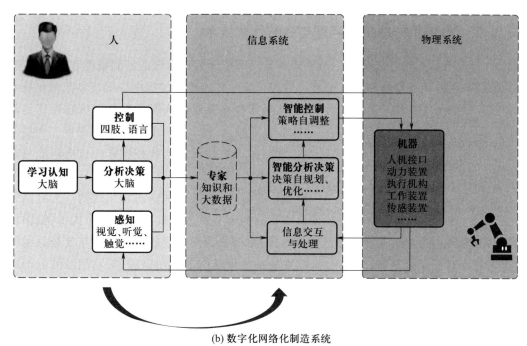

(b) 数字化网络化制造系统

图 3-22 "互联网+机床"工作原理示意图

表 3-4 中列出了远程运维系统的核心功能,包括产品溯源、设备报修、生产管理和电子资料库,对比了传统机床的缺点以及智能机床能够实现的功能。远程运维系统客户端包括设备监控、生产统计、故障案例、故障报修、设备分布、电子资料库、报警分析和工艺知识库等主要功能。通过设备监控功能,用户可以清晰地查看机床的状态,包括开机时间、加工时间、待机时间、报警时间和离线时间等。通过设备的故障报修功能,用户可以远程上传设备的报警故障提示和详细描述,生产商接收到报修提醒之后会安排专业人员对故障进行分析和处理。

表 3-4 远程运维系统的核心功能

远程运维系统核心功能	传统机床的缺点	智能机床的功能
产品溯源	没有统一的信息化管理平台,无法及时获取机床使用情况、故障情况	建立设备档案,包括产品构成、使用客户等
设备报修	故障上报描述不清、信息传递多渠道	一键报修,报警信息二维码上传,故障案例库自主维修
生产管理	一些机床用户没有 MES 系统,还需要进行生产统计	实现 OEE 统计分析,满足用户要求
电子资料库	机床用户资料获取难、管理分散	使用手册、故障处理、调试案例等资源电子化

3.4.2 数控机床的机电匹配与参数优化技术

目前,提高数控机床性能的一个重要环节是提高机床数控系统的控制精度和响应速度,进而提高数控机床的动态特性和加工精度。数控系统与数控机床的机电匹配与参数优化技术通过对伺服控制的动态特性分析及参数调节,使机床数控系统的伺服参数与机械特性达到最佳匹配,提高了数控系统伺服控制的响应速度和跟随精度,达到机床数控系统的最终三个控制目标:稳(稳定性)、准(精确性)、快(快速性),实现国产数控系统与数控机床的机电匹配与参数优化。

高性能数控机床的位置伺服系统一般是由位置环、速度环和电流环组成的。为提高伺服系统的性能,各环均可以调节,但各环调节器参数的调节一直困扰着工程技术人员,很多场合采用简化模型加经验调整的方法进行参数调节,使得参数调节比较烦琐。现在比较好的伺服参数优化技术是利用伺服调试软件,监控进给系统伺服电动机扭矩波形,利用滤波器消除振动,合理提高速度、位置环增益,确认各进给系统 TCMD 波形,确保运动过程中伺服电动机的平稳性,使整个进给系统平稳运行。伺服参数优化的本质是对位置环、速度环,甚至电流环(特殊情况下才优化)的参数进行修改,使之在匹配机械特性的基础上最大限度发挥机床的性能,从而确保机床数控系统的各个环路的稳定性、精确性和快速性。

对于不同品牌的数控系统,各数控系统企业开发出了适合自身数控系统的伺服参数优化软件或调试方法。下面具体介绍武汉华中数控系统机电匹配与参数优化技术。

以往武汉华中数控系统的调试,是通过直观地观察机床的实际运行状态,依靠调试工程师的经验来调节机电匹配与参数。这种调试方法没有量化的机床数据做基础,主要依赖调试人员的调试经验,因此调试效率低而且容易出错。华中数控伺服调整工具 SSTT 软件是一款国产数控机床调试和诊断软件,可以用于所有华中 8 型系统以及总线式驱动系统。SSTT 软件能够通过采样,将机床实时数据绘制成图形供调试人员参考,能够提高调试的可靠性和效率。

1. 技术方案

(1)建立网络连接

SSTT 通过以太网和数控系统建立连接,在建立连接之前,需要保证计算机的 IP 和数控系统的 IP 处于同一网络 C 段,建议使用 ping 命令来探测网络的连通状态。确认网络状态的连通后,在数控系统面板上,选择【设置】→【参数】→【通信】→【网络开】,打开数控系统网络。

打开 SSTT→选择菜单【通信】→【通信设置】,弹出"通信设置"窗口。填入目标数控系统 IP 和通信端口后单击【确定】,再选择菜单【通信】→【连接】,如果和数控系统通信成功,则会弹出"连接成功"的提示框。

(2)采样设置

和数控系统连接完成后,先设置采样通道,如图 3-23 所示。选择菜单【设定】→【通道数据】,弹出"通道与测量设定"对话框。设置采样结束条件、测定数据点和采样周期,如果没有特殊的采样要求,保持默认值即可。单击【增加】按钮添加采样通道,弹出"通道设定"对话框,如图 3-24 所示。设置需要采样轴的逻辑轴号、种类、单位。目前 SSTT 支持 6 种采样类型,分

别是指令位置、实际位置、跟踪误差、指令速
度、实际速度、力矩电流。

在采集刚性攻丝(即攻螺纹)同步误差时,
需要采集 Z 轴和 C 轴的实际位置作为同步误
差的输入通道。在采集 C 轴的位置时,需要选
中"刚性攻丝"复选框,并在"螺距"输入框输
入螺距值。当 C 轴和 Z 轴在同向时,螺距为正
值; C 轴和 Z 轴在反向时,螺距为负值。

由于要调节机床的高速状态,这里添加轴
0(X 轴)的实际速度和力矩电流作为采样通
道,如图 3-23 所示。

图 3-23 "通道和测量设定"对话框

设置完成后单击【确定】,选择菜单【设定】→【曲线绘图】,弹出"曲线及绘图方式设置"对话框。基本绘图方式有三种:时域波形、轨迹波形和圆误差,这里需要观察 X 轴速度、加速度和电流的变化,所以选择"时域波形"。曲线 1 操作设置为"时域显示",输入 1 设置为"通道 1";曲线 2 操作设置为"一阶微分",输入 1 设置为"通道 1";曲线 3 操作设置为"时域显示",输入 2 设置为"通道 2"。设置完毕后单击【确定】,曲线 1、2、3 分别对应 X 轴的实际速度、加速度和电流。

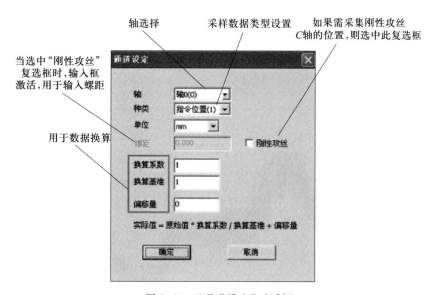

图 3-24 "通道设定"对话框

2. 具体技术内容和实验验证

在设置完毕后,操作数控系统载入 X 轴直线运动的 G 代码并循环启动,本例中设置 X 轴速度为 F15000,即 15 m/min。单击菜单【通信】→【测量开始】开始采样,因为选择的是循环采样方式,所以采样会一直进行,直到单击菜单【通信】→【测量中止】。采样结束后得到如图 3-25所示的 X 轴速度采样结果。

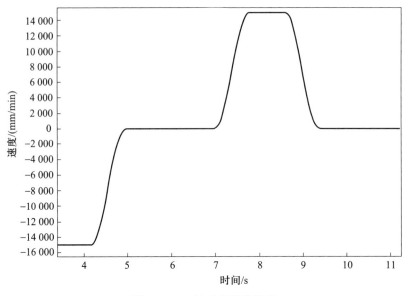

图 3-25　*X* 轴速度采样结果

从图 3-25 中可以发现,*X* 轴速度峰值接近 15 000 mm/min。曲线光滑,说明速度比较平稳。但是加速时间比较长,接近 1 s,说明现在的加速性能较差。

图 3-26、图 3-27 所示分别为 *X* 轴加速度采样结果和 *X* 轴电流采样结果。*X* 轴的加速度峰值仅为 0.9 m/s^2。电流峰值为 5.5 A,远低于伺服驱动器的额定电流 75 A。需要修改系统的加速度参数和伺服驱动器的增益参数,提高机床的高速性能。选择菜单【伺服参数】→【读取在线参数】,弹出参数列表。修改 36、37、38、39 号参数为 8、16、8、16,修改 200、202 号参数为 600、550。

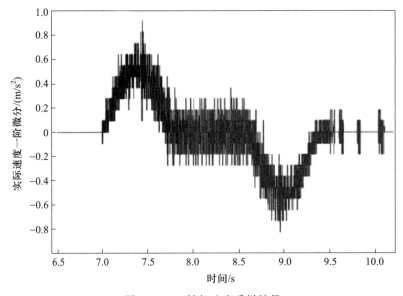

图 3-26　*X* 轴加速度采样结果

调整完成后,再进行一次采样,得到如图 3-28、图 3-29 和图 3-30 所示的结果。

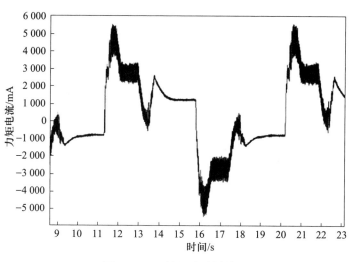

图 3-27 *X* 轴电流采样结果

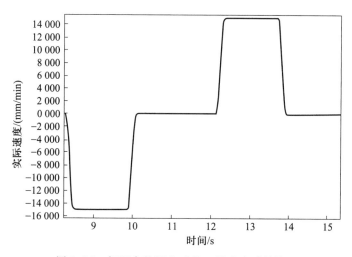

图 3-28 伺服参数调整后的 *X* 轴速度采样结果

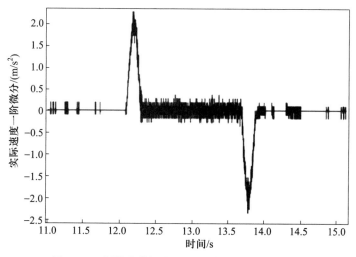

图 3-29 伺服参数调整后的 *X* 轴加速度采样结果

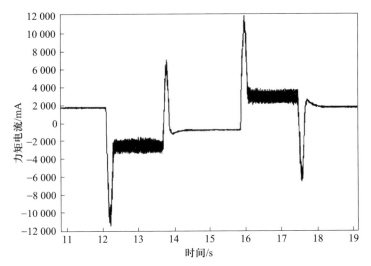

图 3-30　伺服参数调整后的 X 轴电流采样结果

3.4.3　数控机床智能化编程与优化技术

1. 数控系统功能

数控系统中加工程序的指令可分为准备功能 G、辅助功能 M、刀具功能 T、主轴转速功能 S 和进给功能 F。

（1）准备功能 G

准备功能 G 是运行程序的一种命令,它起到建立机床或数控系统运行方式的作用,由符号 G 及后面两位数字构成,后面两位数字决定了命令类别,例如 G02、G04 等。G 代码分为模态代码和非模态代码,模态代码经指定后,就会一直有效,除非后续程序段出现了同组代码才能取代它,例如在使用直线插补命令 G01 后,再使用圆弧插补命令 G02,才可替代原先的直线插补命令 G01。非模态代码只在本程序段有效,下程序段需重写,如暂停命令 G04。

（2）辅助功能 M

辅助功能 M,用来表示机床操作的各种辅助指令及其状态,由符号 M 及其后面的两位数字组成,例如 M01、M02 等。辅助功能 M 的各种代码及其功能见表 3-5。

表 3-5　辅助功能 M 的各种代码及其功能

代码	功能	备注
M00	程序停止	非模态
M01	程序选择停止	非模态
M02	程序结束	非模态
M03	主轴顺时针旋转	模态
M04	主轴逆时针旋转	模态
M05	主轴停止	模态

续表

代码	功能	备注
M06	换刀	非模态
M07	冷却液打开	模态
M08	冷却液关闭	模态
M30	程序结束并返回	非模态
M31	旁路互锁	非模态
M52	自动门打开	模态
M53	自动门关闭	模态
M74	错误检测功能打开	模态
M75	错误检测功能关闭	模态
M98	子程序调用	模态
M99	子程序调用返回	模态

（3）刀具功能 T

T 功能为换刀或选刀指令，由符号 T 和其后面的数字组成，主要用于指定刀具编号，一般和 M 代码配合使用。加工中心换刀指令格式为 T__M06，例如，T03 M06 表示调换 03 号刀具。

（4）主轴转速功能 S

S 功能为主轴转速或速度指令，它由符号 S 和其后面的数字组成。加工中心主轴转速指令格式为 G97 S__，例如 G97 S400 表示系统开机状态为 G97 状态，主轴转速为 400 r/min。加工中心恒线速度指令格式为 G96 S__，例如 G96 S200 表示系统开机状态为 G96 状态，切削速度为 200 m/min。加工中心主轴最高速度限定指令格式为 G50 S__，例如 G50 S3000 表示在系统开机为 G50 状态，主轴转速最高为 3 000 r/min。

（5）进给功能 F

F 功能表示进给速度指令，它由符号 F 和其后面的数字组成。加工中心刀具进给速度指令格式为 G99 F__或 G98 F0.5，例如 G99 F0.5 表示主轴刀具的进给量为 0.5 mm/r，G98 F300 表示刀具的进给量为 300 mm/min。

2. 基本指令

（1）快速定位（G00/G0）

指令格式：G00　X__　Y__　Z__；

指令功能：使刀具快速从某处移动至目标位置，只移动，不切削。

G00 指令实例如图 3-31 所示。

（2）直线插补 G01

指令格式：G01　X__　Y__　Z__　F__；

指令功能：使刀具按给定的进给速度从当前点移动至目标点。

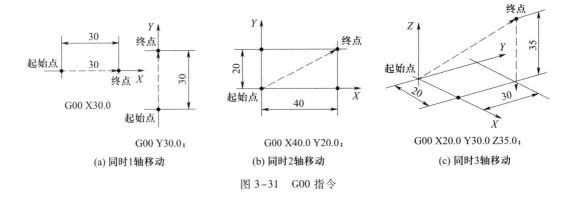

(a) 同时1轴移动　　　(b) 同时2轴移动　　　(c) 同时3轴移动

图 3-31　G00 指令

（3）圆弧插补 G02/G03

指令格式 1:$\begin{Bmatrix} G02 \\ G03 \end{Bmatrix}$ X__　Y__　Z__　R__　F__

（用圆弧半径编程）;

指令功能:这种编程格式较为常见,仅需知道圆弧的终点与半径即可。例如,圆弧为劣弧或半圆时,书写时 R 后接半径值;圆弧为优弧时,应写为-R。

直线插补 G01 实例如图 3-32 及表 3-6 所示。其中各点的坐标分别为 $A(0,0)$、$B(20,0)$、$C(40,20)$、$D(55,30)$。

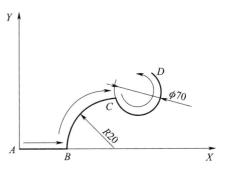

图 3-32　圆弧轨迹示意图

表 3-6　指令解释

代码	功能
G90 G54 G00 X0 Y0 M03 S600;	定位到 A 点
G01 X20 F200;	从 A 点进给移动至 B 点
G02 X40 Y20 R20;	走圆弧 BC
G03 X55 Y30 R-35;	走圆弧 CD

指令格式 2:$\begin{Bmatrix} G02 \\ G03 \end{Bmatrix}$ X__　Y__　Z__　I__　J__　K__　F__（用 I、J、K 编程）;

指令功能:I、J、K 分别为 X、Y、Z 方向相对于圆心的距离。

（4）刀具半径补偿 G40/G41/G42

指令格式:$\begin{Bmatrix} G40 \\ G41 \\ G42 \end{Bmatrix}$ G01 X__　Y__　Z__　D__　F__;

指令功能:在实际的生产加工过程中,同一个指令在不同的刀具上,由于刀具半径与刀具长度等参数都会略有不同,导致零件的加工精度下降,产生的误差也不同。因此,为了避免这种误差,提高加工精度,需要使用刀具补偿指令,使实际需要的加工轮廓与刀具编程轨迹一致。G40 为取消刀具补偿功能指令,G41 为左侧刀补指令,类似顺铣,如图 3-33a 所示;G42 为右侧刀补指令,类似逆铣,如图 3-33b 所示。从实际的加工效果来看,在刀具寿命、加工精度、表面粗糙度等方面,顺铣加工效果都比逆铣好,因此目前生产加工多采用 G41 指令。指令格式中的 D 为刀补号,后面的数字为刀具号。

（5）刀具长度补偿 G43/G44/G49

指令格式： Z__ H__;

......

G49 Z(或 X 或 Y)__;

指令功能:G43 是刀具长度正补偿指令,G44 是刀具长度负补偿指令,G49 是取消刀具长度补偿指令。Z 为补偿轴的终点值。H 是刀具长度偏移量(理想刀具长度与实际使用的刀具长度之间的差值)的存储器地址,H 代码有 32 种指令方式(H01 ~ H32)。

3. 固定循环指令

（1）固定循环的基本动作

图 3-34 为固定循环的基本动作示意图。

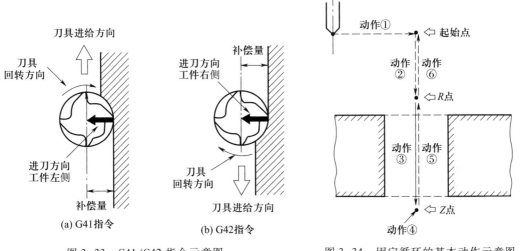

图 3-33 G41/G42 指令示意图　　　图 3-34 固定循环的基本动作示意图

其中:动作①——X 轴和 Y 轴定位:使刀具快速定位到孔加工的位置。

动作②——快进到 R 点:刀具自起始点快速进给到 R 点(参考点)。

动作③——孔加工:以切削进给的方式执行孔加工的动作(到达 Z 点)。

动作④——孔底动作:包括暂停、主轴停、刀具移动等动作。

动作⑤——返回到 R 点:继续加工其他孔时,安全移动刀具。

动作⑥——返回起始点:孔加工完成后一般应返回起始点。

（2）固定循环的通用格式

指令格式:$\begin{Bmatrix} G90 \\ G91 \end{Bmatrix} \begin{Bmatrix} G98 \\ G99 \end{Bmatrix} \begin{Bmatrix} G73 \\ G74 \\ G76 \\ G81 \sim G89 \end{Bmatrix}$ X__ Y__ Z__ R__ Q__ P__ F__ L__;

指令功能:

G90、G91——绝对值编程、增量值编程(程序开始就指定,可不写出)。

G98、G99——返回起始点、返回 R 点。

G73、G74、G76、G81～G89——孔加工方式,模态指令。

X、Y——孔在 XY 平面的坐标位置(绝对值或增量值)。

Z——孔底的 Z 坐标值(绝对值或增量值)。

R——R 点的 Z 坐标值(绝对值或增量值)。

Q——每次进给深度(G73、G83);刀具位移量(G76、G87)。

P——暂停时间,ms。

F——切削进给的进给量,mm/min。

L——固定循环的重复次数,只循环一次时 L 可不指定。

(3)固定循环指令的介绍

1)钻孔循环指令

① 高速深孔钻循环指令

指令格式:G73 X__ Y__ Z__ R__ Q__ F__;

指令功能:G73 指令用于深孔加工,一般用于 Z 轴方向的间歇进给,使深加工容易断屑和排屑,减少退刀量,提高加工效率。Q 为每次进给深度,在加工时必须保证大于退刀量 d。

② 钻孔循环指令

指令格式:G81 X__ Y__ Z__ R__ F__;

指令功能:G81 指令用于正常的钻孔,切削进给到孔底,刀具再快速退回。钻头先快速定位到 XY 平面的起始点,再快速定位到 R 点,接着以 F 指令所指定的进给速度向下钻削至孔底 Z,最后快速退刀到 R 点或起始点。

③ 带停顿的钻孔循环指令

指令格式:G82 X__ Y__ Z__ R__ P__ F__;

指令功能:G82 指令除了要在孔底暂停以外,其余动作和 G81 相同。其中暂停时间由 P 地址给出。该指令主要用于加工盲孔,以提高孔深精度。

2)镗孔循环指令

① 精镗孔循环指令

指令格式:G76 X__ Y__ Z__ R__ Q__ P__ F__;

指令功能:G76 指令为镗孔循环指令,刀具到达孔底后,主轴在固定的旋转位置停止,并向刀尖反方向移动指定距离(由 Q 地址给出),然后快速退刀,这样可以保证已加工的表面不会被划伤,实现了精密镗孔。

②镗孔循环指令

指令格式:G86 X__ Y __ Z__ R__ F__;

指令功能:G86 与 G81 指令功能相同,只是 G86 使刀具至孔底时主轴停止,然后快速退回。

3)螺纹循环指令

① 攻右旋螺纹循环指令

指令格式:G84 X__ Y__ Z__ R__ F__;

指令功能:G84 指令用于攻右旋螺纹,丝锥到达孔底时主轴正转,退出时主轴反转。攻螺纹过程中要求主轴转速与进给速度成严格的比例关系,因此编程时要求根据主轴转速计算进给速度。进给速度等于导程乘以主轴转速。

② 攻左旋螺纹循环指令

指令格式:G74 X__ Y__ Z__ R__ F__;

指令功能:G74 指令用于攻左旋螺纹,进给时主轴反转,退刀时主轴正转。指令的其余参数与 G84 相同。

4)取消孔加工固定循环指令

格式:G80;

指令功能:G80 指令用于取消孔加工固定循环。当取消孔加工固定循环后,固定循环指令中的孔加工数据也被取消,那些在固定循环之前的插补模态恢复。

3.4.4　数控系统模拟实际工况运行实验技术

模拟工况运行实验主要是国产中高档数控系统的功能、性能、可靠性评测实验,与国外同类产品的对比性实验以及可靠性增长研究。主要的实验过程如下。

(1)根据数控机床所配置数控系统的功能及性能,将数控系统安装在各相应的实验平台上。每台(套)实验平台根据数控机床的类型和在使用过程中的负载情况,配备不同数量的轴以及负载,使每台(套)实验平台均可独立模拟数控机床的实际加工情况。实验平台的加载方式分为对拖加载和惯量盘加载两种方式。

(2)对实验平台数控系统进行调试,分别设置数控系统单元中的轴号、电子齿轮比、刀具偏置补偿数据等,对伺服驱动单元中控制方式、电动机磁极对数、电动机编码器类型等进行设置,使其可以模拟数控机床实际工况。

(3)在实验平台数控系统中输入常见典型零件加工程序,让其循环运行。

(4)数控系统调试好后,开启实验平台,让其正常工作。除非必要的检修外,不允许给实验平台断电。实验过程中安排专人巡视,每台实验平台配有相应的运行状态数据记录表,巡视人员定时巡视、记录数据。运行状态数据记录内容包括运行过程中出现的问题与异常现象、处理方法及所用的时间等。

下面以武汉华中数控系统模拟实际工况运行实验进行说明。

1. 数控系统模拟实际工况运行实验测试项目

根据 GB/T 26220—2010《工业自动化系统与集成　机床数值控制数控系统通用技术条件》等相关标准,实现了多种工况的模拟,并测试数控系统在相应工况下的可靠性。测试项目包括气候环境适应性测试、机械环境适应性测试、电磁兼容性测试和带载测试。

(1)气候环境适应性测试　通过模拟各种温度、湿度条件以及其他环境条件,测试数控系统在不同气候条件下的可靠性,包括运行温度下限实验、运行温度上限实验、运行温度变化实验、恒定湿热实验、沙尘实验、淋雨实验、盐雾实验。

(2)机械环境适应性测试　包括振动实验、冲击实验和自由跌落实验。

(3)电磁兼容性测试　包括静电放电抗扰度实验、快速瞬变脉冲群抗扰度实验、浪涌抗扰度实验、电压暂降和短时中断抗扰度实验以及工频电磁场抗扰度实验。

（4）带载测试　通过施加不同的负载，模拟实际加工情况，测试数控系统长时间运行的可靠性。

2. 与国内外同类产品的对比性实验情况

针对国内外同类数控系统，开展了模拟工况实验，测试结果如下：

（1）国产数控系统平均时长 10 268 h，部分数控系统最高时长 28 802 h。

（2）国外数控系统平均时长 14 339 h，部分数控系统最高时长 28 830 h。

3. 产品的改进和提高

经过故障模式、影响和危害性（FMECA）分析和并进行改进后，数控系统实测平均故障间隔时间（MTBF）得到明显的提高。改进的部分包括产品热设计改进、抗干扰（EMC）设计改进、防护散热设计改进等。

（1）更换了高可靠性的显示屏，选用日本三菱原装工业级屏，彻底解决了显示屏的失效问题。

（2）将开关电源由内置变为外置，大大减少了系统内部微环境的温度过高问题。

（3）对输入、输出口增加保护电路，即使外部 24V 电源接反，也不会烧毁轴口，提高了系统的可靠性。

（4）采用了 Flash 芯片，取消了 CF 卡，解决了因 CF 卡损坏造成的系统崩溃问题。

（5）针对数控系统因 HC5312-1（V3.01）PCB 板上火线口 XS6A、XS6B 封装过小，外接插头进行插拔时 PCB 板易松动，造成系统无输入输出点而出现故障（上不了强电）的问题，从设计上进行了改进，增大了火线口 XS6A、XS6B 封装，并固定了安装孔。

（6）针对数控系统（带电池盒组件）因系统 NC 板上电池盒电极片未卡紧、安装未到位、电池装反、电池电量不足，在调试使用中出现 F 盘丢失等问题，开发人员在设计上改进结构，采用贴电芯片，无需电池供电，简化了大部分电路结构，大大减小了装配难度，提高了可靠性。

平均故障间隔时间测试所用的样本从同一批数控系统产品中随机抽取获得，共 7 台，这些样本均通过了出厂检验且检验结论为合格。根据国家标准，采用简单测试方案进行测试，测试结果如表 3-7 所示。

表 3-7　武汉华中数控系统可靠性测试结果

信息类别	测试结果	信息类别	测试结果
测试开始时间	2014.06.01	累计故障数	6
测试结束时间	2015.10.31	关联故障数	4
测试样本数量	7	非关联故障数	2
累计测试时长	80640h	发生故障样本数	——

累计实验时间：

$$T = \sum_{j=1}^{n} t_j = 80\ 640 \text{ h} \tag{3-8}$$

式中：n——实验系统的总台数 $n=7$；

t_j——第 j 台实验系统的实验时间,h。

实验产品的故障数(关联性故障)$r = 4$,则 $MTBF$ 估计值为:

$$MTBF = \frac{T}{r} = \frac{80\ 640\ \text{h}}{4} = 20\ 160\ \text{h} \tag{3-9}$$

3.5 数字化工厂与智能生产线

3.5.1 数字化工厂

数字化工厂,广义上指以产品全生命周期的相关数据为基础,在计算机虚拟环境中,对整个生产过程进行仿真、评估和优化,并进一步扩展到整个产品生命周期的新型生产组织方式。对于制造企业而言,数字化工厂即是以软件为依托,为工厂建立一个全面的电子化数据库平台,数据库全面涵盖了工厂设计、改造、更新等各个阶段,能够在工程设计开始到工厂退役的过程中,有效地管理工厂。数字化工厂是一项严谨的信息化工程,建设时应充分考虑以下几个方面。

(1)总体规划、分步实施 数字化制造是一个较大的信息化系统,涉及企业方方面面。因此,数字化工厂建设原则是既要保证前瞻性、先进性、完整性,又要结合企业的实际情况,采取总体规划、分步实施原则,这是数字化工厂成功的重要保证。

(2)可扩展性 数字化工厂要具有最大的灵活性和容量扩展性。数字化工厂应在初步设计时就考虑到未来的发展,以降低未来发展的成本,使系统具有良好的可持续发展性。

(3)兼容性 数字化工厂应具有良好的兼容性,以利于现在和将来的设备选型及联网集成,便于与各供应商产品的协同运行,便于施工、维护和降低成本。

要建立数字化工厂,首先工厂的信息化建设应达到数字化管理的要求,即通过 MES 系统的建设,同时整合已经实施的 ERP、设备物联网系统以及即将实施或规划的 PDM 系统、CAPP系统等,彻底打通横向信息集成。其次,需要打通信息系统与物理系统(设物联网),实现纵向信息集成。然后,以 Smart Plant Foundation 为数据连接及管理平台,构建协同设计的构架,即数字化工厂的设计技术数据构架。再通过信息化平台整合为企业级数字化工厂,通过车间布局改造、设备升级及自动化改造,最终实现数字化智能制造的目的。图 3-35 为数字化工厂示意图。

对于机床制造企业的数字化工厂建设,要实现数控制造装备生产全生命周期中的原料采购、设计、零部件加工、装配、质量控制与检测等各个阶段的管理及控制,使设计到生产制造之间的各项不确定性因素降低,在数字空间中将生产制造过程进行优化,使生产制造过程在信息化、数字化手段中得以检验,从而提高数字化工厂建设的成功率和可靠性,缩短从设计到生产的转化时间,其具体实现手段就是工厂的数字化设计与数字化制造。因此,要搭建起易于扩展、满足不同类型车间需要的高安全、高性能、高可靠的数字化制造平台,在先进的管理方法、信息技术的基础上,全面实现产品工艺设计数字化、生产装配过程数字化、管理数字化,并通过各子系统的无缝集成,实现生产过程、信息资源、人员技术、经营目标和管理方法之间的协同,可以从以下两个方面进行规划。

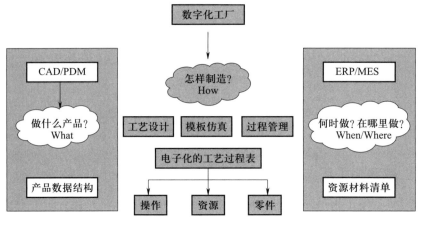

图 3-35　数字化工厂示意图

（1）从管理方面可以分为多个数字化车间,在企业建立统一联合调度指挥中心,生产车间的生产调度管理都可以在联合调度指挥中心平台进行展示及调度,上游通过各个信息化系统的集成,实现数据共享,打破信息壁垒,构建从设计到计划再到加工生产的主线。

（2）同时可以按照实际的业务需求进行数字化车间的分步建设。

数字化工厂从信息系统管理方面可以分为五个层次,即集成层、资源层、管理层（联合调度、数据输出）、执行层（生产执行及检验）和数据采集层（包括设备数据、完工数据、检验数据等）。在目前已有功能和数据的基础上继续完善,利用现代信息技术和网络技术,以"产品加工和装配"为主线,构建由计算机、网络、数据库、加工设备、软件等所组成的高速信息网,实现计划下达、车间作业调度控制、工艺指导、生产统计、设备状态监控、质量全面管控及追溯、生产信息协同（如物料协同、物流协同、生产准备协同）等,最终实现车间生产工位的数字化、生产指挥的数字化、产品资料的数字化、产品设备的数字化等。

3.5.2　智能生产线概述

随着生产方式的不断变革,现在的生产过程已经不再是过去的流水形式,而是更加倾向于离散形式,并能够按照市场需求进行定制化生产。因此,智能生产线不仅要具备智能特征,同时还要有灵活、高效的特点来满足市场的需求。随着现代科技信息技术的发展,市场对生产线的要求也愈来愈高,同时对"数字-集成-网络-智能"一体化的需求也越来越显著。在智能化生产加工过程中,离不开物料周转、装配和加工以及检测等重要环节,各个环节的有序、快捷配合,是提高智能设备效率的关键。机器人工业以及信息管理体系的介入,可以有效减少人工的劳动,从而达到了优化生产布局,实现提升质量、降低成本和增加效益的目的。

智能生产线由智能存储单元、智能加工单元、智能检测和识别管理单元、物流配送周转单元、全自动装配单元、信息管理调度单元等六大核心功能单元组成。

1. 智能存储单元

智能存储单元利用智慧立体仓库可以实现商品的自助仓储流程,还可以实现标准件由毛坯到半成品和成品以及装配过程的一体化自动仓储。仓储方式一般采取专用托盘结构,根据不同的产品形态安装在专门的托盘装备上,而托盘中产品信息的录入则采用现代较为主流的射频识别技术。在整个制造工艺流程完成后,托盘中产品信息会及时更新,同时托盘也会输运至下一个工艺位置,再利用射频识别读码器予以读码,以确认产品此时的加工信息。之后,计算机会发布新的指令程序完成下一个工艺流程的生产。智能仓储模块中预设有三个连接终端,能够实现产品制造生产线的动态连接,并且设置了两个自动引导运输系统连接终端,能够完成对各种状态产品的自动出、进入的连接,进而完成产品从原料到成品的循环控制。

2. 智能加工单元

智能制造加工单元利用移动机器人和数控机床组合的方式,可以实现零部件的全自动加工。该系统利用一个安装有外部运动导轨的六轴自动化机器人,再搭配三台机床(一台加工中心、两台数控车床),就可以实现对零部件的全自动加工,同时在过程中通过配合使用对中模块与换面模块,实现零部件的角度变换和对正,并利用快速转换夹具模块实现对不同夹具间的快速转换,进而实现各种零部件之间的自动抓取过程。通过总控模块可以实现机器人和机床之间的自主调节控制。

3. 智能检测与标识单元

智能检测单元采用光学检测传感器完成对机器主轴的自动监测,如采用基恩士 LS-7000 传感器,该传感器中采用了远心透镜 HL-CCD 的光学系统,具有常规测微仪不具有的性能与精度,极大提升检测速度与测量精度,最大检测直径可达 65 mm,最大测量精度可达 ±2 μm。将传感器检测的信息录入 PLC 系统中,并将信息装入射频识别卡内,为后续加工与测试提供了数据支持。智能检测系统设置了自动移动单元,可对待检测的机器主轴进行轴向跟踪移动,以完成动态测量过程。通过光学检测传感器和自动移动单元还可完成对阶梯主轴和各段轴径的自动监测。

智能标识单元可以利用激光打标机,对产品进行打标处理,再利用激光打标机的上位机与标识单元实现对接,进行自定义识别管理。该管理体系将产品数据输入激光打标机上位机系统中,利用激光打标机上位机的软件将输入的数据信息转化成二维码图标,再利用自身的识别系统,进行二维码打标。上述过程完成了定制化的数据导入,后期通过扫描二维码就可以获取目标产品的数据。

4. 物流配送周转单元

物流配送周转单元,通过辊筒输送机、自动引导运输体系、托盘平台完成不同单元之间的货物自动周转。自动引导运输控制系统自带举升系统,可以完成货物托盘的自动举升和落地;采用信息管理单元,可以发布取货-配送的指令;使用二维码的导航体系(只需在运行轨道上粘贴关键点的二维码即可),可以将货物托盘自动放置到指定位置,操作简单,既不损伤地面,而且保养方便;通过与辊筒输送机托盘平台连接,完成托盘的自动装载,使原料托盘在各个工位之间灵活传送,使制造流程变得快捷、简单,不再受限于传送方向的限制。

5. 全自动装配单元

全自动装配单元,是用来完成轴承的组装、螺钉的自动拧紧以及其他零部件组装的重要单元。利用特制的轴承压紧装置来完成两端轴承的自动压装。首先利用机械手将轴承自动安装到轴承压紧装置上,然后启动轴承压紧装置,实现两个轴承的自动压紧。利用配置自动拧紧电批的直角坐标机器人可以完成螺钉自动拧紧和组装过程。螺钉经过振动料仓实现自动喂料,拧紧电批利用磁力批头对螺钉实施精准抓取,再根据设定的程序,准确地执行螺钉的自动拧紧程序,进而完成自动组装过程。

6. 信息管理调度单元

信息管理调度单元可以用来实施对智能存储单元、智能加工单元、智能检测与标识单元、物流配送周转单元、全自动装配单元等五大控制单元之间的信号传输控制和制造流程管理。该单元可以实现对已下发的制造任务订单的流程监视,检查制造订单的执行工序情况,同时实现对制造设备的监测。该单元还可以实现制造设备的维修保养与管理,以及实行定期的制造信息显示。

智能生产线以伺服电动机为平台,既可以支撑多种独立部件的生产工作,同时也可以实现整个生产线的自动生产过程。智能生产线将智能生产流程中所使用的各类生产装置和生产工艺结合在一起,可实现多种产品的智能加工、装配,对未来智能制造业的发展给予有力支撑。

3.5.3　智能车削生产线

1. 智能车削生产线总体布局

图 3-36 所示是一条典型的智能车削生产线,主要用于汽车零件的加工。该生产线主要完成零件从毛坯到成品的混线自动加工生产。车削生产线由产线总控系统、在线检测单元、工业机器人单元、车削机床单元、毛坯仓储单元、成品仓储单元和物流单元组成。生产线加工设备采用搭载智能数控系统的智能机床。根据各单元功能的不同,从总控系统和在线检测单元、工业机器人单元和车削机床单元以及物流与成品仓储单元三部分对典型的智能车削生产线的组成和设计进行介绍。

图 3-36　智能车削生产线

图 3-37 所示是某企业的典型总控系统,由室内终端和现场终端两部分组成。室内终端配备多台显示器及数据库,负责接收整个生产车间传输过来的制造生产大数据,显示器用于用户车间现场各项状态的显示,包括设备运行状态、零件加工状态、物流情况、人员状况以及用户

车间现场温度、湿度等环境信息。管理人员在室内终端可以非常方便、直观清晰地查看现场的各项状况。在用户生产车间中,配备现场终端,用于控制整个生产线的现场运行,完成设备基础数据的采集、分析、本地和远程管理、动态信息可视化等。现场终端配备显示器,通过显示器可以清晰方便地查看用户车间中的各项状态,包括设备监控、生产统计、故障统计、设备分布、报警分析、工艺知识库等。现场终端可以添加生产管理看板、加工程序的上传下载、人员刷卡身份识别以及生产任务的进度统计与分析等功能。此外,现场终端可以通过有线、Wi-Fi 等多种接入方式进行现场数据的采集与传输,相关制造大数据通过互联网可以传输到用户室内终端的 SQLServer 数据库中,通过终端计算机,与室内终端进行数据交互。

图 3-37　总控系统

典型的在线检测单元,由工业机器人、末端执行器和多源传感器等组成。物流系统将成品运输到指定位置之后,工业机器人将整个检测单元移动到指定工位上,通过视觉相机进行待检测零件的拍照识别和定位。工业机器人再次调整自身位置,使整个检测单元对准待检测部位。

识别与定位完成之后,由末端执行器负责待检测零件的抓取,通过工业机器人将零件转移到检测台上的指定位置,由检测台上预先配备的多源传感器对待检测零件的表面粗糙度、几何公差等精度指标进行在线检测,也可以通过智能算法对零件进行自动测量和自动分类,将不同类型的零部件转移到不同的物流线上,完成零件的自动分类操作。通过互联网检测单元可以将检测结果返回给总控系统,操作人员通过室内总控系统或者现场总控系统的终端计算机和显示器,可以直接观看到零件的检测结果。符合检测要求的,直接进行下一工位操作;不符合要求的,在显示器上显示不合格提醒,由操作人员根据零件的不合格程度进行判定与决策。在检测完成之后,末端执行器抓取已检测零件,工业机器人将已检测零件转移到物流系统上,由物流系统运送到下一工位进行处理。

2. 智能车削生产线的系统集成

人工智能与计算机技术的结合,极大地推动了数控系统的智能化程度。智能控制的应用体现在数控系统中的各个方面。

(1) 应用前馈控制、在线辨识、控制参数的自整定等技术提高驱动性能的智能化;

（2）利用自适应控制技术提高加工效率和加工质量；

（3）应用专家系统等智能技术实现故障诊断、智能监控等加工过程控制方面的智能化。

制造过程中,机床控制器的控制层级可以划分为如图 3-38 所示的三个层级。

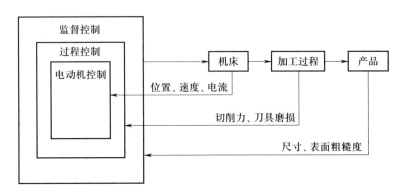

图 3-38　机床控制器的控制层级

由图 3-38 可见,控制过程包括电动机控制层级、过程控制层级和监督控制层级。其中,电动机控制层级可以通过光栅、脉冲编码器等机床检测设备实现机床的位置和速度监控。过程控制层级主要包括对加工过程中的切削力、切削热、刀具磨损等进行监控,并对加工过程参数做出调整。监督控制层级是将加工产品的尺寸精度、表面粗糙度等参数作为控制目标,以提高产品的加工质量。

随着集成控制系统技术的快速发展,自动化生产线向着更高的自动化和集成化方向发展。生产线集成控制是通过某种网络将其中需要连接的智能设备进行组网,使之成为一个整体,使其内部信息实现集成及交互,进而达到控制目的。生产线集成控制的种类有设备集成和信息集成两种。设备的集成是通过网络将各种具有独立控制功能的设备组合成一个有机的整体,这个整体是一个既独立又关联而且还可以根据生产需求的不同而进行相应组合的集成控制系统。信息集成是运用功能模块化的设计思想,进行资源的动态调配、设备监控、数据采集处理、质量控制等,构建包括独立控制等处理功能在内的基本功能模块,各个功能模块实现互联,构造功能单元时采用特定的控制模式和调度策略,达到预期的目标,进而实现集成控制。

生产线集成控制是将通信、计算机及自动化技术组合在一起的有机整体。为了使生产线中各设备和分系统能够协调工作,系统采用 PLC 及其分布式远程 I/O 模块实现生产单元的"集中管理、分散控制";同时 PLC 接收来自上位 MES 系统的管理,包括操作人员信息核对、产品控制、物料管理等信息,控制系统结构。通信内容包括操作人员身份识别、生产线线体状态、机器人信息、工件加工信息、机床工作状态及各种故障信息等。

3. 智能车削生产线典型案例

图 3-39 所示是某汽车轮毂自动生产线。该生产线适用于 14 ~ 20 in 汽车铝制轮毂的车削、钻削加工,同时还可组合多单元进行扩展。该自动生产线配备机器视觉识别功能、自动检测功能、铁屑自动清理功能和废品自动剔除功能等先进技术,能够实现不同种类、不同型号轮毂工件的混线加工。

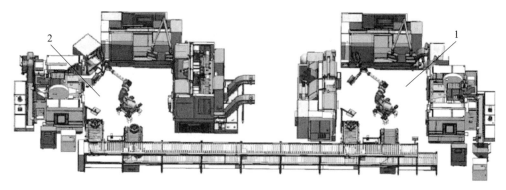

图 3-39 汽车轮毂自动生产线

1—加工单元 1;2—加工单元 2

图 3-40 所示是汽车变速箱输入轴、中间轴自动生产线。该生产线是针对某型汽车变速箱输入轴、中间轴批量生产而设计制造的两条车磨复合自动生产线,由一条 25 m 双竖梁桁架、一条 18 m 双竖梁桁架、三台数控车床、五台高速数控磨床、四套全自动上料库、四台全自动下料库组成,实现汽车变速箱输入轴、中间轴零件的自动车、磨加工。

图 3-40 汽车变速箱输入轴、中间轴自动生产线

3.5.4 智能冲压生产线

1. 冲压生产线的智能化技术

冲压生产线的智能化技术主要包括以下几个方面。

(1)智能化不间断拆垛技术。通过设计双工位拆垛,结合感应装置,由拆垛机器人自动更换拆垛工位,实现整线连续运转的不间断拆垛。

(2)智能化板料视觉对中技术。利用影像学原理,对比扫描仪成像结果与板料位置数据,利用对中台的精确运动补偿板料位置,确保板料传递质量。

(3)智能化整线全自动换模技术。基于现场总线控制与多压力机间协同换模网络通信,实现整线不同功能部件的有序动作,保证换模质量与效率。

传统拆垛技术与装置在垛料高度识别、垛料高度调整及双料检测准确性等方面均存在不足,且无法自动识别、自动更换拆垛工位,造成板料浪费,导致生产效率下降。更为重要的是,无法满足多品种材质共线生产的要求。

2. 智能冲压生产线的运动规划

智能冲压生产线的运动规划,其本质是对整线各设备运动的调优。从整线角度上重新整合压力机的运动规划,不仅可以提升整线生产节拍并降低能耗,还可以显著地缩短试模时间和生产准备时间。

(1)整线运行模式与运动优化问题

以全伺服冲压生产线为例,其常用的送料形式包括六轴工业机器人以及单臂、双臂送料系统。采用工业机器人时,整线的节拍一般在 15 次/分以下;而采用单、双臂送料系统时,整线的最高生产节拍可达 18 次/分。

考虑到伺服驱动的特点,伺服压力机适合在连续模式下运行,这样有助于降低能耗、延长机械系统寿命和减小驱动系统的热负荷。当伺服压力机按连续模式运行时,整线一般处于同步连续模式,而送料装置可以连续或单次运行。

当整线处于同步模式时,对整线运动规划影响较大的是各压力机间的同步方式,即按固定相位差还是可变相位差。前者指冲压任何零件时,相邻压力机间的相位差均按设定值;后者压力机间的相位差可根据冲压零件进行调整,以保证整线各设备运动平滑且配合协调。由于固定相位差对送料系统运动规划影响较大,将使整线运动规划变得极为复杂,且没有明显的益处,因此,后续将主要介绍可变相位差模式下的整线运动规划。

(2)整线运动优化算法及优化结果

伺服冲压生产线整线运动规划包括瓶颈工位的节拍优化,以及非瓶颈工位各设备的速度优化与曲线综合优化。瓶颈工位是指在该工位范围内,当满足最低限度安全距离后,各设备的运动速度发生微小变化,并影响整线节拍。在整线设计过程中,会出现一些特殊情况,包括:① 整线没有瓶颈工位,此时若不考虑自动化送料因素,则不存在优化死区。但在实际生产过程中,由于模具结构特点,对某个工位的送料时间或模具开合角度有一定的要求,进一步对送料手的送料时间与加减速时间产生了影响,一些设备受到自身速度特性限制,无法满足要求,进而产生了相应的瓶颈设备;② 由于模具形状过于复杂,即使在连续模式的最低容许节拍下,仍至少有一个工位无法满足最低限度的安全距离要求。这些特殊情况必须通过整线优化算法进行合理解决。

(3)整线下的伺服压力机运行优化

通常情况下,对于瓶颈工位的两个送料手,当其处于瓶颈模区时,必须以饱和的能力运行;而当其处于瓶颈模区外时,可以适当减小速度,实现扭矩优化并降低送料运行负荷。这种快/慢转换即为整线下的伺服压力机运行优化,一般可通过虚轴变换完成。

(4)冲压生产线虚拟仿真系统

在整线运动规划方法的基础上,需要进一步建立冲压生产线虚拟仿真系统,为冲压仿真提供可靠的平台,为整线运动优化提供数据支持。

冲压生产线虚拟仿真系统的核心业务层即对于送料设备及整线的规划,当用户或操作者输入整线参数、安全裕度及各种约束后,通过系统的规划模块即可求解。在进行扭矩等动力学检查之后,反解得到送料各个关节的运动曲线。进一步从整线的角度解算 CAM 和评估整线的节拍,再次进行动力学检查,检查各关节的发热是否在允许的范围之内。

在仿真模块,为了保证系统的集成性,对 PLS 仿真平台进行了二次开发。PLS 是由 Siemens PLM Software 推出的一款冲压自动化行业专用仿真平台软件,具有整线规划、模型建立、干涉检查、送料曲线分析等功能。在将规划模块的虚拟控制器直接集成到 PLS 中后,虚拟控制器生成的运动曲线直接可以加载到 PLS 仿真环境中,用于整线的运动仿真和干涉检查。虚拟环境与物理环境的一致性可以让操作者直观地确定优化的目标域,通过参数修改与重新规划轨迹,继续仿真调整。如此循环,直到调试出满足工程要求的运动方案。最后通过接口层与下位机通信,将运动方案下载到设备的控制器,用于冲压零件的实际生产。

3. 冲压生产线管理的智能化

传统冲压生产线的管理模式已无法适应智能冲压生产的要求,因此,需进一步研究冲压生产线管理的智能化技术。

(1) 冲压生产管理控制系统

冲压生产管理控制系统,即通过现场总线、安全总线、以太网、实时以太网、SERCOS 总线等通信方式,实现不同设备层、控制层、管理层之间的信息传递。

对系统进行描述时,系统角色包括:

① Andon 管理员。录入停机原因、模具与工件关联信息,设置出料容差时间信息,且拥有全部操作权限。

② Andon 操作员。激活、录入、确认、提交现场生产信息,导入生产计划信息,同时监控停机信息,并上报停机原因。

③ MES 计划员。负责下达生产线生产计划到系统计划数据库,并接收本地提交的生产信息、停机信息。

(2) 远程诊断监控技术

远程诊断监控技术是指本地计算机通过网络系统对远端进行监视和控制,实现对分散控制网络的状态监控及对设备的诊断维护。通过采用现场总线技术,将分布于各个设备的传感器与监控设备连接起来,并基于局域网连接各个管理站点服务器,从而实现资源与信息共享。

当发生用户无法解决的故障时,启动远程诊断功能,通过网络读取生产线运行状态数据、设备数据及系统程序,结合视频监控信息,对设备进行远程操控,以修复故障问题。如无法进行远程修复,则对故障原因进行判断,为现场维修人员提供建议。此外,设备控制系统的程序升级与优化也可通过远程诊断功能完成。

(3) 智能一键恢复技术

在冲压生产过程中,经常会由于操作不当、设备故障、板料更换、质检调整等原因导致整线停止。如果对整线各压力机、送料臂及其他设备逐个进行恢复,效率低下,通常需要 30 min 以上,且安全性差。因此,需要采用智能一键恢复技术,规划最优流程,使恢复时间大幅缩短,实现更高效、安全的生产线恢复。对整线不同压力机停止位置和送料单元位置进行分析,根据不同的停机位置,合理规划恢复流程,设计最优的自动恢复动作时序。进一步根据相应的动作时序进行控制程序开发与逻辑编制,保证各恢复动作能够准确执行,从而实现不同停机位置的自动恢复。

采用智能一键恢复技术,将停机恢复时间由 30 min 以上降低至 30 s 以内,大大提高了冲压生产效率。此外,采用智能一键恢复技术,避免了人为恢复过程中的各种故障与安全问题,满足智能冲压生产线的需求。

4. 智能冲压生产线运行实例

本节以前述全伺服智能冲压生产线为例,进行某车型的左侧围外板、翼子板拉伸成形,并记录 20 000 kN 伺服压力机的伺服电动机扭矩、滑块运行曲线及热极限点的变化情况。

左侧围外板的拉伸成形工艺参数为:合模高度 892 mm,开模高度 958 mm,开始成形角度 100°(此时高度 262 mm),开始成形速度 271 mm/s,结束成形角度 180°,结束成形速度 271 mm/s。图 3-41 所示为利用所提出的运动规划方法得到的拉伸工艺曲线,包括滑块行程、速度及加速度。

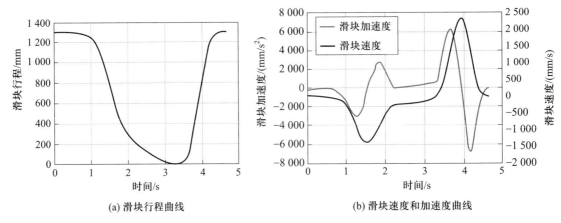

(a) 滑块行程曲线   (b) 滑块速度和加速度曲线

图 3-41　左侧围外板的拉伸工艺曲线

20 000 kN 伺服压力机在拉伸过程中运行平稳,其伺服电动机实测扭矩与理论扭矩的对比情况如图 3-42 所示。从结果中可以看到,在拉伸开始时,伺服电动机的实测扭矩与理论扭矩

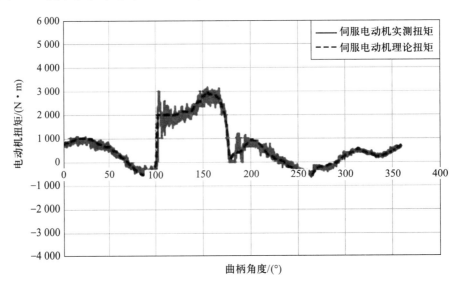

图 3-42　伺服电动机实测扭矩与理论扭矩对比情况

存在一定的偏差,这是因为在仿真计算中没有考虑模具与工件接触或分离时对伺服电动机的冲击。总体上,实测扭矩与理论扭矩较为接近,且具有一致的变化趋势。

进一步给出曲柄转速、滑块速度和加速度的实测值与理论值的对比情况,上述变量的实测值曲线光滑且变化平缓,同时与理论值较为接近,表明模型建立准确且传动机构设计优化合理,滑块运行平稳。

拉伸成形后的高质量左侧围外板如图 3-43 所示,满足用户需求。

图 3-43 拉伸成形后的左侧围外板

3.6 智 能 装 配

随着精密与超精密加工制造技术的不断发展,智能装配零部件加工技术的精度也得到明显提升。装配环节的优劣对产品性能的好坏至关重要,因此关于智能装配的相关研究愈来愈受到关注。

智能装配一般是指以机械臂协为基础,以配合完成多样化组装任务为目标的个性化智能系统,包括装配工艺、装配装备、装配设计、装配仿真、装配测量、装配检测、装配管理等方面。随着社会发展,传统的装配生产体系很难满足现代工业多元化和个性化的生产需求,相较传统的单机械臂,协作机械臂能很好解决复杂生产工艺和运动干涉等问题。

1. 数字化装配技术

计算机技术与数字化工艺的发展极大地推动了产品装配工艺的迅速升级。而数字化装配则是产品组装工艺与计算机技术、网络技术、现代管理科学技术进行深度融合的产物。数字化技术与常规装配工艺的融合即为数字化装配工艺。广义的数字化装配技术,如飞机数字化装配,其装配工艺内容极其丰富,不但涉及与装配有关的结构设计和工艺研究,也涉及装配工艺设计和工艺检测技术,因此飞机数字化装配工艺包括了飞行器设计、零件生产、装配工艺设计、数字化柔性定位、精密计量和检验等许多前沿工艺技术。数字化装配工艺的研发主要是指通过数字化样机对实际组装流程的工艺进行设计并模拟生产过程,它重点通过数字化样机进行产品生产协调方案设计和可装配特性的研究,通过对装配流程顺序、安装路径和组装质量等工艺加以设计、模拟和调整,进而达到提升装配效率和产品品质的目的。

2. 装配智能化

伴随制造产品向全球性、多样性、个性化、小批次等方面的快速发展,像柔性装配管理系统这样的自动装配系统也将实现快速发展,装配加工设备也将获得相应升级,装配智能技术运用也将更加普遍。新型智能制造设备和产品制造工艺作为新一轮产业革命发展的重要内容,正在带动传统制造生产领域在设计思想、制造模式等方面发生巨大的变化,也将重塑传统制造业的工艺技术和产品结构。智能装配工艺技术是自动化机器人技术和装配工艺技术深度融合发展的重要成果,这也是装配工艺技术朝向更高层次发展的必要产物。智能装配工艺技术包括了传感器科学技术、计算机科学技术、智能化信息技术等前沿科学技术,是集成了控制科学、计算机科学、新一代人工智能科学等多个领域的高新科技领域。它通过智能组装模块、装配车间、数据集成技术,实现产品装配过程的智能传感、实时识别、自主判断和精确控制,从而实现了产品装配流程的全智能化。

思考题

3-1 什么是智能制造装备？

3-2 智能基础共性技术包括哪些内容？

3-3 主轴单元的设计应满足哪几点基本要求？

3-4 简述不同润滑方式的特点。

3-5 数控系统中加工程序的指令包括哪些？

3-6 智能制造装备的主要特征包括哪些？

3-7 试举例典型的智能制造装备。

3-8 数字化工厂建设原则有哪些？

3-9 冲压生产线的主要智能化技术包括哪些？

第4章　智能制造中的工业机器人

4.1　工业机器人概述

4.1.1　工业机器人的历史发展

1. 工业机器人的定义

1920 年捷克作家卡雷尔·恰佩克(Karel Capek)在剧本中塑造了一个具有人的外表、特征和功能且愿意为人服务的机器"robota",robot 一词就是从 robota 衍生而来。随着科学技术的发展,机器人不再仅存于科幻的故事里,它正渐渐地走进人类世界的每个角落。现阶段,各国对于工业机器人的定义不尽相同,以下几种定义具有一定代表意义。

(1)美国机器人协会(RIA)的定义　工业机器人是一种用于移动各种材料、零件、工具或专用装置,通过程序控制动作来执行各种任务,并具有编程能力的多功能操作机。

(2)日本机器人协会(JIRA)的定义　工业机器人是一种装备有记忆装置和末端执行装置的、能够完成各种运动来代替人类劳动的通用机器。

(3)国际标准化组织(ISO)的定义　工业机器人是一种能自动控制,可重复编程,多功能、多自由度的操作机,能够完成搬运材料、工件或操持工具来完成各种作业。

(4)我国的定义　工业机器人是一种具备一些与人或生物相似的智能,例如感知能力、规划能力、动作能力和协同能力,是一种具有高度灵活性的自动化机器。

目前,国际大多遵循 ISO 对工业机器人的定义。从以上定义中不难发现,工业机器人具有以下四个显著特点。

(1)具有特定的机械结构,能够实现类似于人类或者其他生物的某些器官(肢体、感官等)的功能。

(2)具有通用性,可根据应用场合,通过更改动作程序,完成多种工作、任务。

(3)具有不同程度的智能,如记忆、感知等。

(4)具有独立性,完整的机器人系统在工作中不需要人的干涉。

2. 工业机器人的发展史

(1)国外工业机器人的发展

工业机器人的研究工作开始于 20 世纪 50 年代初,世界第一台机器人诞生于美国。1954 年,乔治·德沃尔(George Devel),设计并研制了世界上第一台可编程的工业机器人样机,命名为"Universal Automation",申请了第一个机器人的专利。这种机器人是一种可编程的、利用人手对机器人进行动作示教,机器人能够实现动作的记录和再现,这就是所谓的示教再现机器人。现在的工业机器人几乎都采用这种控制方式。1959年,德沃尔与约瑟夫·恩格尔伯格(Joseph F. Engel berger)创建了美国万能自动化公司(Unimation),并于1962年制造出第一台机器人Unimate,如图4-1所示。该种机器人采用极坐标式结构,外形像坦克,可以实现回转、伸缩、俯仰等动作。同年,美国AMF公司推出Versation机器人,该种机器人采用圆柱坐标结构,并以Industrial Robot(工业机器人)的名称进行宣传。Unimate和Versation均以"示教再现"的方式在汽车生产线上成功地替代了传送、焊接、喷涂等岗位的工人,于是Unimate和Versation作为商品开始在世界市场销售。20世纪70年代后期,美国政府和企业界将技术路线重点放在研究机器人软件及用于军事、海洋、核工业等特殊领域的高级机器人的开发上。

图4-1 Unimate机器人

从20世纪70年代末开始,英国推行并实施了一系列支持机器人发展的政策,使英国机器人起步比日本还要早,并曾经取得了辉煌成绩。由于后期政府实施了限制工业机器人发展的措施,导致英国机器人工业一蹶不振,几乎处于欧洲的末位。

德国引进机器人的时间比英国和瑞典晚了五六年,但战争所导致的劳动力短缺、国民的技术水平较高等社会环境,为工业机器人的发展、应用给提供了便利条件。目前,其在智能机器人的研究和应用领域处于世界领先水平。

20世纪70年代的日本正面临着严重的劳动力短缺,于是1967年日本川崎重工业公司从美国引进第一台机器人,经过短暂的培育阶段后,日本的工业机器人很快进入了实用阶段,并由汽车业逐步扩大到其他制造业以及非制造业。1980年被称为日本的"机器人普及元年",从此开始在各个领域推广使用机器人。1980—1990年,日本的工业机器人处于鼎盛时期,后来国际市场曾一度转向欧洲和北美,但日本经历短暂的低迷期后又恢复了往日的辉煌。

由于自身对机器人的大量需求,意大利、瑞典、西班牙、芬兰等国家的工业机器人技术发展非常迅速。目前,国际上的工业机器人产品主要分为欧系和日系。日系中主要有安川、发那科、OTC、松下、那智不二越等公司的产品。欧系主要有德国的KUKA(已被中国美的公司收购)、CLOOS、瑞典的ABB、意大利的COMAU等公司的产品。其中,安川、发那科、ABB以及KUKA被称为工业机器人的"四大家族"。

（2）我国工业机器人的发展

我国工业机器人起步于 20 世纪 70 年代初期,经过近 50 年的发展,大致经历了 4 个阶段:70 年代的萌芽期,80 年代的开发期、90 年代的应用期和 21 世纪的再发展期。我国于 1972 年开始研制自己的工业机器人。当时,中国科学院北京自动化研究所和沈阳自动化研究所相继开展了机器人技术研究工作。进入 20 世纪 80 年代,在高科技浪潮的引领下,我国机器人技术的开发与研究得到了政府的重视与支持,机器人进入了快速发展阶段。"七五"期间国家投入资金,对工业机器人及其零部件进行攻关,完成了示教再现式工业机器人整套技术的开发,研制出点焊、弧焊、搬运等机器人。一批国产工业机器人用于国内诸多企业的生产线上。进入 20 世纪 90 年代后,我国工业机器人在实践中又迈进了一步,先后研制出了切割、包装码垛、装配等各种用途的工业机器人,并实施了一批机器人应用工程,形成了机器人产业化基地。

进入 21 世纪后,我国在机器人的技术研究方面取得一批重要成果。一批机器人技术人才也涌现了出来。一些相关科研机构和企业已经掌握了工业机器人操作机的优化设计制造技术。特别是近些年来,国家提出发展高端装备实施意见,并发布了《中国制造 2025》《机器人产业发展规划》等产业政策,在这些政策的引领下,近两年我国机器人企业发展迅速,特别是骨干企业的研发能力不断提高。例如,沈阳新松、南京埃斯顿、安徽埃夫特、广州数控、上海新时达等企业不断发展壮大,产业化不断升级;南通振康、汇川技术、深圳固高等企业在关键零部件的研制方面取得明显突破。各类机器人新产品不断涌现,市场竞争力增强。特别是在高速高精度控制、本体优化设计及集成应用等方面取得积极进展。但是,目前我国工业机器人无论从技术水平还是产业规模上来看,总体尚处于产业形成期,还面临着核心技术缺失,企业研发投入资金压力大,各类人才短缺,国际竞争加剧和无序竞争等问题和挑战。

高端装备制造业是国家重点支持的战略新兴产业,工业机器人作为高端装备制造业的重要组成部分,有望在今后一段时期得到快速发展。

4.1.2　工业机器人分类

目前,国家对于工业机器人的分类尚未制定统一的标准,通常按照专业分类法和应用分类法进行分类。

1. 专业分类法

专业分类法一般是机器人设计、制造和使用厂家技术人员所使用的分类方法,其专业性较强。目前,专业分类法又可以按照机器人控制系统水平、机械结构形态和运动控制方式进行分类。

（1）按照控制系统技术水平分类

根据机器人目前控制系统技术水平,一般可分为示教再现机器人(第一代)、感知机器人(第二代)和智能机器人(第三代)。

示教再现机器人能够按照人类预先示教的轨迹、行为、顺序和速度重复作业,示教可由操作员通过示教器或手把手完成;也可以通过离线编制的程序控制机器人运动,如图 4-2 所示。目前,第一代机器人已实用和普及,绝大多数工业机器人都属于第一代机器人。

感知机器人具有一定数量的传感器,它能获取作业环境、操作对象等简单信息,并通过计算机的分析与处理,做出简单的推理,并适当调整自身的动作和行为。目前感知机器人已经进入应用阶段。

智能机器人应具有高度的自适应能力,它有多种感知功能,可通过复杂的推理做出判断和决策,自主决定机器人的行为。目前尚处于实验和研究阶段,如图4-3所示。

图4-2 示教再现机器人

图4-3 智能机器人

(2)按照机械结构形态分类

根据机器人现有的机械结构形态,将其分为圆柱坐标机器人、球坐标机器人、直角坐标机器人及关节型机器人等,其中关节型机器人最为常用。

圆柱坐标机器人主要由旋转基座、垂直移动轴和水平移动轴构成,具有一个回转和两个平移自由度,其动作空间呈圆柱形,如图4-4所示。

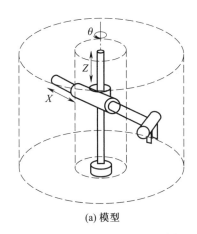

(a)模型

(b)实物

图4-4 圆柱坐标机器人

球坐标机器人的空间位置分别由旋转、摆动和平移三个自由度确定,动作空间形成球面的一部分,如图4-5所示。

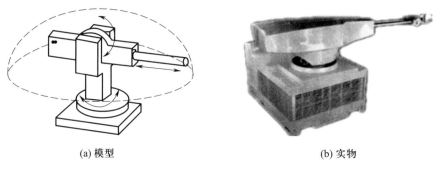

(a) 模型　　　　　　　　　　　　　　(b) 实物

图 4-5　球坐标机器人

直角坐标机器人具有空间上相互垂直的多个直线移动轴,通过直角坐标方向的三个独立自由度确定其末端的空间位置,其动作空间为一个长方体,如图 4-6 所示。

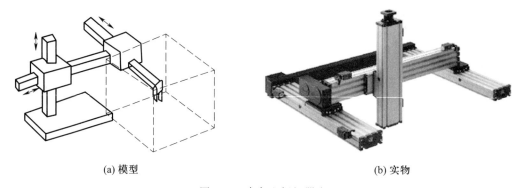

(a) 模型　　　　　　　　　　　　　　(b) 实物

图 4-6　直角坐标机器人

关节型机器人又可以分为垂直关节型机器人和水平关节型机器人。垂直关节型机器人模拟人的手臂功能,由垂直地面的腰部旋转轴、带动上臂旋转的肘部旋转轴和上臂前端的手腕等组成,通常有多个自由度,其工作空间近似一个球体,如图 4-7 所示。

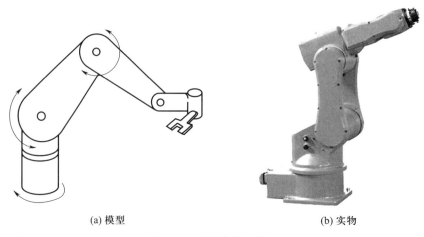

(a) 模型　　　　　　　　　　　　　　(b) 实物

图 4-7　垂直关节机器人

　　水平关节型机器人由具有串联配置的两个能够在水平面内旋转的手臂组成,自由度可依据用途选择 2~4 个,动作空间为一个圆柱体,如图 4-8 所示。

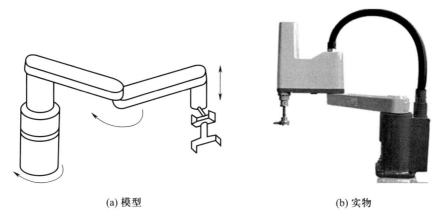

(a) 模型　　　　　　　　　　　　　　　　(b) 实物

图 4-8　水平关节机器人

（3）按照运动控制方式分类

　　根据机器人的控制方式,将其分为顺序控制型机器人、轨迹控制型机器人、远程控制型机器人、智能控制型机器人等。顺序控制型机器人又称点位控制型机器人,该类机器人只需要按照规定的次序和移动速度,运动到指定点进行定位,而不需要控制移动过程中的运动轨迹,它可以用于搬运等。轨迹控制型机器人需要同时控制移动轨迹、移动速度和运动终点,它可用于焊接、喷涂等连续移动作业。远程控制型机器人可实现无线遥控,故多用于特定的作业,如军事机器人、空间机器人和水下机器人等。智能控制型机器人是第三代机器人,多用于军事、医疗等行业。

　　2. 应用分类法

　　应用分类法是根据机器人的应用环境(用途)进行分类的大众分类法。我国将机器人分为工业机器人和服务机器人两大类。工业机器人用于环境已知的工业领域;服务机器人用于环境未知的服务领域。本书中仅介绍工业机器人应用分类。

　　工业机器人根据其用途和功能分为搬运机器人、码垛机器人、焊接机器人、涂装机器人和装配机器人等类型。

　　搬运机器人主要应用于机床上下料、冲压机自动化生产线、自动装配流水线、码垛搬运等自动搬运。图 4-9 所示为搬运机器人。

　　码垛机器人被广泛应用于化工、饮料、食品等生产企业,适用于箱装、袋装等各种形状的包装成品。图 4-10 所示为码垛机器人。

　　焊接机器人最早应用于装配生产线上,在此基础上开拓了一种柔性自动化生产方式,即在一条焊接机器人生产线上自动生产若干种焊件。图 4-11 所示为焊接机器人。

　　涂装机器人广泛应用在汽车、汽车零部件、铁路、家电、建材等行业。图 4-12 所示为涂装机器人。

　　装配机器人被广泛应用于各种电器制造行业及流水线产品的组装作业,具有高效、精确、不间断作业的特点。图 4-13 所示为装配机器人。

图 4-9　搬运机器人

图 4-10　码垛机器人

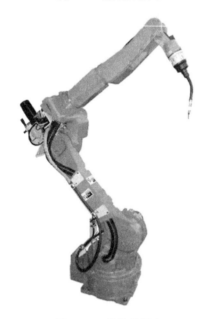

图 4-11　焊接机器人

图 4-12　涂装机器人

4.1.3　工业机器人的组成

工业机器人是一种功能完善、可独立运行的典型机电一体化设备,它有自身的控制器、驱动系统和操作界面,可进行手动操作、自动操作,也可对其编程,能依靠自身的控制能力来实现所需要的功能。工业机器人包括机器人本体、控制器和示教器,如图 4-14 所示。

本体是用于完成各种作业任务的机械主体,包括机械臂、驱动装置、传动单元以及内部传感器等部分。控制器是完成机器人控制功能的部分,是决定机器人功能和水平的关键部分。

示教器是机器人的人机交互接口,操作者通过它对机器人进行手动操纵和编程。

图 4-13 装配机器人

图 4-14 工业机器人系统组成

1—控制器;2—本体;3—示教器

从广义上讲,工业机器人是由如图 4-15 所示的机器人及相关附加设备组成的完整系统,总体上可分为机械部分和控制系统两部分。

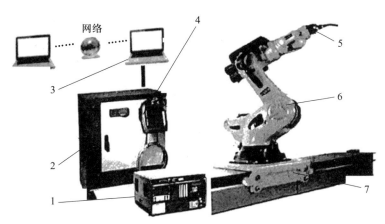

图 4-15 广义上工业机器人系统组成

1—控制器;2—驱动器;3—上位机;4—操作单元;5—末端执行器;6—本体;7—变位器

机械部分包括机器人本体、末端执行器、变位器等;控制系统主要包括控制器、驱动器、操作单元、上位机等。其中,本体、控制器、驱动器、操作单元、末端执行器是工业机器人必需的基本组成部件,所有机器人都应该配备。

1. 机械部分

(1) 本体

机器人本体又称操作机,是用来完成各种作业的执行机构,包括机械结构、安装在机械结构上的驱动装置(电动机)、传动装置和内部传感器等。

1）机械结构

机器人机械结构的形态各异,但绝大多数都是由若干关节和连杆连接而成。以常用的六轴串联机器人为例,其主要组成部分为基座、腰部、下臂、上臂、腕部、手部等,如图 4-16 所示。

基座是整个机器人的支撑部分;腰部用来连接下臂和基座,可以实现机器人整体回转,以改变机器人的作业方向;下臂用来连接上臂和腰部,可以围绕腰部摆动,实现手腕大范围的前后运动;上臂用来连接腕部和下臂,可以回绕下臂摆动,实现手腕大范围俯仰运动;腕部用来连接手部和上臂,起到支撑手部的作用;手部末端通常有一个连接法兰,用来安装末端执行器,例如吸盘、焊枪等。

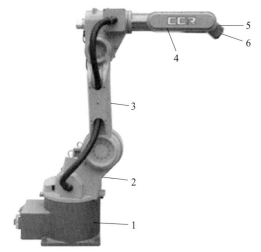

图 4-16　工业机器人机械结构示意图
1—基座;2—腰部;3—下臂;4—上臂;5—腕部;6—手部

通常将机器人的基座、腰部、下臂和上臂统称为机身,机器人腕部和手部统称为手腕。

2）驱动装置

驱动装置是本体运动的动力装置,为工业机器人的各个部分运动提供原动力。根据驱动源不同,可以分为电气驱动、液压驱动和气压驱动,见表 4-1。工业机器人驱动系统的设计需要重点考虑控制方式、作业环境和运行速度。在控制方式中,如果使用要求为低速重载,可以选用液压驱动方式;使用要求为中等载荷可以选用电动驱动方式;使用要求为轻负载时可以选用气动驱动方式。

表 4-1　电气驱动、液压驱动和气压驱动特点、适用范围与成本

驱动方式	特点	适用范围	成本
电气驱动	输出力较小,控制性能好,响应快,需要减速装置,体积小,可精确定位,但是控制系统复杂,维修不方便	高性能、运动轨迹要求严格的机器人	较高
液压驱动	压力、流量容易控制,可获得大的输出力,可无级调速,反应灵敏,实现连续轨迹控制,维修方便,输出相同力时,体积比气压驱动方式小,但易泄漏,管路复杂	中、小型及重型机器人	元件成本高
气压驱动	输出力较小,可高速运行,冲击较严重,阻尼效果差,低速不易控制,不易实现精确定位,维修简单,能够在高温、粉尘等恶劣条件下使用,一般体积较大	中、小型机器人	较低

针对具体的作业环境,例如喷涂作业,选择驱动方式时必须考虑防爆等因素,一般采用电液伺服驱动系统或者兼具防爆功能的交流伺服驱动系统。如果工作环境中存在腐蚀性物质、易燃易爆气体或者放射性物质,一般采用交流伺服驱动系统;如果工作环境的清洁要求较高,可采用电动机直接驱动。针对具体的操作系统,如果对点位重复精度和运行速度的要求较高时,可以采用交流、直流或者步进电动机伺服驱动系统;如果对运行速度和操作精度较高,大多采用电动机直接驱动系统。

工业机器人绝大多数采用电气驱动,其中交流伺服电动机应用最为广泛。伺服电动机在伺服控制系统中控制机械元件的运转,可以将电信号转化为转矩和转速用来驱动控制对象。工业机器人中伺服电动机作为驱动元件可以把收到的电信号转换为电动机输出轴上的角位移或角速度。伺服电动机可以分为直流和交流伺服电动机两大类。目前大多数工业机器人本体的每一个关节都是采用一个交流伺服电动机驱动。

3) 传动装置

当驱动装置不能与机械结构直接相连时,需要通过传动装置进行间接驱动,于是,传动装置就将驱动装置的运动传递至各个关节和动作部位,并使其运动性能满足实际运动要求,实现各部位规定的动作。工业机器人中驱动装置需要通过传动装置带动各轴产生运动,确保末端执行器能够实现目标位置、姿态和运动等要求。常用的工业机器人传动装置有减速器、同步带和线性模组,如图 4-17 所示。

(a) 减速器   (b) 同步带   (c) 线性模组

图 4-17 常用工业机器人传动装置

① 减速器

供工业机器人使用的减速器应具有功率大、传动链短、体积小、质量小和容易控制等特点。

关节型机器人采用谐波减速器和 RV 减速器。这两种减速器能够使工业机器人伺服驱动器的伺服电动机在合适的速度下旋转,并且能够精确实现工业机器人各部位所需要的速度,提高机械结构的刚性并输出较大的转矩。这两种减速器的特点、应用场合与组成见表 4-2。

表 4-2 谐波减速器和 RV 减速器特点、应用场合与组成

类别	特点	应用场合	组成
谐波减速器	传动比特别大,单级的传动比可达 50 ~ 4 000;整体结构小,传动紧凑;可实现无侧隙的高精度啮合;承载能力高,同时能够保证高传动效率,可达 92% ~ 96%;运转安静且振动极小	常用于上臂、手腕等轻负载位置,主要用于 20 kg 以下的机器人关节	 1—刚轮;2—柔轮;3—波发生器

续表

类别	特点	应用场合	组成
RV 减速器	传动比范围大、结构紧凑;刚性大,抗冲击性能好;传动效率高;可获得高精度和小间隙回差;传动平稳,使用寿命长	一般用于机器人的基座、腰部、大臂等负载位置,主要用于 20 kg 以上的机器人关节	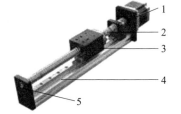 1—摆线轮;2—输出盘;3—太阳轮; 4—行星轮;5—针轮;6—转臂

② 同步带

同步带传动属于啮合带传动,依靠带与带轮上的齿相互啮合来传递运动。通常由主动轮、从动轮和环形同步带组成。

同步带无相对滑动,传动比恒定、准确,可用于速度较高的场合,传动时线速度可达 40m/s,传动比可达 10,传动效率可达 98%,结构紧凑,耐磨性好,传动平稳,能吸振,但是承载能力较小,被动轴的轴承不宜过载,制造和安装精度要求高,成本较高。由于同步带传动惯性小,且有一定的刚度,所以适合于机器人高速运动的轻载关节。

③ 线性模组

线性模组是一种实现直线传动装置,主要形式有滚珠丝杠型(滚珠丝杠和直线导轨)和同步带型(同步带和同步带轮)。常用于直角坐标机器人中,以完成运动轴相应的直线运动。

滚珠丝杠型线性模组主要由驱动装置、滚珠丝杠、直线导轨、滑块和轴承座等部分组成,如图 4-18 所示。该种模组具有高刚性、高精度、高效率(一般传动效率可以达到 92% ~96%)、体积小、重量轻、易安装、维护简单等特点。

图 4-18　滚珠丝杠型线性模组结构图
1—驱动装置;2—滚珠丝杠;3—滑块;4—直线导轨;5—轴承座

同步带型线性模组主要由同步带、滑块、驱动装置、支承座、直线导轨等组成,如图 4-19 所示。该种模组与同步带传动结构类似,驱动装置是带轮为主动轮,驱动模组直线运动,支承座的带轮是从动轮,有张紧装置。与滚珠丝杠型模组相比较,同步带型模组成本更低,加工难度也较低,性价比相对较高,使用广泛。

4) 内部传感器

内部传感器用来确定工业机器人在其自身坐标系内的位姿,例如位移传感器、速度传感器、加速度传感器等。工业机器人应用最广泛的内部传感器是编码器。

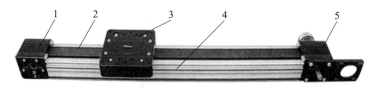

图4-19 同步带型线性模组结构图

1—支承座;2—同步带;3—滑块;4—直线导轨;5—驱动装置

编码器是一种将信号或数据进行编制、转换为可用以传输和存储的信号形式的设备,是一种应用广泛的位移传感器,其分辨率能够满足工业机器人的技术要求。

目前工业机器人中应用最多的是旋转编码器,如图4-20所示,一般安装在工业机器人各关节的伺服电动机内,用来测量各关节轴转过的角位移。

(2)末端执行器

末端执行器又称工具,是安装在机器人腕部(一般装在连接法兰上)的作业机构,与工作对象和要求有关,种类繁多,一般需要由用户和机器人制造厂共同设计、制造与集成。例如,用于装配、搬运、包装的机器人则需要配置吸盘、手爪等用来抓取零件、物品的夹持器;加工类机器人需要配置用于焊接、切割、打磨等用的焊枪、割炬、磨头等各种工具或刀具。

(3)变位器

图4-20 旋转编码器

变位器是用于机器人或工件整体移动,进行协同作业的附加装置。变位器可选配机器人生产厂家的标准部件,也可由用户根据需要设计、加工。通过选配变位器不仅可以增加机器人的自由度和工作空间,还可以实现与作业对象或其他机器人协同工作,增强机器人的作业能力。简单机器人系统的变位器一般由机器人控制器直接控制,复杂机器人系统则需要由上级控制器进行集中控制。

根据用途,机器人变位器可以分为通用型和专用型。通用型变位器既可以用于机器人移动,也可以用于作业对象移动,是机器人常用的附件。根据运动特性可分为回转变位器(图4-21)、直线变位器;根据控制轴数可以分为单轴变位器、双轴变位器和三轴变位器。专用型变位器一般用于作业对象的移动,需要根据实际工况进行设计、加工,结构各异,种类较多,本书不进行介绍。

单轴回转变位器用于机器人或作业对象的垂直或水平旋转,配置单轴变位器后,机器人可以增加1个自由度。

双轴变位器可实现一个方向的360°旋转和另一个方向的局部摆动。配置双轴变位器后,机器人可以增加2个自由度。

在焊接机器人中经常使用三轴R型回转变位器,这种变位器有2个水平360°回转轴和1个垂直方向的回转轴,可用于回转类工件的多方向焊接或自动交换。

直线变位器可以实现机器人或作业对象水平或垂直移动。

2. 控制系统

机器人控制系统是根据机器人运动指令程序以及传感器反馈信号,指挥机器人本体完成规定运动和功能的装置。它是机器人的核心部分,相当于人的大脑,通过与各种软硬件结合,并协调机器人与周边设备的关系,来完成机器人预期动作。

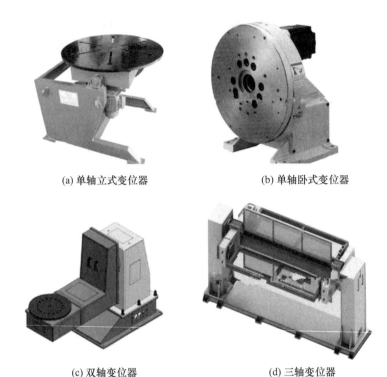

(a) 单轴立式变位器　　　　　　　(b) 单轴卧式变位器

(c) 双轴变位器　　　　　　　(d) 三轴变位器

图 4-21　常见通用型回转变位器

（1）基本组成

按照功能不同,控制系统可以分为运动控制模块、驱动模块、通信模块、电源模块和辅助装置。以固高 G05 控制柜为例,如图 4-22 所示,说明其组成部分及功能。

1）运动控制模块

运动控制模块的主要设备是控制器。控制器是机器人系统的核心,输出运动轴的插补脉冲,是用于机器人坐标轴位置和运动轨迹控制的装置。控制器的常用结构有工业计算机和 PLC(可编程控制器)两种,如图 4-23 所示。

工业计算机型运动控制器的主机和通用计算机并无本质区别,但是机器人控制器需要增加传感器、驱动器接口等硬件,这种控制器的兼容性好,软件安装方便、网络通信容易。

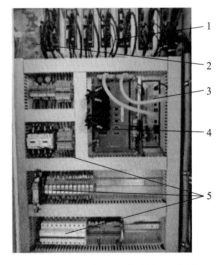

图 4-22　固高 G05 控制柜组成图
1—驱动模块;2—电源模块;
3—运动控制模块;4—通信模块;
5—辅助模块

PLC 型运动控制器以类似 PLC 的 CPU 模块作为中央控制器,通过选配各种 PLC 模块,如位置测量模块、轴控制模块等,来实现对机器人的控制。这种控制器的配置灵活,模块通用性好,可靠性高。

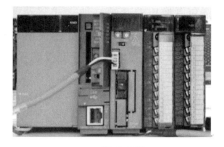

(a) 工业计算机型   (b) PLC型

图 4-23 机器人运动控制器

在控制系统中,可采用上级控制器实现机器人系统的协同控制与管理附加设备,还可以实现机器人与机器人、机器人与变位器、机器人与数控机床、机器人与自动化生产线等其他设备集中控制。此外,上级控制器还可以用于机器人的操作、编程与调试。上级控制器应根据实际需要选配,在柔性加工单元(FMC)、自动生产线等自动化设备上,上级控制器的功能也可直接由数控系统(CNC)、生产线控制用的 PLC 等承担。

工业计算机型运动控制器用于整个系统的控制、示教器的显示与操作、运动算法、伺服反馈数据处理等。运动控制器将处理后的数据传送给驱动模块,控制机器人关节运动,同时进行相关数据的处理与交换,实现机器人与外界环境的交换,是整个机器人系统的纽带,协调着整个系统的运作。

2）驱动模块

驱动模块的主要设备是驱动器。驱动器实际上是插补脉冲功率放大装置,实现对驱动电动机位置、速度、转矩的控制。驱动器通常安装在控制柜内,其形式决定于驱动电动机的类型。伺服电动机需要配套伺服驱动器,步进电动机需要使用步进驱动器。

目前,机器人常用的驱动器以交流伺服驱动器为主,主要分为集成式、模块式和独立式三种类型,如图 4-24 所示。

(a) 集成式   (b) 模块式   (c) 独立式

图 4-24 驱动器

集成式驱动器的全部驱动设备集成于一体,其电源模块可以独立或集成。这种驱动器的结构紧凑,生产成本低,是目前使用较为广泛的结构形式。模块式驱动器的电源模块为公用的,驱动电路独立,驱动器需要统一安装。集成式、模块式驱动器不同控制轴的关联性强,调试、维修和更换比较麻烦。独立式驱动器的电源模块和驱动电路集成于一体,每一轴的驱动器可独立安装和使用,因此安装使用灵活、通用性好,其调试、维修和更换比较方便。

独立式驱动器接收来自运动控制模块的控制指令,以驱动伺服电动机,从而实现机器人各个关节的动作。

3)通信模块

通信模块的主要部分是 I/O 单元,它的作用是完成模块之间的信息交换,例如运动控制模块与驱动模块、运动控制模块与示教器、驱动模块与伺服电动机之间的数据传输与交换等。

4)电源模块

电源模块主要包括系统供电单元和电源分配单元两部分,如图 4-25 所示,其主要作用是将 220V 交流电压转化成系统所需要的合适电压,并分配给各个模块。

5)辅助装置

辅助装置是除了上述四个模块之外的装置,例如散热风扇和热交换器、接触器、继电器、示教器等,如图 4-26 所示。

图 4-25　电源模块示意图　　　　　　图 4-26　辅助装置示意图

示教器也称为示教盒或者示教编程器,主要由显示屏和操作按键组成。工业机器人的现场编程一般是通过示教操作实现的,对示教器的移动性能和手动性能要求较高。示教器以手持式为主,常见的有两种形式,如图 4-27 所示。

图 4-27　示教器

（2）基本功能

通过以上模块,控制系统可以记忆作业顺序、运动路径、运动方式、运动速度和与生产工艺有关的信息;可进行在线示教和离线编程;通过输入和输出接口、通信接口、网络接口实现与外围设备联系;使用示教器、操作面板等完成人机交互;设定关节坐标系、机器人坐标系、直角坐标系、工具坐标系、用户自定义坐标系;通过传感器接口完成位置检测,视觉、触觉等信息获取;实现机器人多轴联动、运动控制、位置补偿等位置伺服功能;对机器人运行状态监视以及故障状态下安全保护和故障自诊断。

4.1.4 工业机器人的基础知识

1. 基础概念

（1）刚体

在任何力的作用下,体积和形状都不发生改变的物体称为刚体。在物理学上,理想的刚体是一个固态的,形状、尺寸变化可以不计的物体。不论是否受到力的作用,刚体上任意两点之间的距离不发生改变。在运动过程中,刚体上任意一条直线在各个时刻的位置都保持平行。

（2）坐标系

空间直角坐标系又称笛卡儿坐标系。它是以空间任意一点 O 为原点,建立三条两两相互垂直的轴,即 X、Y、Z 轴。机器人系统中常用的坐标系为右手坐标系,即三个轴的正方向符合右手定则,如图 4-28 所示,右手大拇指指向 Z 轴正方向,食指指向 X 轴正方向,中指指向 Y 轴正方向。如果无特殊说明,本书中的机器人坐标系默认为右手坐标系。

图 4-28 右手定则

常用的机器人运动坐标系有关节坐标系、世界坐标系、基坐标系、工具坐标系和工件坐标系。其中,世界坐标系、基坐标系、工具坐标系和工件坐标系都属于空间直角坐标系,符合右手定则。

关节坐标系是设定在机器人关节中的坐标系,如图 4-29 所示。在关节坐标系下,工业机器人各轴都能实现单独正向或反向运动。对于大范围运动,且不要求工具中心点（tool center point, TCP）姿态时,可选择关节坐标系。

世界坐标系是机器人系统的绝对坐标系,是建立工作单元或工作站时的固定坐标系,用于确定机器人与周边设备之间或若干个机器人之间的位置,如图 4-30 所示。对于单个机器人来说,世界坐标系和基坐标系是重合的。

基坐标系是机器人工具坐标系和工件坐标系的参照基础,是工业机器人示教编程时经常使用的坐标系之一,如图 4-30 所示。工业机器人在出厂前,各个厂家已经完

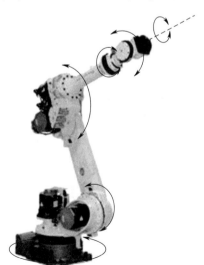

图 4-29 关节坐标系

成基坐标系定义,用户不能更改。各生产厂商对机器人的基坐标系定义各不相同,使用时需要参考相关技术手册。

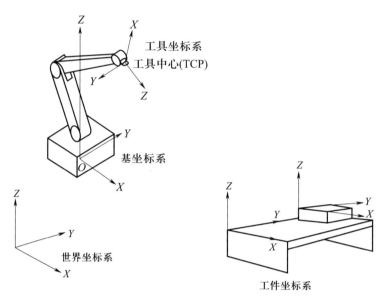

图 4-30　坐标系示意图

工具坐标系是用来定义工具中心点位置和工具姿态的坐标系,其原点定义在 TCP 点,如图 4-30 所示,对于 X、Y、Z 轴的方向,不同厂商设定不同。当未定义时,工具坐标系默认在连接法兰中心处。在安装工具后,需要重新定义工具坐标系,此时工具坐标系位置发生改变。

工具坐标系的方向会随腕部的位置改变而发生变化,与机器人位置无关。因此,当进行相对于工件不改变工具姿态的平移操作时,最好选用工具坐标系。

工件坐标系又称为用户坐标系,是用户对每个工作空间进行定义的直角坐标系,如图 4-30所示。该坐标系以基坐标系为参考,通常建立在工件或者工作台上。当机器人配置多个工件或工作台时,选用工件坐标系更为方便。当工件位置不同,机器人运行轨迹相同时,只需要更新工件坐标系的位置,不需要重新编程。

(3)自由度

自由度是用来描述物体具有确定运动所需要的独立运动的数目。在三维空间中描述一个物体的位置和姿态需要有 6 个自由度,即沿空间直角坐标系 $OXYZ$ 的 X、Y、Z 轴的平移运动,绕空间直角坐标系 $OXYZ$ 的 X、Y、Z 轴的旋转运动,如图 4-31 所示。

物体在空间直角坐标系中运动时,如果某个或多个运动方向受到约束,则该物体就对应失去 1 个或多个自由度。如果既不能沿各轴移动,也不能绕各轴转动,则自由度为 0,物体不能运动。

(4)关节和连杆

关节又称为运动副,是允许工业机器人本体各零件之间发生相对运动的机构,是两个构件直接接触并产生相对运动

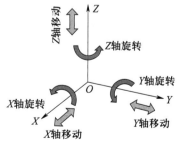

图 4-31　刚体的 6 个自由度

的可动连接。

连杆是工业机器人本体上连接两个关节的刚体,其两端分别连接主动构件和从动构件,用来传递运动和力。

工业机器人常用的关节有转动关节和移动关节。

转动关节又称为转动副,是指连接的两个构件中一个构件相对于另一个构件能够绕固定轴转动的关节,两个连杆之间只能作相对转动。

根据轴线的方向,转动关节可以分为回转关节和摆动关节。回转关节是两连杆相对运动的转动轴线与连杆的纵轴线(沿连杆长度方向设置的中轴线)共轴的关节,旋转角度超过360°,如图4-32a所示。摆动关节是两连杆相对运动的转动轴线与两连杆的纵轴线垂直的关节,通常受到结构的限制,转动角度较小,如图4-32b所示。

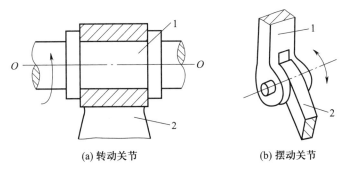

(a) 转动关节   (b) 摆动关节

图4-32 转动关节示意图

移动关节又称为移动副,是使两个连杆组件中的一件相对于另一件作直线运动的关节,两个连杆只作相对移动,如图4-33所示。

(5)运动轴

按照运动轴的功能,可以将其划分为机器人轴、基座轴和工装轴,如图4-34所示。机器人轴又称本体轴,是机器人本体的运动轴,属于机器人本身。例如,通用6自由度工业机器人的机器人轴数为6。基座轴是使机器人移动的轴的总称,主要是行走轴,例如移动滑台或导轨。工装轴是除了机器人轴、基座轴以外的轴的总称,能够使

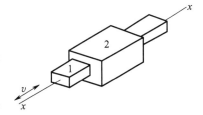

图4-33 移动关节示意图

工装夹具、工件完成回转或翻转的轴,例如回转台、翻转台等。基座轴和工装轴属于外部轴。

(6)工具中心点

工具中心点是机器人系统的控制点。出厂时默认为最后一个运动轴或者法兰的中心为工具中心点。安装工具后,工具中心点(TCP)将变为工具末端的中心,如图4-35所示。

2. 主要技术参数

由于机器人的结构、用途和要求不同,机器人的性能也不尽相同。一般而言,机器人的主要技术参数有控制轴数(自由度)、承载能力、工作范围(作业空间)、运动速度和位置精度等。

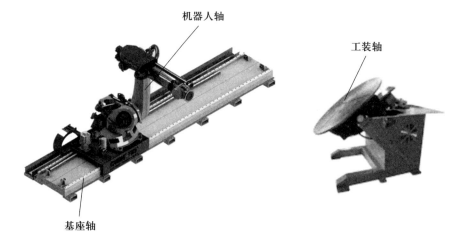

图 4-34　工业机器人运动轴

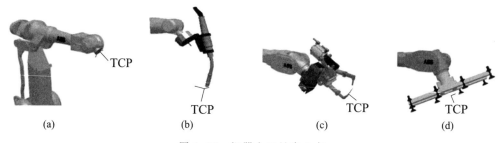

(a)　　　　　　　(b)　　　　　　　(c)　　　　　　　(d)

图 4-35　机器人工具中心点

除此之外,还有安装方式、防护等级、环境要求、供电要求、机器人外形尺寸与重量等与使用、安装、运输相关的其他参数。

自由度、运动速度和位置精度是衡量机器人性能的重要指标。它们不仅反映了机器人作业的灵活性、效率和动作精度,也是衡量机器人性能的标志。

(1) 自由度

自由度是整个机器人运动链所能产生的独立运动数,包括直线运动、回转运动、摆动运动,但是不包括执行器本身的运动。原则上机器人的每一个自由度都需要一个伺服轴进行驱动,因此在产品说明书中通常以控制轴数表示。

通常情况下,一个机器人在三维空间上具有六个自由度,如图 4-36 所示,分别是沿着 X、Y、Z 方向的直线运动和绕 X、Y、Z 轴的回转运动。末端执行器可在三维空间上任意改变姿态,实现完全控制。在计算机器人的自由度数时,末端执行器(如卡爪)的运动自由度和工件(如钻头)的运动自由度是不计在内的。

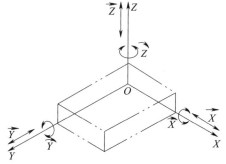

图 4-36　三维空间的自由度

如果机器人的自由度超过六个,则多余的自由度称为冗余自由度,冗余自由度一般用来躲避障碍物。

机器人的自由度与作业要求有关。自由度越多,末端执行器的动作就越灵活,适应性就越强,但是结构和控制也越复杂。因此,对于作业要求不变的批量作业机器人来说,运动速度、可靠性是其重要的指标,自由度可在满足作业的情况下适当减少。而对于多品种、小批量作业的机器人来说,通用性、灵活性指标更为重要,机器人就需要有较多的自由度。目前工业生产中应用的机器人通常具有 4 ~ 6 个自由度。

除了运动自由度数外,各个自由度运动范围也是重要的技术参数。自由度的运动范围是指为机械结构所允许的最大运动极限。对于直线运动,自由度运动范围是指可移动的最大距离,对旋转运动则是指最大转动角度。

（2）运动速度

运动速度决定了机器人的工作效率,是反映机器人性能的重要参数,一般是指机器人空载时、稳定运动时所能够达到的最大运动速度。

机器人的运动速度用参考点在单位时间内能够移动的距离（mm/s）、转过的角度或弧度（°/s 或 rad/s）来表示,按运动轴分别进行标注。当机器人进行多轴同时运动时,其空间运动速度应是所有参与运动的轴的合成速度。

机器人的实际运动速度与机器人的结构刚度、运动部件的质量和惯量、驱动电动机的功率、实际负载的大小等因素有关。对于多关节串联结构机器人,越靠近末端执行器的运动轴,运动部件的质量、惯量越小,因此能够达到的运动速度和加速度也越大;而越靠近安装基座的运动轴,对结构部件的刚度要求就越高,运动部件的质量、惯量就越大,能够达到的运动速度和加速度就越小。

（3）位置精度

工业机器人的位置精度包括定位精度和重复定位精度。定位精度是指机器人末端参考点实际到达的位置与所需到达的理想目标位置之间的距离。重复定位精度是指机器人重复到达某一目标位置的差异程度,或在相同的位置指令下,机器人连续重复若干次其位置的分散情况。它是衡量一列误差值的密集程度,即重复度,如图 4-37a 所示,图中表示了有关定位精度和重复定位精度的四种不同情况。图 4-37b 所示情况具有正常定位精度和较高重复定位精度;图 4-37c 所示情况具有较高定位精度,但重复定位精度较差;图 4-37d 所示情况具有较低的定位精度和正常的重复定位精度。

目前工业机器人的重复精度可达±0.01 ~ ±0.5 mm。重复定位精度一般都要高于定位精度。此外,无论定位精度还是重复定位精度,指的都是静态精度。

（4）工作范围

工作范围又称作业空间,是指机器人在未安装末端执行器时,其腕部参考点所能达到的空间。工作范围是衡量机器人作业能力的重要指标;工作范围越大,机器人的作业区域也越大。

机器人的工作范围决定于各关节运动的极限范围,它与机器人结构有关。工作范围应剔除机器人在运动过程中可能产生自身碰撞的干涉区;在实际使用时,还需要考虑安装末端执行器后可能产生的碰撞,因此实际工作范围是剔除执行器碰撞干涉区后的范围。

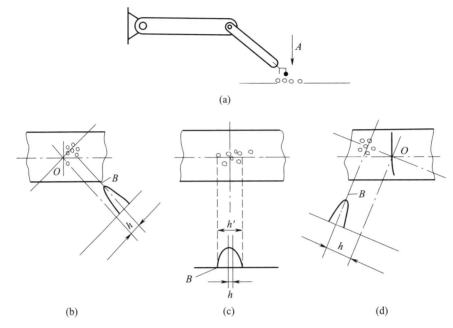

图 4-37　工业机器人定位精度和重复定位精度

机器人的工作范围还可能存在奇异点。所谓奇异点是由于结构的约束,导致关节失去某些特定方向自由度的点。奇异点通常存在工作范围的边缘,当机器人的臂端位于边界上时,相应的下臂和上臂处于完全伸展(即两者夹角为 180°)或完全折合(夹角为 0°)的状态,此时下臂杆的端点只可能沿切线方向运动,而不可能沿径向运动,出现了自由度退化现象。除了在工作范围的边缘,实际应用中的机器人还可能由于受到机械结构的限制,在工作空间内部也存在着臂端不能到达的区域,这部分区域被称为空腔或空洞。空腔是指工作范围内臂端不能到达的完全封闭空间;空洞则是指沿转轴周围全长上臂端不能到达的空间。因此,工作范围还需要剔除奇异点和空腔或空洞。

机器人的工作范围与机器人的结构形态有关,常见的典型结构机器人的作业空间如图 4-38 所示。

(5) 承载能力

承载能力是指机器人在工作范围内所能承受的最大负载,它一般用质量、力、转矩等技术参数表示。

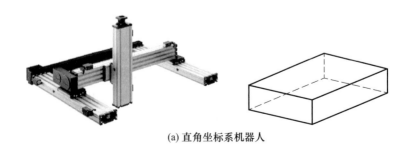

(a) 直角坐标系机器人

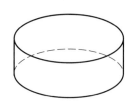

(b) SCARA机器人

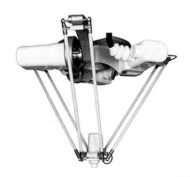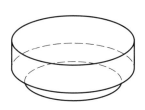

(c) 并联机器人

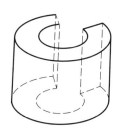

(d) 圆柱坐标系机器人

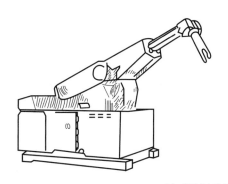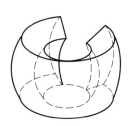

(e) 球坐标系机器人

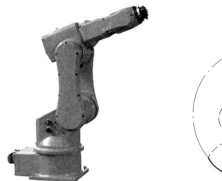 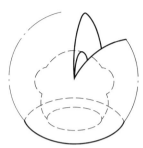

(f) 垂直关节型机器人

图 4-38　常见工业机器人工作范围

　　搬运、装配、包装类机器人的承载能力是指机器人能抓取的物品质量,产品样本所提供的承载能力是指不考虑末端执行器、假设负载重心位于腕部参考点时,机器人高速运动可抓取的物品质量。

　　图 4-39 所示为承载能力为 6 kg 的垂直串联机器人的承载能力图,其他同类结构机器人的情况与此类似。

　　焊接机器人的承载能力是指所能安装的末端执行器的质量。切削加工类需要承担切削力,其承载能力通常是指切削加工时所能够承受的最大切削进给力。

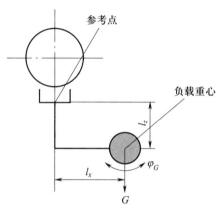

图 4-39　重心位置变化的承载能力

4.2　工业机器人的机械系统

　　工业机器人的形态各异,总体上讲其本体都是由若干关节和连杆通过不同的结构设计和机械连接所组成的机械装置。根据关节的连接形式,多关节工业机器人的典型结构主要有垂直串联、水平串联和并联三大类,如图 4-40 所示。

  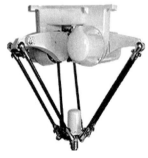

(a) 垂直串联　　　　　　　　(b) 水平串联　　　　　　　　(c) 并联

图 4-40　多关节工业机器人典型结构

垂直串联结构是工业机器人最常见的结构形态,机器人本体部分一般由 5~7 个关节在垂直方向依次串联而成。此类结构可以模拟人类从腰部到手腕的运动,广泛应用于加工、搬运、装配、包装等机器人。水平串联结构的机器人多用于 3C 行业的电子元器件安装和搬运作业;并联结构的机器人多用于电子电工、食品、药品等行业的装配和搬运。这两种结构的机器人大多属于高速、轻载的工业机器人,其规格相对较少。机械传动系统形式单一,维修、调整容易。

4.2.1 垂直串联机器人

垂直串联结构机器人的各个关节和连杆依次串联,机器人的每个自由度都需要一台伺服电动机驱动。因此,本体可以看作是由若干台伺服电动机经过减速器减速后驱动部件的机械运动机构的叠加和组合。垂直串联工业机器人的形式多样,结构复杂,维修、调整相对困难。

1. 垂直串联工业机器人结构分类

(1)六轴垂直串联结构

工业机器人在生产中,一般需要配备外围设备,如转动工件的工作台、移动工件的移动工作台。这些外围设备的运动和位置控制都需要与工业机器人相配合并具有相应的精度。通常机器人运动轴按其功能可以划分为机器人轴、基座轴和工装轴,基座轴和工装轴统称为外部轴。本书仅介绍基座轴。表 4-3 列出了工业机器人行业四大主流供应商的本体运动轴定义。

表 4-3 工业机器人行业四大主流供应商的本体运动轴定义

轴名称				动作说明
ABB	FAUNC	YASKAWA	KUKA	
轴 1	J1	S 轴	A1	腰(本体)回转
轴 2	J2	L 轴	A2	下臂摆动
轴 3	J3	U 轴	A3	上臂摆动
轴 4	J4	R 轴	A4	腕回转
轴 5	J5	B 轴	A5	腕摆动
轴 6	J6	T 轴	A6	手回转

YASKAWA 六轴垂直串联机器人的六个运动轴分别为 S 轴(腰回转)、L 轴(下臂摆动)、U 轴(上臂摆动)、R 轴(腕回转)、B 轴(腕摆动)及 T 轴(手回转)。图 4-41 所示的用实线表示的腰部回转轴 S、腕回转轴 R、手回转轴 T 可进行 360°或接近 360°回转,称为回转轴。用虚线表示的下臂摆动轴 L、上臂摆动轴 U、腕摆动轴 B 一般只能进行小于 270°回转,称为摆动轴。

六轴垂直串联机器人的末端执行器作业点的运动,由手臂和腕、手的运动合成。其中,腰、下臂、上臂三个关节,可用来改变腕部参考点的位置,称为定位机构。通过腰回转轴 S 的运动,机器人可绕基座的垂直轴线回转,以改变机器人的作业面方向;通过下臂摆动轴 L 的运动,可使机器人的上臂进行垂直方向的摆动,实现腕部参考点的前后运动;通过上臂摆动轴 U 的运动,可使机器人的上臂进行水平方向的偏摆,实现腕部参考点的上下运动(俯仰)。

腕的回转、弯曲和手回转三个关节,可用来改变末端执行器的姿态,称为定向机构。腕回转轴 R 可整体改变腕方向,调整末端执行器的作业面内;腕摆动轴 B 可用来实现末端执行器的上下或前后、左右摆动,调整末端执行器的作业点;手回转轴 T 用来控制末端执行器回转,可改变末端执行器的作业方向。

六轴垂直串联结构机器人通过以上定位机构和定向机构的串联,较好地实现了三维空间内的任意位置和姿态控制。

(2)七轴垂直串联结构

为了解决六轴垂直串联结构存在的下部、反向作业干涉问题,工业机器人有时也会采用七轴垂直串联结构,如图 4-42 所示。

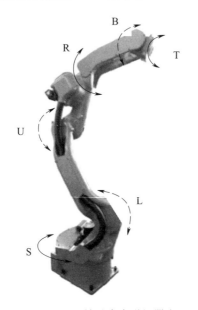

图 4-41　六轴垂直串联机器人

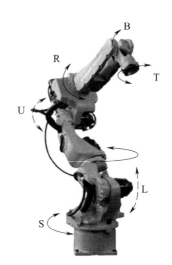

图 4-42　七轴垂直串联结构

YASKAWA 七轴垂直串联机器人在六轴结构的基础上增加了下臂回转轴,使定位机构扩大到腰部回转、下臂摆动、下臂回转、上臂摆动四个关节,腕部参考点的定位更加灵活。例如,当机器人上臂的运动受到限制时,它仍能通过下臂的回转,避让上臂的干涉区,从而完成下臂作业;在正面受到运动限制时,通过下臂的回转,避让正面的干涉区,进行反向作业。

(3)其他垂直串联结构

机器人末端执行器的姿态与作业要求有关,在部分作业环境中,可以忽略一两个运动轴,如图 4-43 所示,在水平作业中,以搬运、包装作业为主的机器人,可省略腕回转轴 R。这种结构既增加了刚性,也简化了结构。

为了减轻六轴垂直串联机器人的上臂质量,降低机器人重心,提高运动稳定性和承载能力,大型、重型的搬运、码垛机器人也常常采用平行四边形连杆机构来实现上臂和腕部的摆动运动。结构如图 4-44 所示。采用平行四边形连杆机构驱动,不仅可以加长手臂,扩大电动机驱动力矩,提高负载能力,而且将驱动机构的安装位置移至腰部以

图 4-43　五轴简化结构

降低机器人的重心,增加运动稳定性。平行四边形连杆机构驱动的机器人结构刚度高、负载能力强,是大型、重载搬运、码垛机器人的常用结构形式。

图 4-44 平行四边形连杆机构

2. 垂直串联机器人的机械结构

(1)结构分类

1)前驱结构

垂直串联结构机器人是目前应用最广、最具代表性的结构。它广泛用于加工、搬运、装配、包装等场合。虽然垂直串联工业机器人的形式多样,但是,总体而言,它都是由关节和连杆依次串联而成的,而每一关节都由一台伺服电动机驱动。为了进一步了解工业机器人的机械结构,现以常见小规格垂直串联机器人为例进行介绍。

常用的小规格、轻量级六轴垂直串联机器人所用的伺服电动机、减速器及相关传动部件均安装于机器人内部,外形简洁、防护性能好;传动系统结构简单、传动链短、传动精度高、刚度好,是中小型机器人使用较广的基本结构,外形如图 4-45a 所示。

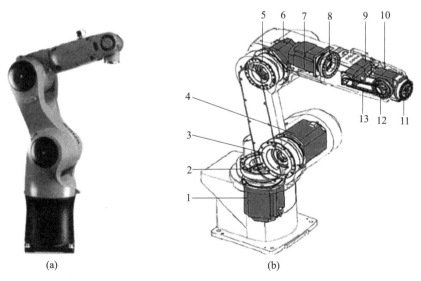

(a)   (b)

图 4-45 垂直串联机器人基本结构

1、4、6、7、9、10—伺服电动机;2、3、5、8、11、12—减速器;13—同步带

机器人的每一运动都需要有相应的电动机驱动,交流伺服电动机是目前最常用的驱动电动机。交流伺服电动机是一种用于机电一体化设备控制的通用电动机,它具有恒转矩输出特性,其最高转速一般为 3 000 ~ 6 000 r/min,额定输出转矩通常在 30 N·m 以下。但是机器人的关节回转和摆动的负载惯量大、回转速度低(通常为 25 ~ 100 r/min),加减速时的最大动转矩(动载荷)需要达到数百甚至数万牛米。因此,机器人的所有运动轴原则上都必须配套结构紧凑、传动效率高、减速比大、承载能力强、传动精度高的减速器,以降低转速、提高输出转矩。RV 减速器、谐波减速器是机器人最常用的两种减速器,它是工业机器人最为关键的机械核心部件。

　　垂直串联机器人的运动主要包括腰回转(S 轴)、下臂摆动(L 轴)、上臂摆动(U 轴)、腕回转(R 轴)、腕摆动(B 轴)及手回转(T 轴)。在图 4-45b 所示的基本结构中,所有关节的伺服电动机、减速器等部件都安装在各自的回转或摆动部位,除了腕摆动使用了同步带之外,其他关节都没有其他传动部件。腕摆动的驱动电动机 9 安装在上臂的前端,通过同步带将运动传送至腕部减速器的输入轴上。手回转轴 T 的驱动电动机 10 直接安装在法兰后侧,这种腕摆动、手回转的电动机均安装在上臂前端的结构被称为前驱结构。这种结构为了能够在上臂前端安装电动机和减速器需要有足够的空间,因此增加上臂和手部的体积和质量,不利于进行高速运动,影响手运动的灵活性。同时,腕摆动时,需要带动手部驱动电动机 10 和减速器 11 一起运动,因此实际使用时通常将手部回转的驱动电动机也安装在上臂的内腔中,通过同步带、锥齿轮等传动部件传送至手部的减速器输入轴上,以减小手部的体积和质量。

　　该结构的机器人的内部空间小、散热条件差,又限制了伺服电动机和减速器的规格,电动机和减速器检测、维护、保养都比较困难。因此,常用于承载能力在 10 kg 以下、工作范围 1 m 以内的小规格、轻量级的机器人。

　　2)后驱结构

　　为了保证机器人作业的灵活性和运动稳定性,应尽可能减小上臂的体积和质量。对于大中型垂直串联机器人采用腕驱动电动机后置式结构,简称后驱结构。

　　后驱结构是将上臂回转、腕摆动和手回转的驱动电动机全部安装在上臂的后部,驱动电动机通过安装在上臂内腔的传动轴,将动力传送至腕前端,这样不仅解决了前驱结构所存在的电动机和减速器安装空间小,检测、维护、保养困难等问题,而且还使上臂结构紧凑、重心靠近回转中心,机器人的重力平衡性更好,运动更稳定;此外,也不存在大型搬运、码垛机器人的上臂和腕部结构松散、腕部不能整体回转等问题,其承载能力强、运动稳定性好,机器人安装维修方便,是一种广泛用于加工、搬运、装配、包装等各种用途机器人的结构形式。

　　后驱结构中腕驱动电动机后置需要在上臂内部布置腕回转、腕摆动和手回转的传动部件,其内部结构较为复杂。

　　3)连杆驱动结构

　　用于大型零件重载搬运、码垛的机器人,由于负载的质量和惯性大,驱动系统必须能提供足够大的输出转矩,才能驱动机器人运动,故需要配套大规格的伺服电动机和减速器。此外,为了保证机器人运动稳定、可靠,就需要降低重心,增强结构稳定性,并保证机械结构件有足够的体积和刚性,因此,一般不能采用直接传动结构。

图 4-46 所示为大型、重载搬运和码垛机器人的常用结构。大型机器人的上、下臂和腕的摆动一般采用平行四边形连杆机构进行传动,其上、下臂摆动的驱动电动机安装在机器人的腰部;腕摆动的驱动电动机安装在上臂的摆动部位;全部伺服电动机和减速器均为外置;它可以较好地解决上述前驱结构存在的传动系统安装空间小、散热差,伺服电动机和减速器检测、维修、保养困难等问题。

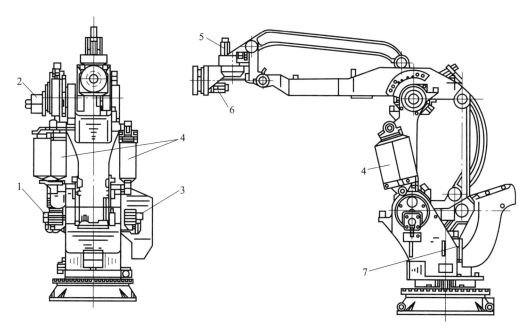

图 4-46　六轴大型机器人的结构示意图
1—下臂摆动电动机;2—腕摆动电动机;3—上臂摆动电动机;4—平行缸;
5—腕回转电动机;6—手回转电动机;7—腰部回转电动机

采用平行四边形连杆机构驱动,不仅可以加长上、下臂和腕摆动的驱动力臂,放大驱动力矩,同时由于驱动机构安装位置下移,也可降低机器人重心,提高运动稳定性,因此较好地解决直接传动所存在的上臂质量大、重心高,高速运动稳定性差的问题。

但是,其传动链长,传动间隙较大,定位精度较低,因此适合于承载能力超过 100 kg、定位精度要求不高的大型、重载搬运、码垛机器人。

平行四边形连杆的运动可直接使用滚珠丝杠等直线运动部件驱动,为了提高重载稳定性,机器人的上、下臂通常需要配置液压(或气动)平衡系统。对于要求固定作业的大型机器人,有时也采用五轴结构,这种机器人结构除了手回转驱动机构外,其余轴的驱动机构全部放置在腰部,因此稳定性更好。但是,由于机器人腕部不能回转,故多适合用于平面搬运、码垛作业。

（2）本体结构

1）机身

垂直串联工业机器人的机身由基座、腰、下臂、上臂等部件组成,一般具有腰回转、下臂摆动、上臂摆动三个关节,它们与安装基座一起被称为工业机器人机身。

机器人机身实际上是由腰、下臂、上臂各关节的回转减速部件和相应连接件依次串联而成的机械运动机构的组合,每一个关节的运动都由一台伺服电动机经减速器减速后驱动。

垂直串联机器人的机身关节结构单一,传动简单,实际上只是若干电动机带动减速器驱动连杆回转摆动的机构组合,腰回转和上、下臂摆动只是运动方向和回转范围上的不同,其机械传动系统的结构并无本质区别。

机身运动负载转矩大,运动速度低,要求机械传动系统有足够的刚度和驱动转矩,因此大多数机器人都采用输出转矩大、结构刚度好的 RV 减速器进行减速。

2)手腕

工业机器人手腕结构的规格稍有区别,垂直串联结构的工业机器人常见有前驱、后驱、连杆驱动等结构。在中小规格的垂直串联工业机器人上,为了简化传动系统结构,缩短传动链,驱动腕摆动的伺服电动机和驱动腕回转的伺服电动机一般安装在上臂(延长体)的前内侧,这种结构的手腕简称前驱手腕。

① 基本特点

安装在上臂的腕回转、摆动和手回转三个关节是用来改变末端执行器姿态、进行工具作业点定位的运动机构,一般称为定向机构或机器人手腕部件。它是决定机器人作业灵活性的关键部件。

垂直串联机器人的手腕一般由手部和腕部组成。腕部用来连接上臂和手部;手部用来安装末端执行器(作业工具)。手腕回转部件与上臂同轴安装,通常采用如图 4-47 所示的方法。

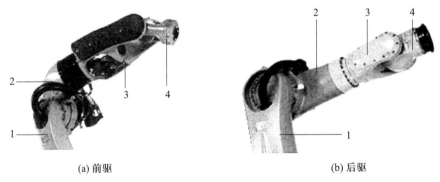

(a) 前驱　　　　　　　　　　　　　　　　(b) 后驱

图 4-47　手腕安装

1—下臂;2—上臂;3—腕部;4—手部

相对于交流伺服驱动电动机而言,机器人的手腕同样属于低速、大转矩负载,因此也需要安装大比例的减速器。由于手腕结构紧凑,运动部件的质量相对较小,故对驱动转矩、结构刚度的要求低于机身,因此常用结构紧凑、减速比大的谐波减速器减速。

② 手腕结构形式

垂直串联机器人的手腕结构形式主要有三种。

图 4-48a 所示的由三个回转轴组成的手腕称为 3R(RRR)结构。3R 结构的手腕一般采用锥齿轮传动,三个回转轴的回转范围通常不受限制。这种机器人结构紧凑、动作灵活、密封性好,但由于三个回转轴的中心线互不垂直,其控制难度较大,因此多用于对密封防护性能要求

高、定位精度要求低的喷漆等涂装作业机器人,在通用型工业机器人上较少使用。

图 4-48b 所示的"摆动轴+回转轴+回转轴"或"摆动轴+回转轴+回转轴"组成的手腕,称为 BBR 或 BRR 结构手腕。BBR 或 BRR 手腕的回转中心线相互垂直,并和三维空间的坐标轴一一对应,其操作简单、控制容易,但是结构松散,因此多用于大型、重载机器人,并且常被简化为 BR 结构的两自由度手腕。

图 4-48c 所示的"回转轴+摆动轴+回转轴"组成的手腕,称为 RBR 结构手腕。RBR 手腕的回转中心相互垂直,并和三维空间的坐标轴一一对应,它不仅操作简单、控制容易,而且结构紧凑、动作灵活,因此是垂直串联工业机器人使用最为广泛的结构形式。

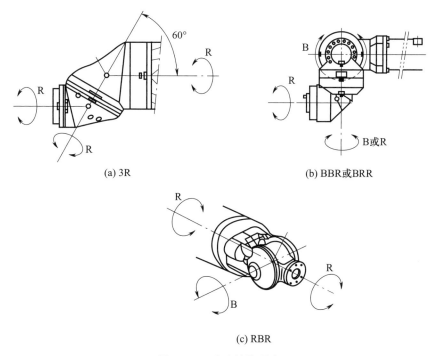

(a) 3R　　　　　　　　　　　　　(b) BBR或BRR

(c) RBR

图 4-48　手腕结构形式

3. 垂直串联机器人结构实例

虽然工业机器人有不同的结构形式,但是相近规格的同类机器人的机械结构大多相似,部分产品只是结构件外形的区别,其机械传动系统几乎完全一致。因此,全面了解一种典型产品的结构,就可以为此类机器人的机械结构设计、维护、维修奠定基础。

某品牌串联机器人外观如图 4-49 所示,它采用了小规格工业机器人最常用的六轴典型结构,分为机身和手腕两大部分。产品配备了固高 GHD400 机器人运动控制器和示教器。该产品被广泛应用于焊接、码垛、搬运、机床上下料等作业。

该品牌六轴串联机器人的主要技术参数见表 4-4。

（1）机身及驱动部件

机器人的机身通常由基座、定位机构和行走机构组成。工业机器人由于作业环境固定不变,多数不需要行走,其通常只有基座和定位机构。

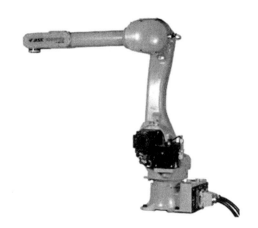

图 4-49　某品牌六轴串联机器人

表 4-4　某品牌六轴串联机器人技术参数表

最大伸展距离/mm		1 450
重复定位精度/mm		±0.06
质量/kg		150
工作范围/(°)	腰回转	±180
	下臂摆动	+145 ~ -105
	上臂摆动	+150 ~ -163
	腕回转	±270
	腕摆动	±145
	手回转	±360
最大速度/(°/s)	腰回转	250
	下臂摆动	250
	上臂摆动	215
	腕回转	365
	腕摆动	380
	手回转	700
保护等级		IP65

　　某品牌机器人的机身如图 4-50 所示,由基座、腰部、下臂、上臂构成。基座是整个机器人的支撑部分,用于机器人的安装与固定。腰部、下臂、上臂三个部分是用来改变腕部基准点位置的定位机构。机器人的腰回转、下臂摆动、上臂摆动,分别由伺服电动机通过 RV 减速器减速驱动,各运动轴的工作范围见表 4-4。

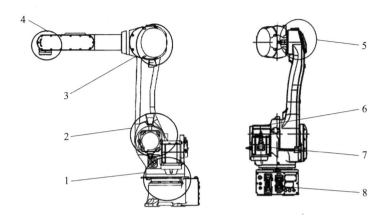

图 4-50 某品牌机器人本体机械结构

1—基座及腰回转轴;2—下臂摆动轴;3—腕回转轴;4—腕摆动轴与手回转轴;5—上臂摆动轴;

6—下臂摆动驱动电动机;7—腰回转驱动电动机;8—电气连接板

1)基座

机器人可通过基座底部的安装孔来固定。由于机器人的工作范围较大,但基座的安装面较小,当机器人直接安装于地面时,为了保证安装稳固,减小地面压强,一般需要在地面和底座间安装底板,如图 4-51 所示。

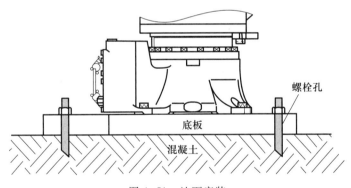

图 4-51 地面安装

基座安装过底板后,底板相当于基座的一部分,因此需要有一定的厚度和面积(尺寸是750 mm×750 mm×25 mm),以保证刚度、减小地面压力。

为了保证安装稳固,安装时需要用地脚螺栓将底板连接在水泥地基或铁板地基上。安装机器人的地基需要有足够的深度和面积。

基座是整个机器人的支撑部分,它既是机器人的安装和固定部位,也是机器人的电线电缆、气管油管输入连接部位,其结构如图 4-52 所示。

基座的底部是机器人的安装、固定板。基座内侧上方的凸台用来固定腰部回转轴 S 的RV 减速器针轮,RV 减速器的输出轴用来安装腰体。基座的后侧面安装有机器人的电线电缆、气管油管连接用的管线连接盒 7,连接盒的正面布置有电线电缆插座、气管油管接头连接板。

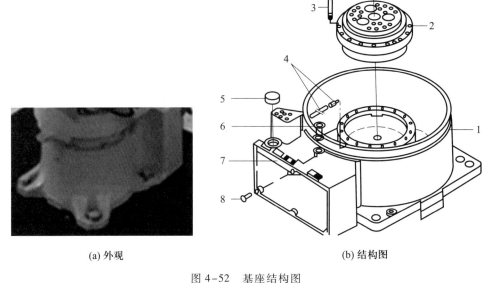

(a) 外观   (b) 结构图

图 4-52　基座结构图

1—基座体;2—RV 减速器;3、6、8—螺钉;4—润滑油;5—保护盖;6—管线连接盒;7—管线连接盒

为了简化结构、方便安装,腰回转由伺服电动机通过 RV 减速器 2 驱动,RV 减速器采用了输出轴固定、针轮(壳体)回转的安装方式,由于针轮(壳体)被固定安装在基座体 1 上,因此实际进行回转运动的是 RV 减速器的输出轴,即腰体和驱动电动机部件。

2)腰部结构

腰部是连接基座和下臂的中间体,可以和下臂及后端部件一起在基座上回转,以改变整个机器人的作业方向。腰部是机器人的关键部件,其结构刚度、回转范围、定位精度等都直接决定了机器人的技术性能。

某品牌机器人腰部的组成如图 4-53 所示。腰体 3 的侧上方安装有腰部回转的伺服电动机 1;伺服电动机 1 输出轴通过圆柱齿轮 2 将动力传递给 RV 减速器 4 的输入轴。腰体内部安装线缆管,上部突耳 5 的两侧用来安装下臂及其驱动电动机。机器人的腰以上部分均可随着腰部回转。

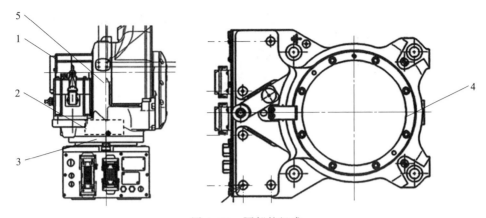

图 4-53　腰部的组成

1—伺服电动机;2—圆柱齿轮;3—腰体;4—RV 减速器;5—突耳

3）下臂结构

下臂是连接腰部和上臂的中间体,下臂可以连同上臂及后端部件在腰上摆动,以改变参考点的前后及上下位置。

某品牌机器人下臂的组成如图 4-54 所示。下臂摆动的伺服电动机分别安装在腰体上部突耳的左、右两侧,RV 减速器安装在腰体上,伺服电动机通过减速器驱动下臂摆动。上臂及后端部件的线缆管布置在下臂内腔中。

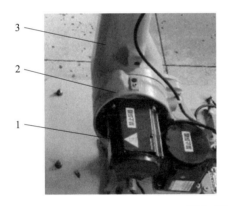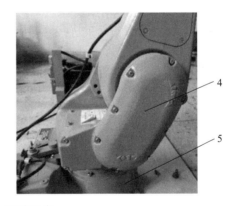

图 4-54　下臂组成

1—电动机;2—凸耳;3—下臂体;4—凸耳;5—基座

4）上臂结构

上臂是连接下臂和手腕的中间体,可以和手腕及后端部件一起摆动,以改变参考点的上下及前后位置。

某品牌机器人上臂的组成如图 4-55 所示。上臂安装在下臂的左上侧,上臂摆动的伺服驱动电动机、RV 减速器安装在上臂关节左侧;电动机、减速器的轴线和上臂轴线同轴;伺服电动机的连接线全部从下臂内部穿过。电动机旋转时,电动机、减速器将和上臂一起在下臂上摆动。

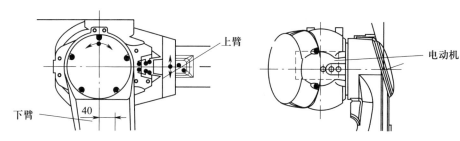

图 4-55　上臂组成

（2）手腕及驱动部件

某品牌机器人手腕如图 4-56 所示，包括手部和腕部，它采用 RBR 结构。手部用来安装末端执行器；腕部用来连接手部和上臂。手腕的主要作用是改变末端执行器的姿态（作业方向），它是决定机器人作业灵活性的关键部分。

图 4-56　手腕外观

为了能够对末端执行器进行六自由度的完全控制，机器人的手腕有腕回转轴、腕摆动轴和手回转轴三个关节，如图 4-57 所示。腕回转由腕部伺服电动机通过谐波减速器驱动；腕摆动

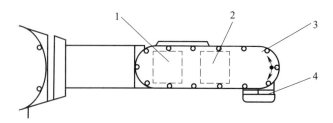

图 4-57　手腕组成

1—腕部电动机；2—手部电动机；3—腕部；4—手部

的驱动电动机安装在上臂内部,电动机通过齿轮传动将动力传递至腕关节的谐波减速器上,驱动腕摆动;手回转的驱动电动机安装在上臂内部,电动机通过齿轮传动将动力传至腕关节上,再利用锥齿轮将动力传送至手部的谐波减速器上,驱动手部回转。

机器人的末端执行器安装法兰如图 4-58 所示。法兰的中间有 $\phi25H7\times6$ mm 的中心基准孔,法兰端面布置有 $\phi6$ 深 6 mm 的定位孔和 M6 深 8 mm 的安装螺孔。

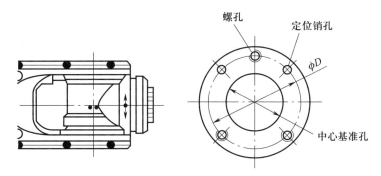

图 4-58　RA010NA 末端执行器安装法兰

4.2.2　水平串联机器人

水平串联结构是一种建立在圆柱坐标上的特殊机器人结构形式,又称为选择性装配机器人手臂(selective compliance assembly robot arm,SCARA)结构。

如图 4-59 所示为 SCARA 机器人的基本结构。这种机器人的手臂由 2~3 个轴线相互平行的水平旋转关节 C1、C2、C3 串联而成,以实现平面定位;整个手臂可通过垂直方向的直线移动轴 Z,进行升降运动。

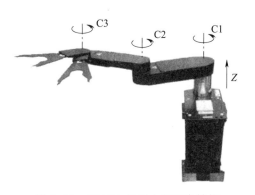

图 4-59　SCARA 机器人的基本结构

SCARA 机器人的结构简单、外形轻巧、定位精度高、运动速度快,特别适用于平面定位、垂直方向装卸的搬运和装配作业,故首先被用于 3C(计算机 computer、通信 communication、消费电子 consumer electronic)印刷电路板的器件装配和搬运作业,随后在光伏行业的 LED、太阳能电池安装,以及塑料、汽车、药品等行业的平面装配和搬运领域得到广泛应用。SCARA 机器人的工作半径通常为 100~1 000 mm,承载能力一般为 1~200 kg。

由于水平旋转关节 C1、C2、C3 的驱动电动机均需要安装在基座的内部或侧边,其传动链较长,传动系统结构复杂;此外,垂直轴 Z 需要控制三个轴的整体升降,其运动部件质量较大、升降行程一般较小,因此,在实际使用时常采用如图 4-60 所示的执行器直接升降结构。

采用该结构的 SCARA 机器人将关节 C2、C3 驱动电动机位置前移,缩短了传动链,简化了传动系统结构,同时扩大 Z 轴升降行程,减轻升降部件的重量,提高手臂刚度和负载能力。但

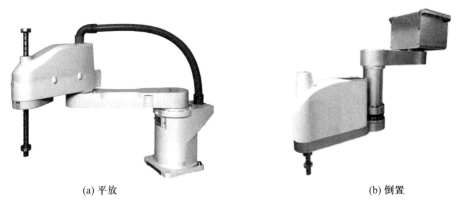

(a) 平放   (b) 倒置

图 4-60   SCARA 机器人升降机构

是,这种结构的机器人转臂的体积大,结构没有基本结构紧凑,因此多用于垂直方向不受限制的平面搬运和部件装配作业。

各厂商对水平串联机器人各关节轴的命名有所不同,见表 4-5。

表 4-5   水平串联机器人各关节轴的命名

厂商	各轴名称				实物图
	第 1 轴	第 2 轴	第 3 轴	第 4 轴	
EPSON	J1	J2	J3	J4	
YAMAHA	X 轴	Y 轴	Z 轴	R 轴	

续表

厂商	各轴名称				实物图
	第 1 轴	第 2 轴	第 3 轴	第 4 轴	
ABB	轴 1	轴 2	轴 3	轴 4	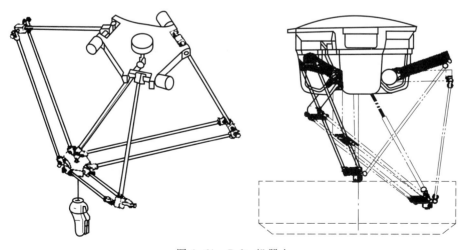

4.2.3 并联机器人

1. 基本结构

并联结构的工业机器人简称并联机器人(parallel robot),是一种多用于电子电工、食品药品等行业装配、包装、搬运的高速、轻载机器人。

1985 年,瑞士的 Clavel 博士发明了一种三自由度空间平移的并联机器人,并称之为 Delta 机器人,如图 4-61 所示。Delta 机器人一般将基座上置,采用悬挂式布置,手腕通过空间均布的三根并联连杆支撑。机器人可通过控制连杆摆动角来实现手腕在空间内的定位。

图 4-61 Delta 机器人

Delta 机器人具有结构简单、运动控制容易、安装方便等优点,因此成了目前并联机器人的基本结构。

并联结构的机器人手腕和基座采用的是三根连杆并联连接,手部受力由三根连杆均匀分配,每根连杆只承受拉力或压力,不承受弯矩或扭矩,因此从理论上说,这种结构具有刚度高、重量轻、结构简单、制造方便等优点。

　　并联机器人是一种高速、轻载的机器人,通常具有三四个自由度,可以实现工作空间的 X、Y、Z 方向的平移和绕 Z 轴的旋转运动。其结构由静平台、主动臂、从动臂和动平台组成,如图 4-62 所示。静平台又称为基座,主要用于支撑整个机器人,减少机器人运动过程中的惯量。主动臂又称主动杆,其通过驱动电动机与基座直接相连,作用是改变末端执行器的空间位置。从动臂又称为连杆,是连接主动臂和动平台的机构,常用球铰链进行连接。动平台是连接从动臂和末端执行器的部分,用于支撑末端执行器,并改变其姿态。如果动平台上未装有绕 Z 轴旋转的驱动装置,则并联机器人有三个自由度。如果动平台上装有绕 Z 轴旋转的驱动装置,则并联机器人有四个自由度。

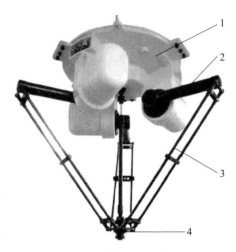

图 4-62　并联机器人结构图
1—静平台;2—主动臂;3—从动臂;4—动平台

　　常用的并联机器人具有三四个轴,各厂家对并联机器人各个轴的命名方式有所不同,见表 4-6。

　　2. 变形结构

　　并联机器人有多种变形结构,其中最常见的为多自由机构和直线驱动结构。

表 4-6　各厂家并联机器人各轴命名方式

厂商	各轴名称				实物图
	第 1 轴	第 2 轴	第 3 轴	第 4 轴	
FAUNC	J1	J2	J3	J4	

续表

厂商	各轴名称				实物图
	第 1 轴	第 2 轴	第 3 轴	第 4 轴	
YASKAWA	S 轴	L 轴	U 轴	T 轴	
ABB	轴 1	轴 2	轴 3	轴 4	

（1）多自由度结构

应用中发现标准 Delta 机器人只具有三个自由度,其作业灵活性受到限制,因此在实际应用中 Delta 机器人也可采用如图 4-63a 所示的结构,通过手腕回转和摆动,增加 1~3 个自由度,从而克服标准 Delta 机器人作业灵活性受到限制的不足。

(a) 多自由度结构   (b) 直线驱动结构

图 4-63 并联机器人的变形结构

（2）直线驱动机构

图 4-63b 所示为采用直线驱动结构的 Delta 机器人。这种机器人以伺服电动机和滚珠丝杠驱动的连杆拉伸直线运动代替摆动，一方面提高了机器人的结构刚度和承载能力，另一方面提高了定位精度，简化了结构设计，其最大承载能力可达 1 000 kg。该种机器人结构刚度强，适合大型物品的搬运、分拣等作业。

4.3　工业机器人的控制系统

工业机器人控制系统是工业机器人的核心，它可以根据用户指令与获取的传感信息控制工业机器人完成相应的任务，主要包含硬件系统和软件系统两部分。

4.3.1　工业机器人控制系统特点及组成

工业机器人的控制与工业机器人本体的运动学、动力学密切相关。要使工业机器人的臂、腕及末端执行器等部位在空间具有准确无误的位姿，就必须在不同的坐标系中描述它们，并且随着基准坐标系的不同而进行适当的坐标变换，同时求解运动学和动力学问题，才能在各种坐标系下都能够根据从传感系统获取的信息，利用闭环或者半闭环方式控制工业机器人末端到达目标。

描述工业机器人状态和运动的数学模型是一个非线性模型，随着工业机器人的运动及环境而改变。又因为工业机器人往往具有多个自由度，所以引起其运动变化的变量不止一个，而且各个变量之间一般都存在耦合问题。这就使得工业机器人的控制系统不仅是一个非线性系统，而且是一个多变量系统。

由于工业机器人的任一位姿都可以通过不同的方式和路径达到，因而工业机器人的控制系统还必须解决优化的问题。

工业机器人控制系统应具有以下功能。

（1）记忆功能　存储作业顺序、运动路径、运动方式、运动速度和与生产工艺有关的信息。

（2）示教功能　包括离线编程、在线示教、间接示教。在线示教包括示教盒和导引示教两种。

（3）与外围设备联系功能　主要包括输入和输出接口、通信接口、网络接口、同步接口等。

（4）坐标设置功能　主要包括关节、绝对、工具、用户自定义四种坐标系。

（5）人机接口　主要包括示教盒、操作面板、显示屏。

（6）传感器接口　主要包括位置检测、视觉、触觉、力觉等。

（7）位置伺服功能　主要包括机器人多轴联动、运动控制、速度和加速度控制、动态补偿等。

（8）故障诊断安全保护功能　主要包括运行时系统状态监视、故障状态下的安全保护和故障自诊断。

以电驱动工业机器人为例，工业机器人控制系统控制工业机器人本体运动的本质是控制电动机的旋转，控制系统的架构如图 4-64 所示。

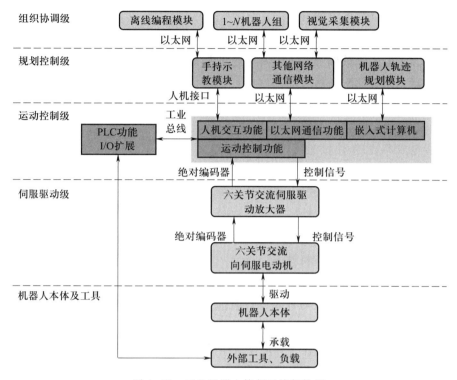

图 4-64　工业机器人控制系统架构图

4.3.2　工业机器人控制系统的组成

1. 硬件系统组成

（1）运动控制系统

运动控制系统需要承担大量的数学运算，普通的加法器远远不能满足运算的需求，因此负责运动控制计算的硬件系统多采用含有优秀乘法器的专用芯片负责数学运算。同时，运动控制系统还要承担标准的逻辑运算和信号采集接口，因此许多运动控制器或运动控制卡采用数字信号处理器（DSP）+现场可编程门阵列（FPGA）的架构。

由于 DSP 和 FPGA 需要承担核心的运算和逻辑信号处理工作，还需要一套硬件设备来处理人机交互工作，因此常用工控机（IPC）来完成此项工作，故运动控制部分硬件主要由以下三种组成方式。

① 工控机+运动控制卡

优点：性能强，方便维护升级；

缺点：体积大、功耗高。

② 开放式集成电路

优点：集成度高、体积小、功耗低；

缺点：运算能力有限、接线复杂、对应用环境要求高、不方便升级。

③ 运动控制器

优点：集成度高、接线简单、防护要求低；

缺点:运算性能有限、不方便升级。

（2）人机交互系统

工业机器人多采用示教编程方式编写工业机器人程序,示教器是重要的人机交互系统,因此一般工业机器人系统都配备示教器。

工业机器人示教器主要由液晶屏(多为触摸屏)、键盘、急停按钮、安全开关等组成,部分品牌配有摇杆。其中,液晶屏主要用来显示工业机器人的当前状态、程序内容等信息;键盘方便用户输入指令或参数;急停按钮可以在工业机器人不受控制、马上接近危险位置或其他紧急状态时快速切断工业机器人的动力部分,减少损失;安全开关一般为三段开关,不按和重按时全部为断开状态,轻按时为闭合状态,在示教编程时需要轻按安全开关至闭合状态才能接通动力部分,进而控制工业机器人本体运动,在出现紧急情况时松开安全开关即可断开工业机器人本体动力部分,若操作人员紧张握紧安全开关时也可断开工业机器人本体动力部分,以此保证在示教编程模式下安全操作工业机器人。

（3）信息传递系统

为保证工业机器人系统可以与外围设备通信,工业机器人控制系统必须包含一系列的通信接口。常用通信接口如下:

① USB 接口,方便移动存储设备存取系统中的文件;

② 标准以太网接口,方便工业机器人系统的联网控制以及视觉信号采集等;

③ CAN、RS232、RS485 接口等,方便传感系统、焊接系统等外围设备的接入;

④ 专用通信接口,方便同品牌设备的快速组网。

2. 软件系统

工业机器人软件系统主要包含操作系统和控制系统两大部分。

（1）工业机器人操作系统

根据工业机器人控制系统实时性要求,工业机器人控制系统的操作系统多采用实时系统。

① VxWorks 系统

VxWorks 操作系统是美国 Wind River 公司于 1983 年设计开发的一种嵌入式实时操作系统(RTOS),是 Tornado 嵌入式开发环境的关键组成部分。VxWorks 具有可裁剪微内核结构、高效的任务管理、灵活的任务间通信、微秒级的中断处理,支持 POSIX1003.1b 实时扩展标准和多种物理介质及标准的、完整的 TCP/IP 网络协议等。

② Windows CE 系统

Windows CE 与 Windows 系列有较好的兼容性,无疑是 Windows CE 推广的一大优势。Windows CE 针对便携设备、无线设备的动态应用程序和服务提供了一种功能丰富的操作系统平台,它能在多种处理器体系结构上运行,并且通常适用于那些对内存占用空间具有一定限制的设备。

③ 嵌入式 Linux 系统

由于其源代码公开,用户可以任意修改,以满足自己的应用。其中大部分都遵从通用公共许可协议(GPL),源代码是开放和免费的,可以稍加修改后应用于用户自己的系统;有庞大的开发人员群体,无需专门的人才,只要懂 Unix/Linux 和 C 语言即可;支持的硬件数量庞大;嵌入式 Linux 和普通 Linux 并无本质区别,嵌入式 Linux 几乎都支持计算机上用到的硬件,而且各种硬件的驱动程序源代码都可以得到,为用户编写自己专有硬件的驱动程序带来很大方便。

（2）工业机器人控制系统

工业机器人控制系统主要用作工业机器人运动控制算法的执行平台,对于系统实时性与稳定性有着非常严格的要求。对于工业机器人,需要控制多轴机器人或者多组机器人,涉及多任务的问题。因此,操控一体系统需具有很好的多线程处理能力。目前,工业机器人控制系统软件平台主要分为三大类:一类是机器人公司自己独立的开发环境和独立的机器人编程语言,如日本安川公司、德国 KUKA 公司、美国的 Adept 公司、瑞典的 ABB 公司等;一类是基于某个公共平台设计的软件开发平台,如深圳固高公司基于 CoDeSys 平台设计自己的软件开发平台 OtoStudio;还有一类是直接使用 ROS 开源平台作为工业机器人软件开发平台,如 ABB 的部分 IRC5 控制系统、安川的 DX100 控制系统等。

4.4 工业机器人的传感器

4.4.1 工业机器人传感器的分类

传感器是实现自动检测和自动控制的重要元件。传感器让工业机器人有了视觉、触觉、听觉等感官,让工业机器人活了起来,智能化程度越来越高。传感器一般由敏感元件、转换元件、变换电路和辅助电源等四部分组成,如图 4-65 所示。敏感元件直接感受被测量,并输出与被测量有确定关系的物理量信号;转换元件将敏感元件输出的物理量信号转换为电信号;变换电路负责对转换元件输出的电信号进行放大调制等变换;转换元件和变换电路一般还需要辅助电源供电。

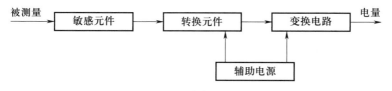

图 4-65　传感器的组成

工业机器人的传感器按用途可分为内部传感器和外部传感器。其中,内部传感器一般安装在机器人内,用来感知机器人自身的状态,测量自身参数,包括位移传感器、速度传感器、加速度传感器。外部传感器,用来感知机器人所处的周边环境信息,测量外部参数,如视觉传感器、距离传感器、触觉传感器、力传感器等。内部传感器和外部传感器的对比见表 4-7。

表 4-7　内部传感器和外部传感器的对比

项目	内部传感器	外部传感器
用途	用来感知机器人自身的状态,测量自身参数	用来感知机器人或工件所处的周边环境信息

项目	内部传感器	外部传感器
检测的信息	线位移、角位移、速度、加速度、方向等	形状、尺寸、位置、姿态、质量、接触(碰撞检测、障碍检测等)、触觉、夹持力等
所用传感器	光栅尺、微动开关、光电开关、编码器、电位计、测速发电机、加速度计、陀螺仪、倾角传感器等	视觉传感器、3D 视觉传感器、激光雷达、超声波测距传感器、光学测距传感器、触觉传感器、压敏传感器等

工业机器人传感器的一般要求精度高,重复性好,稳定性和可靠性好,抗干扰能力强,质量轻,体积小,安装方便。

4.4.2 工业机器人内部传感器

1. 光电编码器

光电编码器,是编码器的一种,是一种通过光电转换将输出轴的角位移量转换为脉冲或数字量的传感器,在机器人中通常安装在电动机的一端,用于测量关节的转动角度。角位移对时间微分可以得到角速度,所以光电编码器也可以间接用于测量角速度。

光电编码器主要由光栅盘(又称码盘)和光电检测装置构成,如图 4-66 所示。在伺服系统中,光栅盘与电动机同轴,电动机的旋转带动光栅盘旋转,再经光电检测装置输出若干个脉冲信号,根据该信号的每秒脉冲数便可计算当前电动机的转速与角度。光电编码器的码盘输出两个相位差相差 90° 的光码,根据双通道输出光码状态的改变便可判断出电动机的旋转方向。根据原理的不同,光电编码器可分为增量型、绝对型和混合型三种类型。

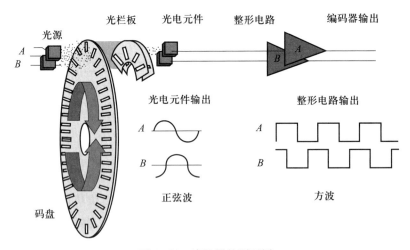

图 4-66   编码器的原理图

(1) 增量型编码器

增量型编码器是直接利用光电转换原理输出三组方波脉冲 A、B 和 Z 相;A、B 两组脉冲相位差 90°,从而可方便地判断出旋转方向,而 Z 相为每转一个脉冲,用于基准点定位。增量型编码器转动时输出脉冲,通过计数设备来确定其位置,当编码器不动或断电时,依靠计数设备的内部记忆来记住位置。这样,当断电后,编码器不能有任何的移动,当来电工作时,编码器输出脉冲过程中也不能有干扰而丢失脉冲,不然,计数设备记忆的零点就会偏移,而且这种偏移的量是无从知道的,只有错误的生产结果出现后才能知道。

（2）绝对型编码器

绝对型编码器是直接输出数字量的传感器,在它的圆形码盘上沿径向有若干同心码道,每条道上由透光和不透光的扇形区相间组成,相邻码道的扇区数目是双倍关系。码盘上的码道数就是它的二进制数码的位数,在码盘的一侧是光源,另一侧对应的每一码道有一光敏元件。当码盘处于不同位置时,各光敏元件根据受光照与否转换出相应的电信号,形成二进制数。这种编码器的特点是不要计数器,在转轴的任意位置都可读出一个固定的与位置相对应的数字码,如图 4-67 所示。显然,码道越多,分辨率就越高,对于一个具有 N 位二进制分辨率的编码器,其码盘必须有 N 条码道。

绝对型编码器是利用自然二进制或循环二进制方式进行光电转换的。绝对型编码器与增量型编码器不同之处在于码盘上透光、不透光的线条图形,绝对型编码器可有若干编码,根据读出码盘上的编码,检测绝对位置。编码的设计可采用二进制码、循环码、二进制补码等。它的特点是:可以直接读出角度坐标的绝对值;没有累积误差;电源切断后位置信息不会丢失。但是分辨率是由二进制的位数来决定的,也就是说精度取决于位数。

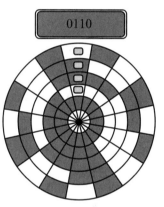

图 4-67　绝对型编码器
工作原理示意图

（3）混合型编码器

混合型编码器兼具增量型与绝对型两种编码器的功能,其工作原理不再赘述。

2. 光栅尺

光栅尺,也称为光栅尺位移传感器(简称光栅尺传感器),是利用光栅的光学原理工作的测量反馈装置,主要用于测量直线位移或角位移。其测量输出的信号为数字脉冲,具有检测范围大,检测精度高,响应速度快等特点。在直角坐标机器人中应用较多,多用于测量 X、Y、Z 轴的位移。光栅尺按照制造方法和光学原理的不同,分为透射光栅和反射光栅,下面以透射光栅为例简述光栅尺的原理。

光栅尺由标尺光栅和光栅读数头两部分组成。光栅读数头由光源、透镜、指示光栅、光电转换元件及调整机构等组成,如图 4-68 所示。标尺光栅和指示光栅也可以称为长光栅和短光栅,它们的线纹密度相等。长光栅可以安装在直角坐标机器人的固定部件上(如导轨),其长度应等于其工作行程;短光栅长度较短,随光栅读数头安装在直角坐标机器人的移动部件上(如滑块)。

在测量时,长短两光栅尺相互平行地重叠在一起,并保持 0.01～0.1 mm 的间隙,指示光栅相对标尺光栅在自身平面内旋转一个微小的角度 θ。当光线平行照射光栅时,由于光的透射和衍射效应,在与两光栅线纹夹角为 θ 的平分线相垂直的方向上,会出现明暗交替、间隔相等的粗条纹——莫尔条纹。两片光栅相对移过一个栅距,莫尔条纹移过一个条纹的距离。由于光的衍射与干涉作用,莫尔条纹的变化规律近似正(余)弦函数,变化周期与光栅相对位移的栅距数同步。光栅测量位移的实质是以光栅栅距为一把标准尺子对位移量进行测量。

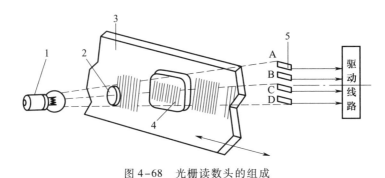

图 4-68　光栅读数头的组成

1—光源;2—透镜;3—标尺光栅;4—指示光栅;5—光电转换元件

3. 加速度传感器

加速度传感器是一种能够测量加速度的传感器,通常由质量块、阻尼器、弹性元件、敏感元件和适调电路等部分组成。在加速过程中,传感器通过对质量块所受惯性力的测量,利用牛顿第二定律($F = ma$)获得加速度 a。根据传感器敏感元件的不同,常见的加速度传感器包括压电式、压阻式、电容式、应变式等形式。

（1）压电式加速度传感器

压电式加速度传感器是基于压电晶体的压电效应工作的。敏感元件在一定方向上受到惯性力作用变形时,其内部会产生极化现象,同时在它的两个表面上产生符号相反的电荷,输出与加速度成正比的电荷或电压,如图 4-69 所示。

（2）压阻式加速度传感器

压阻式加速度传感器的结构原理如图 4-70 所示,一质量块固定在悬臂梁的一端,而悬臂梁的另一端固定在传感器基座上,悬臂梁的上、下两个面都贴有应变片并组成惠斯通电桥,质量块和悬臂梁的周围填充硅油等阻尼液,用以产生必要的阻力。质量块的两边是限位块,其作用是保护传感器在过载时不致损坏。

被测物的运动导致与其固连的传感器基座的运动,基座又通过悬臂梁将此运动传递给质量块。由于悬臂梁的刚度很大,

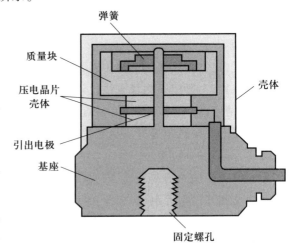

图 4-69　压电式加速度传感器原理图

所以质量块也会以同样的加速度运动,其产生的惯性力正比于加速度大小。而此惯性力作用在悬臂梁的端部使之发生形变,从而引起其上的应变片电阻值变化。在恒定电源的激励下,由应变片组成的电桥就会产生与加速度成比例的电压输出信号。

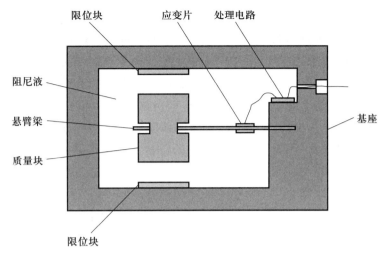

图4-70　压阻式加速度传感器原理图

随着微机电技术的发展,如今大多数压阻式加速度传感器都是采用的MEMS微电子机械系统(micro-electro-mechanical system)结构,即整个传感器的核心部件(质量块、悬臂梁和支架)都是由一个单晶硅蚀刻而成的,直接在硅悬臂梁的根部扩散出电阻并形成惠斯通电桥。

MEMS压阻式加速度传感器与应变片式加速度传感器相比,除了体积小、坚固性好之外,还有灵敏度高的优点。这主要是因为两者电阻变化的原理不同:应变片中的金属丝或金属箔在受力时其形状发生了变化,所以引起了电阻值小幅的改变;而硅材料在受力时,除了其形状发生变化外,更重要的是其材料特性发生了大的变化,所以引起了电阻值大幅的改变。一个典型的金属丝或金属箔式应变计的应变系数大约是2.5,而硅材料的应变系数可达100。而且,采用MEMS的加工技术,可以在同一硅片上制造出悬臂梁阵列,如图4-71所示,这就进一步提高了传感器的灵敏度、可靠性等。

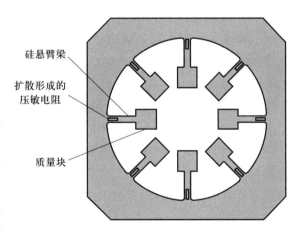

图4-71　悬臂梁阵列示意图

4.4.3　工业机器人外部传感器

1. 视觉传感器

视觉传感器,又称为相机,是整个机器视觉系统信息的直接来源,主要由一个或者两个图形传感器组成,有时还要配以光投射器及其他辅助设备。视觉传感器的主要功能是获取足够的最原始图像。视觉传感器是机器人的眼睛,通过视觉传感器机器人可以获取颜色、形状、大小等信息。

视觉传感器根据其工作原理不同,主要可分为电荷耦合器件(charge‐coupled device,CCD)型视觉传感器和互补性金属半导体(complementary metal oxide semiconductor,CMOS)型视觉传感器。CCD 型视觉传感器使用一种高感光度的半导体材料制成,能把光线转变成电荷,再通过模数转换器转换成数字信号。CCD 型视觉传感器对信息的表达具有更高的灵敏度。固体成像、信息处理和大容量存储器是 CCD 型视觉传感器的三大主要用途。各种线阵、面阵传感器已成功地用于天文、遥感、传真、摄像等领域。CCD 型视觉传感器信号处理兼有数字和模拟两种信号处理技术的长处,在中等精度的雷达和通信系统中得到广泛的应用。CCD 型视觉传感器还可用作大容量串行存储器,其存取时间、系统容量和制造成本都介于半导体存储器和磁盘、磁鼓存储器之间。

CMOS 视觉传感器主要是利用硅和锗这两种元素所做成的半导体,使其共存带 N 和 P 结的半导体,这两个互补效应所产生的电流即可被处理芯片记录和解读成影像。CCD 型视觉传感器噪声低,在很暗的环境条件下性能仍旧良好。CMOS 型视觉传感器质量高,可用低压电源驱动且外围电路简单。

2. 激光雷达

激光雷达是以发射激光束探测目标的位置、速度等特征量的雷达系统。其工作原理是向目标发射探测信号(激光束),然后将接收到的从目标反射回来的信号(目标回波)与发射信号进行比较,作适当处理后,就可获得目标的有关信息,如目标距离、方位、速度、姿态、甚至形状等参数。在机器人中,使用激光雷达获取机器人与周围环境的距离信息,从而实现定位及导航的目的。根据其实现原理不同可以分为机械激光雷达、MEMS 激光雷达、相控阵激光雷达、flash 激光雷达。其中,基于三角测距法的机械激光雷达,作为低成本的激光雷达设计方案,可获得高精度、高性价比的应用效果,并成为室内服务机器人导航的首选方案。

激光雷达主要由激光发射器、接收器、信号处理单元和旋转机构这四大核心组件构成。激光发射器,即激光器,是激光雷达中的激光发射机构。在工作过程中,它会以脉冲的方式点亮发射激光。激光器发射的激光照射到障碍物以后,通过障碍物的反射,反射光线会经由镜头组汇聚到接收器上。信号处理单元负责控制激光器的发射,以及接收器收到信号的处理。根据这些信息计算出目标物体的距离信息。以上三个组件构成了测量的核心部件。旋转机构负责将上述核心部件以稳定的转速旋转起来,从而实现对所在平面的扫描,并产生实时的平面图信息。

激光三角测距法主要是通过一束激光以一定的入射角度照射被测目标,激光在目标表面发生反射和散射,在另一角度利用透镜对反射激光汇聚成像,光斑成像在感光传感器上。当被测物体沿激光方向发生移动时,位置传感器上的光斑将产生移动,其位移大小对应被测物体的移动距离,因此可通过算法设计,由光斑位移距离计算出被测物体与基线的距离值。由于入射光和反射光构成一个三角形,对光斑位移的计算运用了几何三角定理,故该测量法被称为激光三角测距法。

当光路系统中,激光入射光束与被测物体表面法线夹角小于 90°时,该入射方式即为斜射式。图 4‐72 所示为激光三角法斜射式测距光路图。由激光器发射的激光与物体表面法线呈一定角度入射到被测物体表面,反(散)射光经 B 处的透镜汇聚成像,最后被光敏单元采集。

由图 4-72 可知,入射光 AO 与基线 AB 的夹角为 α,AB 为激光器中心与光敏单元中心的距离,BF 为透镜的焦距 (f),D 为被测物体距离基线无穷远处时反射光线在光敏单元上成像的极限位置。DE 为光斑在光敏单元上偏离极限位置的位移,记为 x。当系统的光路确定后,α、AB 与 f 均为已知参数。由光路图中的几何关系可知 $\triangle ABO \backsim \triangle DEB$,则有边长关系:

$$\frac{AB}{DE} = \frac{OC}{BF}, AO = \frac{OC}{\sin \alpha}$$

易知,激光器距离被测物体的距离:$AO = \dfrac{AB \cdot f}{x \cdot \sin \alpha}$。

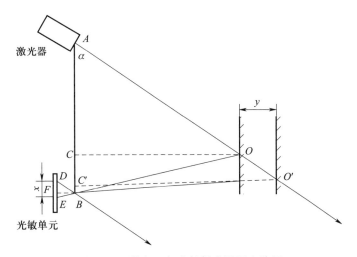

图 4-72 激光三角法斜射式测距光路图

4.5 工业机器人的编程

工业机器人用户可以在示教器或者特定的软件上对工业机器人进行编程,从而使工业机器人执行相应的动作。目前,工业机器人的编程方式可以分为示教编程、离线编程与自主编程。

4.5.1 示教编程

示教编程,也称为在线示教编程,通常由操作人员通过示教器控制工业机器人末端到达指定的位置和具有某种姿态,记录机器人位姿数据并编写机器人运动指令,完成机器人在正常加工中的轨迹规划、位姿等关节数据信息的采集、记录。

示教编程除了采用示教器进行示教外,还可以采用拖动示教,即操作员可以直接拖动机器人各关节或末端,运动到理想的位姿,记录下来。协作机器人是较早具有该功能的机器人。

目前,大部分工业机器人采用示教编程方式。示教编程方式应用最集中的领域是完成搬运、码垛、焊接等作业的机器人,特点是轨迹简单,手工示教时记录的点不太多。

示教编程,编程门槛低、简单方便、不需要环境模型。对实际的机器人进行示教时,可以修正机械结构带来的误差。但也存在如下一些缺点：

（1）示教编程过程烦琐、效率低，特别对于复杂的路径，需要操作人员花费大量的时间进行示教，比如曲面；

（2）精度完全是靠示教者的目测决定；

（3）示教器种类太多，学习量太大；

（4）示教过程容易发生事故，轻则撞坏设备，重则撞伤人；

（5）对实际的机器人进行示教时要占用机器人，影响现场生产效率。

4.5.2　离线编程

离线编程，通过离线编程软件，重建整个工作场景的三维虚拟环境，然后在软件中根据要加工零件的大小、形状，同时配合软件操作者的一些操作，自动生成机器人的运动轨迹，并进行仿真、调整，最后生成机器人程序传输给真实机器人。离线编程克服了在线示教编程的很多缺点，充分利用了计算机的功能，减少了编写机器人程序所需要的时间成本，同时也降低了在线示教编程的不便。目前离线编程广泛应用于打磨、去毛刺、焊接、激光切割、数控加工等机器人新兴应用领域。

离线编程软件一般包括几何建模功能、基本模型库、运动学建模功能、工作单元布局功能、路径规划功能、自动编程功能、多机协调编程与仿真功能。目前市场上常用的离线编程软件有加拿大 Robot Simulation 公司所开发的 Workspace 离线编程软件、以色列 Tecnomatix 公司的 ROBCAD 离线编程软件、美国 Deneb Robotics 公司的 IGRIP 离线编程软件、ABB 机器人公司开发的基于 Windows 操作系统的 RobotStudio 离线编程软件、FANUC 公司的 Roboguide 离线编程软件、华航唯实公司的 PQArt 离线编程软件。其中，ABB 的仿真离线编程软件 RobotStudio 可直接在办公室的计算机上进行机器人编程，而无需停产。RobotStudio 能够让用户在不影响生产的情况下执行培训、编程和优化等任务，来增加机器人系统的盈利能力、降低风险、更快调试启动、柔性换产、提高生产力。RobotStudio 是建立在 ABB 虚拟控制器之上的，这是一个机器人生产运行的精确副本。它能非常逼真地模拟生产运行，使用真实的、和车间实际生产相同的机器人程序和配置文件。

由于离线编程不占用机器人的在线时间，提高了设备利用率，同时离线编程技术本身是 CAD/CAM 一体化的组成部分，可以直接利用 CAD 数据库的信息，大大减少了编程时间，这对于复杂任务是非常有用的。

但由于目前商业化的离线编程软件成本较高，使用复杂，所以对于中小型机器人企业用户而言，软件的性价比不高。

4.5.3　自主编程

自主编程，是工业机器人和其他传感器融合后，自动获取轨迹并运动，无需人工编程，这一技术在焊接、分拣等领域已经得到应用。

工业机器人焊接时，只能依照程序走固定路径，然而由于焊件的加工误差、夹具的机械误差等原因，焊缝的位置有一定的变动，造成焊接质量不稳定。随着技术的发展，各种跟踪测量传感技术日益成熟,人们开始研究以焊缝的测量信息为反馈,由计算机控制焊接机器人进行焊接路径的自主示教技术。比如基于激光结构光的自主编程,将激光结构光传感器安装在工业机器人的末端,形成"眼在手上"的工作方式,利用焊缝跟踪技术逐点测量焊缝的中心坐标,建立焊缝轨迹数据库,在焊接时作为焊枪的路径。激光视觉是一种基于光学三角测量原理的视觉传感技术。当激光条纹投射到接头或坡口的表面,形成其截面几何形状的条纹,经过透镜成像、图像处理,可得到坡口宽度、面积、错边及间隙等几何信息。因此,由于激光视觉传感器的信息量丰富,不但可以用于焊缝跟踪,焊接规范的自适应控制,还可以用于焊后形貌或缺陷的检测。图 4-73 为 Servo Robot 公司的 DIGI-BRAZE 激光视觉系统,系统可在最大 20 kW 的激光功率下连续工作。前面的激光摄像头用于焊缝搜索定位、焊缝跟踪及自适应参数控制;后面的激光摄像头用于焊后的焊缝成形与缺陷检测,以及获取用于补偿机器人路径的数据。

图 4-73　基于激光的自主焊接

思考题

4-1　工业机器人的一般组成有哪些?

4-2　机器人系统中坐标系一般如何定义?

4-3　工业机器人传感器有哪些?

第5章　智能制造中的数字化
　　　　制造技术

　　数字化制造技术是指制造领域的数字化,它是制造技术、计算机技术、网络技术与管理科学交叉、融合、发展与应用的结果,其内涵包括三个层面:以设计为中心的数字化制造技术、以控制为中心的数字化制造技术和以管理为中心的数字化制造技术。

　　智能制造的数字化制造技术主要内容有产品数据的数字化处理、逆向工程技术、增材制造技术和虚拟制造技术等四个方面的内容,下面分别进行阐述。

5.1　产品数据的数字化处理

　　早期的产品数据,如纸质的,必须通过一些手段进行数字化处理。模拟信号也必须进行数字化处理,转换为数字信号,才能为后续的设计和制造使用。

5.1.1　工程数据的类型

　　早期的工程数据存储在工程手册、技术标准、设计规范和一些经验记录中,常用的表示方法有数表和线图等,必须进行数字化处理,数据才能被使用。

　　现在产生的数据基本上都是数字化数据,如各种计算机辅助设计(computer aided design, CAD)软件生成的图形文件、通过逆向工程扫描的数字点云等。

5.1.2　工程数据的数字化处理方法

　　工程数据的数字化处理方法主要有如下三种。

　　(1)程序化处理

　　将数表或线图以某种算法编制成查阅程序,通过软件系统直接调用。

　　(2)文件化处理

　　将数表和线图中的数据存储于独立的数据文件中,通过程序读取数据文件中的数据。

　　(3)数据库处理

　　将数表及经离散化处理的线图数据存储于数据库中,数据表的格式与数表、线图的数据格式相同,且与软件系统无关。系统程序可直接访问数据库,数据更新方便,真正实现了数据的共享。

5.1.3　数字化建模技术

　　数字化建模技术是现在比较流行的一种建模技术,主要采用一些三维设计软件,如 UG-NX (Unigraphics NX)、Creo、CATIA(computer aided three-dimensional interactive application)和

SOLIDWORKS 等进行数字化建模,以生成数字信息,为后续工作提供数据支撑。二维设计软件 AutoCAD、电子图板 CAXA 和中望 CAD 等也可以生成数字信息。

（1）参数化设计

将模型中的约束信息变量化,使之成为可以变化的参数。

（2）智能化设计

深入研究人类的思维模型,并用信息技术（如专家系统、人工神经网络等）来表达和模拟,从而产生更为高效的设计系统。智能化设计是现在和未来的设计方向。

（3）基于特征设计

特征是描述产品信息的集合,也是构成零件、部件设计与制造的基本几何体。它既反映零件的纯几何信息,也反映零件的加工工艺特征信息。

（4）单一数据库与相关性设计

单一数据库是指与产品相关的全部数据信息来自同一个数据库。建立在单一数据库基础上的产品开发,可以保证将任何设计改动及时地反映到设计过程的其他相关环节上,从而实现相关性设计,有利于减少设计差错,提高设计质量,缩短开发周期。很多三维设计软件都采用了单一数据库,以方便数据的管理。

（5）数字化设计软件与其他开发、管理系统的集成

如 UG-NX 与 Teamcenter 软件的集成,UG-NX 与 Tecnomatix 软件的集成。

（6）标准化

早期的 CAD 软件,由于各个软件公司各自为政,导致各自的数据不能与其他软件公司的数据共享。

为了解决这个问题,实现信息共享,相关软件必须支持异构跨平台环境。这主要依靠相关的标准化技术。现在的标准比较多,如国际图形交换标准（international graphics exchange standard,IGES）、产品数据交换标准（standard for the exchange of product model data,STEP）等。

STEP 标准采用统一的数字化定义方法,涵盖了产品的整个生命周期,是数字化设计技术的最新国际标准,是国际标准化组织（International Organization for Standardization,ISO）组织实施的长期计划,是一个不依赖具体系统的中性机制,它能完整地规定产品设计制造甚至是产品生命周期各个环节的数据。

STEP 的三个主要特点：支持广泛的应用领域、中性机制、完整表示产品数据。STEP 研究的着眼点是产品数据（product data,PD）,产品数据是产品生命期中全部数据的集合,它是整个计算机集成制造系统（computer integrated manufacturing systems,CIMS）研究和处理的对象。产品数据的详细内容包括：

1）产品控制信息　如零件的标识、批准发布状态、材料清单等；

2）产品几何描述　如线框表示、几何表示、实体表示等；

3）产品特征信息　包括产品特性,各类形状特征如凸起、凹陷、通道等；

4）公差　尺寸公差和几何公差；

5）材料　如类型、品种、金相、硬度等；

6）表面处理　如喷涂、喷丸等；

7）有关说明　如总图说明等；

8）其他　如工艺、质量控制、加工、装配等。

STEP 的应用非常广泛，STEP 的标准又划分为许多子标准。迄今为止，STEP 确立的部分有 36 个，可划分为 7 组。

5.1.4　数字化建模软件

数字化建模软件可以分为两大类：一类是参数化建模软件；一类是非参数化建模软件（也称为艺术类建模软件，如 3D Max）。

（1）UG-NX

UG-NX 是 Siemens PLM Software 公司出品的，现在比较新的版本是 UG-NX12.0。

UG-NX 为用户的产品设计及加工提供了数字化造型和验证手段。UG-NX 针对用户的虚拟产品设计和工艺设计的需求，提供了经过实践验证的解决方案。UG-NX 是一个交互式 CAD/CAM 系统，功能强大，可以轻松实现各种复杂实体及造型的建构。其主要功能模块如下。

1）工业设计

UG-NX 为那些具有技术革新和独特风格的工业设计提供了强有力的解决方案。利用 UG-NX 建模，工业设计师能够迅速地建立和改进复杂的产品形状，并且使用先进的渲染和可视化工具来最大限度地满足设计的审美要求。

2）产品设计

UG-NX 包括了功能强大、应用广泛的产品设计应用模块。UG-NX 具有高性能的机械设计和制图功能，为制造设计提供了高性能和灵活性，以满足客户设计任何复杂产品的需要。UG-NX 具有专业的管路和线路设计系统、钣金模块、专用塑料件设计模块和其他行业设计所需的专业应用程序，性能优于一般通用设计工具。

3）数控加工

UG-NX 的数控加工（CNC）基础模块提供连接 UG-NX 所有加工模块的基础框架，它为 UG-NX 所有加工模块提供一个相同的、界面友好的图形化窗口环境，用户可以在图形方式下观测刀具沿轨迹运动的情况并可对其进行图形化修改，如对刀具轨迹进行延伸、缩短或变更等。该模块同时提供通用的点位加工编程功能，可用于钻孔、攻螺纹和镗孔等加工编程。该模块交互界面可按用户需求进行灵活的用户化修改和剪裁，并可定义标准化刀具库、加工工艺参数样板库，使粗加工、半精加工、精加工等操作常用参数标准化，以减少使用培训时间并优化加工工艺。UG-NX 软件所有模块都可在实体模型上直接生成加工程序，并保持与实体模型全相关。

UG-NX 的加工后置处理模块可使用户方便地建立自己的加工后置处理程序，该模块适用于主流 CNC 机床和加工中心，该模块在多年的应用实践中已被证明适用于 2~5 轴或更多轴的铣削加工、2~4 轴的车削加工和切割。

4）模具设计

UG-NX 是较为流行的一种模具设计软件。模具设计的流程很多，其中分模就是其中关建的一步。分模有两种：一种是自动的，另一种是手动的，当然也不是纯粹的手动，也要用到自动分模工具条的命令，即模具导向。

5）计算机辅助工程（CAE）模块

计算机辅助工程（computer aided engineering，CAE）模块主要应用系统结构分析等，功能模块较多，不一一赘述。

（2）Creo

Creo 是美国 PTC 公司于 2010 年 10 月推出的 CAD 设计软件包，最新版本是 Creo8.0。Creo 是整合了 PTC 公司的三个软件 Pro/Engineer 的参数化技术、CoCreate 的直接建模技术和 ProductView 的三维可视化技术而完成的新型 CAD 设计软件包，主要功能模块如下：

1）柔性建模扩展：Flexible Modeling Extension；

2）可配置建模：Options Modeling Extension；

3）2D 概念设计：Layout Extension；

4）高级装配扩展：Advanced Assembly Extension（AAX）；

5）CAD-MCAD 协作扩展：ECAD-MCAD Collaboration Option；

6）钢结构设计专家：Expert Framework Extension（EFX）；

7）塑胶模具专家：Expert Moldbase Extension（EMX）；

8）冲压模具专家：Expert Framework Extension（PDX）；

9）自由曲面设计：Intreactive Surface Design Extension Ⅱ（ISDX）；

10）高级渲染：Advanced Rendering Extension；

11）逆向工程：Reverse Engineering Extension（REX）；

功能模块较多，不一一赘述。

（3）CATIA

CATIA 是法国达索公司的产品，最新版本是 CATIA 2021。作为 PLM 协同解决方案的一个重要组成部分，它可以通过建模设计产品，并支持从设计、分析、模拟、组装到维护在内的全部工业设计流程。主要功能模块如下：

1）零件设计 PDG：Part Design；

2）装配设计 ASD：Assembly Design；

3）交互式工程绘图 IDR：Interactive Drafting；

4）创成式工程绘图 GDR：Generative Drafting；

5）结构设计 STD：Structure Design；

6）线架和曲面设计 WSF：Wireframe and Surface；

7）钣金设计 SMD：SheetMetal Design；

8）模具设计 MTD：Mold Tooling Design；

9）焊接设计 WDG：Weld Design；

10）自由风格曲面造型 FSS：FreeStyle Shaper；

11）电路板设计 CBD：Circuit Board Design；

12）3 轴曲面加工 SMG：3 Axis Surface Machining；

13）多轴曲面加工 MMG：Multi-Axis Surface Machining；

14）高级加工 AMG：Advanced Part Machining；

15）STL 快速成型 STL：STL Rapid Prototyping；

功能模块较多，不一一赘述。

（4）SOLIDWORKS

SOLIDWORKS 是法国达索集团推出的基于 Windows 的 CAD 软件，最新版本是 SOLID-WORKS 2022。

SOLIDWORKS 软件是世界上第一个基于 Windows 开发的三维 CAD 系统，是微机版参数化特征造型软件中的新秀。它可以方便地实现复杂零件的三维实体造型、装配和生成工程图，常用于以规则几何形体为主的机械产品设计中。SOLIDWORKS 在中小企业使用较为广泛。

（5）CAXA 电子图板和 CAXA-ME 制造工程师

此软件是由北京北航海尔软件有限公司开发，CAXA 电子图板是一套高效、方便和智能化的通用设计绘图软件，可以帮助设计人员进行零件设计以及装配图、工艺图表和平面包装图的设计。CAXA-ME 制造工程师是面向机械制造业自主开发的全中文界面的三维 CAD/CAM 软件。

（6）Cimatron

Cimatron 是著名软件公司以色列 Cimatron 公司的产品，最新版本是 Cimatron 15.0。

Cimatron 提供了比较灵活的用户界面，优良的三维造型、工程制图和全面的数控加工功能。有各种通用、专用数据接口以及集成化的产品数据管理功能，主要应用于中小企业。

（7）3D Studio MAX

3D Studio MAX，常简称为 3d MAX 或 3ds MAX，最新版本是 3DS MAX 2022。它是 Discreet（后被 Autodesk 公司合并）公司开发的基于 PC 系统的三维动画渲染和制作软件。3D Studio MAX 首先开始运用在电脑游戏中的动画制作，后来开始参与影视片的特效制作。在 Discreet 3DS MAX 7 后，正式更名为 Autodesk 3DS MAX，广泛应用于广告、影视、工业设计、建筑设计、三维动画、多媒体制作、游戏以及工程可视化等领域。

其主要特点如下：

1）基于 PC 系统的低配置要求；

2）安装插件（plugins）可提供 3D Studio MAX 所没有的功能（比如说 3DS MAX 6 版本以前不提供毛发功能）；

3）强大的角色（character）动画制作能力；

4）可堆叠的建模步骤使制作模型有非常大的弹性。

5.1.5 产品数字化管理

（1）产品数据管理定义

1）产品数据管理（product data management，PDM）是建立在软件的基础上的一门管理产品相关信息（包括电子文档、数字化文件、数据库记录等）和相关过程（包括工作流程、更新流程等）的技术。

2）狭义的 PDM 只管理与工程设计相关的信息。

3）广义的 PDM 技术则远超过设计和工程的范畴,渗透到生产和经营管理环节,覆盖市场需求分析、设计、制造、销售、服务与维护等过程,涵盖产品全生命周期,成为产品开发过程中各种信息的集成者。

（2）PDM 系统的主要功能

1）项目管理　为保证项目的顺利实施,需要制定项目规划、拟定计划进度、监控实施过程、分析执行结果等。

2）工作流程管理　用于定义产品设计流程,控制产品开发过程。涉及加工路线、规则和角色等内容。

3）文档管理　管理产品开发过程中的所有数据,包括工程设计与分析数据、产品模型数据、产品图形数据、加工数据等。

4）版本管理　用于管理零件、部件和产品等对象产生和发生变化的所有历程。

5）产品配置管理　将与最终产品有关的所有工程数据和文档联系起来,实现产品数据的组织管理与控制,向用户或应用系统提供产品结构的定义。

6）分类管理　按照设计或工艺的相似性将零件分类,形成零件族。

7）网络、数据库接口和信息集成　提供有效的网络接口和数据库接口,以实现与其他数字化应用系统的有机集成。

（3）产品生命周期管理（PLM）的产生

随着计算机技术的发展以及 CAD、CAE、CAPP（computer aided process planning）、CAM 系统的广泛应用,企业的产品自主研发能力在不断地增强,但必须清醒地认识到,这些计算机系统只能是解决企业产品生产中的一些局部的问题,如产品的设计、产品生产过程的管理等。从企业的发展角度来看,应该建立一个满足企业产品生命周期管理的信息管理框架,规范企业急剧增长的各种数据资源,使产品生命周期中的技术文档、工作流程、工程更改、项目管理等产品数据能够有效地进行交换、集成和共享,实现产品生命周期的信息、过程集成和协同应用,这样就产生了产品生命周期管理系统（PLM）。

（4）PLM 的关键技术

1）统一模型　面对产品不同阶段（设计、工艺、生产、营销和服务等）所产生的异构数据,全生命周期管理系统（PLMS）的技术重点是支持产品各个阶段的数据和过程管理,通过统一的信息建模实现对产品各阶段数据的管理、转换和使用。

2）数据应用集成　随着经济全球化的发展,企业间的联合与协作日趋紧密,作为企业信息平台的产品全生命周期管理系统（PLMS）将提供更加强大的集成与扩展功能,增加企业柔性,便于这些具有协作关系的企业联盟更加有效的工作。集成的数据环境保证数据的唯一性和一致性。

3）全面协同　PDM 的多年实践,较好地解决了企业的数据管理和使用问题。由于通信技术和互联网的快速发展,制约企业工作效率的协同工作基础得到了改善。

（5）主要的 PLM 软件简介

1）Teamcenter　是 Siemens PLM Software 公司推出的,支持产品生命周期不同阶段信息的无缝集成和管理,支持产品生命周期中所有的参与者(包括供应商、合作伙伴、客户)获取、评估和利用产品知识。用户可以使用各种 Web 接入口、存取设备,包括计算机、个人数字助理(PDA)、移动电话等,消除因地域、部门和技术等原因形成的障碍,构建跨越产品生命周期的协同工作环境。

2)Windchill 是美国 PTC 公司推出的基于 Java 平台和 B/S 结构的产品全生命周期管理系统。

3)MatrixOne 是 Dassault Systemes 公司的产品。MatrixOne 主要由 PLM 平台(PLM Platform)、协同应用(Collaborative Applications)、全生命周期应用(Lifecycle Applications)和 PLM 建模工作室(PLM Modeling Studio)等组件构成。

4)Oracle Agile PLM 是 Oracle 公司的产品,最新版本为 Agile PLM 9.3.3,同时发布的相关产品还包括 AutoVue for Agile PLM 20.2.2、Oracle PLM Mobile 1.0 及 EC MCAD 3.2。

5)Imageware 是西门子公司的产品,为自由曲面产品设计所涉及的关键技术提供了解决方案。先进的技术保证了用户能在更短的时间内进行设计、逆向工程,并精确地构建和完全地检测高质量的自由曲面。最新的产品版本更注重于高级曲面、3D 检测、逆向工程和多边形造型,为产品的设计和制造营造了一个柔性设计环境。

6)国内的 PLM 软件 国内 PLM 做得比较好的有天河软件 PLM、开目、清软英泰、金蝶、用友、华喜科技等。

5.2 逆向工程技术

5.2.1 概述

逆向工程是相对正向工程来说的。正向工程产品的开发循着序列严谨的研发流程,历经从功能与规格的预期指标开始,构思产品的零部件,再由各个零部件的设计、制造以及组装检验、整机检验、性能测试等过程。产品主要采用各种三维设计软件进行设计和装配。

逆向工程也称反求工程,属于逆向思维体系,它利用数据采集设备获取实物样本的几何结构信息,借助专用的数据处理软件和三维 CAD 软件对所采集的样本信息进行处理和三维重构,在计算机上复现原实物样本的几何结构模型,通过对样本模型的分析、改进和创新,进行数控编程并快速地加工出创新的新产品。如图 5-1 所示是逆向工程技术过程图。

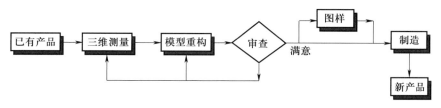

图 5-1　逆向工程技术过程图

在实际产品设计过程,逆向工程与正向工程是相互结合的,其一般过程是扫描数据处理、

CAD 设计、三维点和网格编辑、装配构造和二维草图创建。也可直接将点云扫描或导入应用程序,然后使用动态推/拉工具集快速地创建和编辑实体模型,快速修改设计及更改参数。支持的文件格式有 IGES、STEP、OBJ、ACIS 和 PDF。

5.2.2　逆向工程的关键技术

（1）逆向对象的三维数字测量　逆向对象的几何参数采集是逆向工程的又一个关键环节。由于逆向对象信息源(实物、软件或影像)的不同,确定逆向对象形体尺寸的方法也不尽相同。

（2）逆向对象的分析　逆向工程中,根据所提供的反求样本信息,获取逆向对象的功能、原理、材料及加工工艺等,是逆向工程的关键。

（3）逆向对象的模型重构技术　按测量数据重构后表面表示形式的不同,可将模型重构分为两种类型:一是由众多小三角面构成的网格曲面模型;二是由分片连续的样条构成曲面模型。其中由小三角面构成的网格曲面模型应用更为普遍。

5.2.3　逆向工程系统基本配置

一套完整的逆向工程系统,需要有以下基本配置。

（1）测量测头　分为接触式和非接触式两种形式。

（2）测量机　有三坐标测量机、激光扫描仪、零件断层扫描仪等。

（3）点云数据处理软件　通过点云数据处理软件进行噪声点滤除、曲线建构、曲面建构、曲面修改、内插值补点等。

（4）逆向工程软件　包括 Imageware、Geomagic Studio、UG-NX、Geomagic Qualify 等。

（5）增材制造设备　主要包括立体光刻(stereo lithography apparatus,SLA)设备、选择性激光烧结(selective laser sintering,SLS)设备、选择性激光熔化(selective laser melting,SLM)设备、分层实体制造(laminated object manufacturing,LOM)设备、熔融沉积成形(fused deposition modelling,FDM)设备等。后面章节有详细介绍。

5.2.4　逆向工程的数据采集

数据采集,又称产品表面数字化,是指通过特定的测量设备和方法,将物体的表面转换成离散的几何点坐标数据的过程。

逆向工程的数据采集可根据获取物体表面三维数据的方式分为接触式和非接触式。接触式的测量设备常用的有龙门式三坐标测量机、手持式关节臂;非接触式的测量设备常用的有二维影像仪、激光扫描仪、三维光学扫描仪。

如图 5-2 所示是接触式和非接触式数据采集框图。

5.2.5　逆向工程软件

逆向工程软件的工作过程主要分为三个阶段:首先是对扫描设备采集的点云进行处理和分析,这方面的软件有 Geomagic Studio、Rapidform、CopyCAD 等;然后是曲面或实体重构,这方面的软件有 Imageware、UG – NX、Creo、CATIA 等；最后是数据分析（CAE），这方面的软件有 Geomagic Qualify 等。

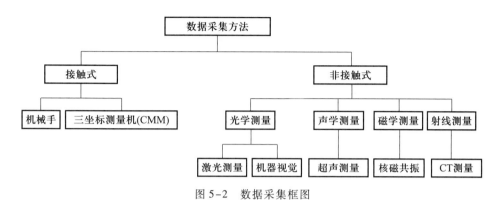

图 5-2　数据采集框图

这里简单介绍逆向设计用到的几种软件。

1. Geomagic Studio(点云处理)

Geomagic Studio 是美国 Raindrop Geomagic 软件公司推出的逆向工程软件。该软件是目前市面上对点云处理及三维曲面构建功能最强大的软件之一，从点云处理到三维曲面重建的时间通常只有同类产品的三分之一。Geomagic Studio 可将三维扫描数据和多边形网格转换为精确的曲面化三维数字模型，利用 Geomagic Studio 可轻松从扫描所得的点云数据创建出完美的多边形模型和网格，并可自动转换成 NURBS 曲面。处理后的数字模型用于逆向工程、产品设计、快速成形和分析。

作为将三维扫描数据转换为参数化 CAD 模型逆向工程软件，Geomagic Studio 提供了四个处理模块，分别是扫描数据处理模块（Geomagic Capture）、多边形编辑模块（Geomagic Wrap,)、NURBS 曲面建模模块（Geomagic Shape）、CAD 曲面建模模块（Fashion）。

2. Imageware(曲面重构)

Imageware 由美国 EDS 公司出品，后被德国 Siemens PLM Software 所收购，因其强大的曲面编辑能力和 A 级曲面的构建能力而被广泛应用于汽车、航空、航天、消费家电、模具、计算机零部件等设计与制造领域。

3. UG-NX(实体构造)

UG-NX 是 Siemens PLM Software 公司出品，这是一个交互式 CAD/CAM 系统。它功能强大，可以轻松实现各种复杂实体建构、曲面造型、动画仿真、数控编程等。

4. Geomagic Qualify(质量分析)

Geomagic Qualify 是 Geomagic 公司出品的一款逆向校核软件，使用 Geomagic Qualify 可以迅速检测产品的 CAD 模型和产品的制造件的差异，Geomagic Qualify 以直观易懂的图形比较结果来显示两者的差异，并可自动生成格式化的报告。

5.2.6　逆向工程举例

这里以 Geomagic Studio 2012 为例简单介绍逆向工程软件的操作过程。

1. 打开软件

双击桌面图标,就可以打开 Geomagic Studio 2012 软件。

2. 软件界面

软件界面如图 5-3 所示,其基本工作界面大体分为三维视窗、工具栏、管理器面板、状态栏、坐标系几部分。

（1）三维视窗　显示当前工作对象,在视窗里可做选取工作。

（2）工具栏　不同于菜单栏,工具栏提供的是常用命令的快捷按钮。

（3）管理器面板　包含了管理器的按钮,允许控制用户界面的不同项目。

（4）状态栏　提示系统正在进行的任务和当前可进行的操作。

（5）坐标系　显示坐标轴相对于模型的当前位置。

图 5-3　软件界面

3. 功能简介

软件主要功能如下:

（1）自动将点云数据转换为多边形;

（2）快速减少多边形的数目;

（3）把多边形转换为 NURBS 曲面;

（4）进行曲面分析(公差分析等);

（5）输出与 CAD/CAM/CAE 匹配的文件格式(IGES、STL、DXF 等)。

4. Geomagic Studio 处理流程

Geomagic Studio 将三维扫描数据和多边形网格转换为精确的曲面化三维数字模型,其大致处理流程如图 5-4 所示。

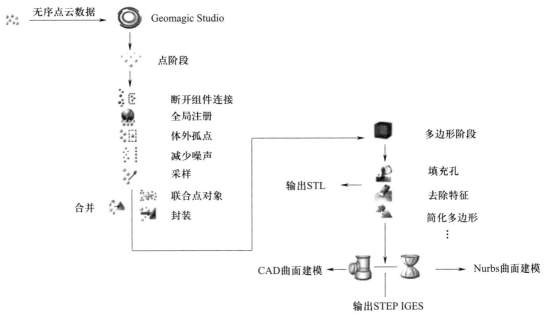

图 5-4 处理流程

5. 操作实例

（1）打开点云文件

启动 Geomagic Studio 2012 软件后，单击"打开"图标 ，打开 lianganzujian. wrp 文件。该模型为铸件点云，包含了 13 万个点。

（2）着色

单击点工具栏的"着色"图标 ，系统将自动计算点云的法向量，赋予点云颜色。此时点云颜色由黑色变为绿色，如图 5-5 所示。

（3）断开组件连接

单击点工具栏的"断开组件连接"图标 ，弹出"选择非连接项"对话框，在"分隔"选项中选择"低"；尺寸栏中输入"5.0"，如图 5-6 所示，然后单击"确定"按钮，退出对话框后，按 Delete 键删除选中的非连接点云，此时点云数据发生变化。

图 5-5 着色的点云

图 5-6 "选择非连接项"对话框

148   第 5 章　智能制造中的数字化制造技术

（4）选择体外孤点

单击点工具栏的"体外孤点"图标 ，弹出"选择体外孤点"对话框，如图 5-7 所示，将"敏感度"选项设置为"100.0"，单击"应用"按钮后单击"确定"按钮，按 Delete 键删除选中的红色点云，该命令使用 3 次。

（5）手动删除

单击"矩形选择工具"图标 ，进入矩形工具的选择状态，改变模型的视图（按住中间旋转），在视窗点击一个点，按住鼠标左键进行拖动框选，如图 5-8 所示，按 Delete 键删除选中的红色杂点。

图 5-7　"选择体外孤点"对话框设置

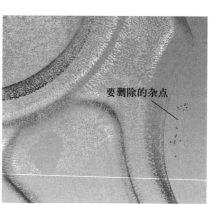

图 5-8　手动删除杂点

（6）减少噪声

单击点工具栏的"减少噪声"图标 ，进入"减少噪声"对话框，单击"应用"按钮后单击"确定"按钮。该命令有助于减少在扫描中的噪声点，更好地表现真实的物体形状。造成噪声点的原因可能是扫描设备轻微振动、物体表面质量较差、光线变化等。

（7）统一采样

单击点工具栏的"统一采样"图标 ，进入"统一采样"对话框，在"输入"选项中，选择"绝对"，"间距"栏输入"0.2 mm"，"优化"选项中选择"曲率优先"，把值拉到中间（数字是 5），如图 5-9 所示。单击"应用"按钮后单击"确定"按钮。在保留物体原来面貌的同时减少点云数量，便于删除重叠点云、稀释点云，提高计算速度。

（8）封装

单击点工具栏的"封装"图标 ，进入"封装"对话框，直接单击"确定"按钮，软件将自动计算。该命令将点转换成三角面。封装后的图形颜色也发生

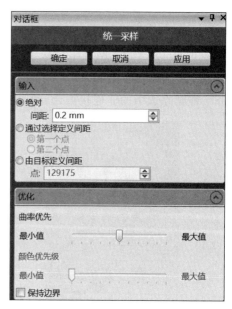

图 5-9　"统一采样"对话框设置

了变化,由绿色变化为蓝色,如图 5-10 所示。

(9)填充孔

由图 5-10 可以看到,有一些破孔,需要填充。选择多边形工具栏上的"填充单个孔"图标 ,右键单击空白处,在弹出的快捷菜单中,选择"选择边界",如图 5-11 所示,再单击绿色边界,系统将选中边界并往内扩张(左键点击一次则扩展一次),如图 5-12 所示。按 Delete 键删除翘曲边界,右键选择"填充",再手动选择需填充的边界,如图 5-13 所示,最后按 Esc 键退出命令。此时孔已经填充好,如图 5-14 所示。以同样方法将其余破孔全部填充,如图 5-15 所示。

图 5-10 封装后图形

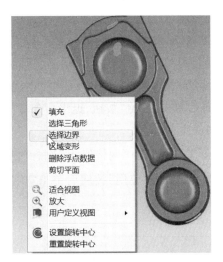

图 5-11 选择边界

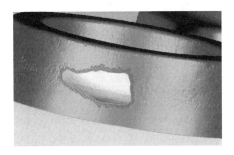

图 5-12 清理边界

图 5-13 选择好孔边界

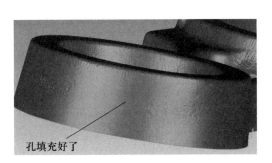

图 5-14 孔填充后

图 5-15 全部破孔填充

（10）去除特征

单击"画笔选择工具"图标 ，进入画笔工具的选择状态，选择有问题的三角面，如图 5-16 所示（颜色为红色），再单击多边形工具栏的"去除特征"图标 ，系统将自动根据红色周围的曲率变化进行去除。

（11）用平面进行裁剪

单击特征工具栏下的"用平面裁剪"图标，弹出"用平面裁剪"对话框，如图 5-17 所示。在"定义"选项中选择"系统平面"，"平面"选项中选择"XY 面"，"位置度"设为"2.0 mm"，单击"平面截面"按钮，再单击"删除所选择的"，删除底座下段区域，再单击"封闭相交面"，选中"创建边界"复选框，最后单击"确定"按钮，退出命令。

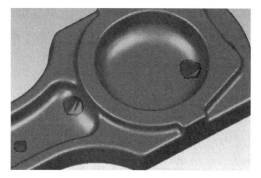

图 5-16　去除特征

（12）网格医生

单击多边形工具栏下的"网格医生"图标 ，弹出如图 5-18 所示对话框，软件将自动选中有问题的网格面，单击"应用"按钮后单击"确定"按钮。

图 5-17　"用平面裁剪"对话框

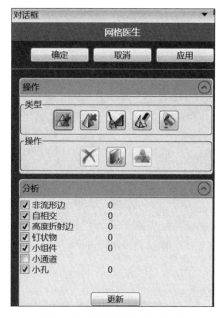

图 5-18　"网格医生"对话框

（13）删除钉状物

单击多边形工具栏下的"删除钉状物"图标 ，弹出如图 5-19 所示对话框。单击"应用"按钮后单击"确定"按钮。该命令用于检测并展平多边形网格上的单点尖峰。

（14）松弛多边形

单击多边形工具栏下的"松弛多边形"图标 ，弹出如图 5-20 所示对话框，将强度拉至第二格,单击"应用"按钮后单击"确定"按钮。该命令用于最大限度减小单独多边形之间的角度,使多边形网格更加光滑。松弛后,可以看到对话框下面的偏差和统计情况,如图5-21所示。

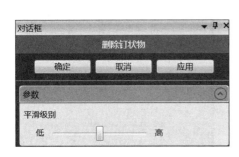

图5-19 "删除钉状物"对话框

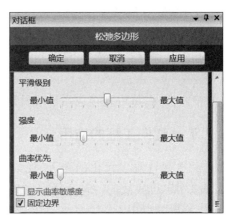

图5-20 "松弛多边形"对话框

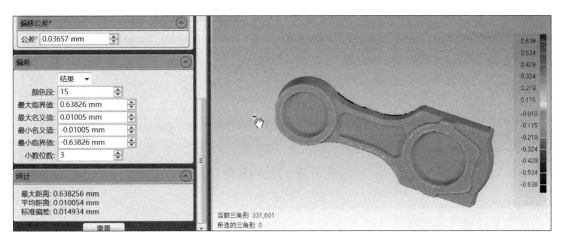

图5-21 偏差和统计情况

（15）简化多边形

单击多边形工具栏下的"简化"图标 ,弹出如图5-22所示对话框。在"减少到百分比"栏输入"70",选中"固定边界",单击"应用"按钮后单击"确定"按钮。该命令用于减少三角形数量但不影响其细节,选中"固定边界"将在边界区域保留更多三角形。

（16）增强网格

单击多边形工具栏下的"增强网格"图标 ,弹出如图5-23所示的对话框。选择"仅限高曲率区域",单击"应用"按钮后单击"确定"按钮。该命令用于在高曲率区域增加点而不破坏形状。

图5-22 "简化"对话框

（17）保存三角面

保存文件格式为 STL 文件,后期建模需要 STL
格式文件。在左边管理器面板中右键单击"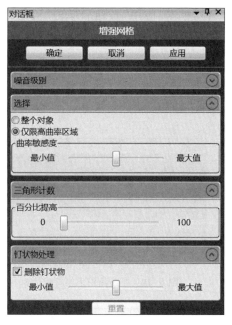 的位置
Points",选择"保存",弹出保存对话框,输入文件名
"lianganzujian",保存类型选择 STL(binary)后,单击
"保存"按钮。

STL 格式文件,可以直接应用于增材制造。

5.2.7　逆向工程的应用

在产品造型日益多元化的今天,逆向工程已成
为产品开发中不可或缺的一环。逆向工程应用非常
广泛,主要有以下应用。

（1）将实体模型转化为三维 CAD 模型

图 5-23　"增强网格"对话框

在没有设计图纸或图纸不完整的情况下,需要
对实物进行三维测量,再通过逆向设计求出零件的
CAD 模型,并以此为依据进行数控加工,复制一个相
同的零件。

（2）改型设计

对已有的构件做局部修改。

（3）基于现有产品的创新设计

建立现有产品的 CAD 模型,同时利用先进的 CAD/CAE/CAM 技术进行再创新设计,提高
新产品的研发速度。

（4）快速零件直接制造

通过逆向工程手段,可以快速生产这些零部件的替代零件,从而提高设备的利用率和使用
寿命。

（5）产品内部结构建模

借助于工业 CT(computed tomography)技术,可以快速发现、测量、定位物体的内部缺陷,
从而成为工业产品无损探伤的重要手段。

（6）计算机视觉

可以方便地产生基于模型的计算机视觉。

（7）智能化设计

通过实物模型产生 CAD 模型,可以充分利用 CAD 技术的优势,并适用于智能化、集成化
的产品设计制造过程。

（8）特殊领域的应用

如艺术品、考古文物的复制,医学领域中人体骨骼、关节等的复制、假肢制造,特种服装、头
盔的制造等。在人体骨骼制造时需要首先建立人体的几何模型等,必须从真实人体出发得到

CAD 模型。

（9）质量检测

逆向工程对模型的各方面数据具有精确全面的采集能力和精确的偏差分析能力，将原始数据与设计数据进行全面的比对，找出生产或设计上的缺陷。

5.3 增材制造技术

5.3.1 概述

增材制造（additive manufacturing，AM）俗称 3D 打印，是相对于传统的机械加工等"减材制造"技术而言的。它融合了计算机辅助设计、材料加工与成形技术，以数字模型文件为基础，通过软件与数控系统将专用的金属材料、非金属材料以及医用生物材料，按照挤压、烧结、熔融、光固化、喷射等方式逐层堆积，制造出实体物品的制造技术。

相对于传统的、对原材料去除后再组装的加工模式，增材制造是一种"自下而上，从无到有"材料累加的制造方法。这使得过去受到传统制造方式的约束而无法实现的复杂结构件制造变为可能。

近二十年来，AM 技术取得了快速的发展，快速原型制造（rapid prototyping）、三维打印（3D printing）、实体自由制造（solid free-form fabrication）之类各异的叫法分别从不同侧面表达了这一技术的特点。

1982—1988 年属于增材制造工艺的初级阶段。J. E. Blanther 申请的美国专利，是分层制造方法的开端。他曾建议用分层制造法构成地形图。这种方法的原理是，将地形图的轮廓线压印在一系列的蜡片上，然后按轮廓线切割蜡片，并将其黏接在一起，熨平表面，从而得到三维地形图。1986 年，Michael Feygin 研制成功分层实体制造技术。

1988—1990 年属于快速成形技术阶段。1988 年，美国 3D System 公司生产出了第一台现代快速成形机——SLA-250（液态光敏树脂选择性固化成形机），开创了快速成形技术发展的新纪元。1988 年，美国 Stratasys 公司首次提出熔融沉积成形（fused deposition modeling，FDM）。1989 年，美国德克萨斯大学奥斯汀分校提出了选择性激光烧结（selective laser sintering，SLS）工艺。

1990 年到现在为直接增材制造阶段。主要实现了金属材料的直接成形，分为激光立体成形技术（laser solid forming，LSF）和激光选区熔化（selective laser melting，SLM）工艺。

增材制造技术是指基于离散-堆积原理，由零件三维数据驱动直接制造零件的科学技术体系。基于不同的分类原则和理解方式，增材制造技术还有快速原型、快速成形、快速制造、3D 打印等多种称谓，其内涵仍在不断深化，外延也不断扩展，这里所说的"增材制造"与"快速成形""快速制造"意义相同。

增材制造是目前国内外研究的热点，很多国家的研究所、高校和企业都在进行相关方面的研究工作。

20 世纪 80 年代末，中国开始 3D 打印技术的研究。以清华大学、华中科技大学、西安交通大学、北京航空航天大学等高校为主要代表的 3D 打印技术整体水平与世界先进水平同步，某些领域世界领先(如钛合金大型构件成形)。民营企业依托高校等研究机构开始涉足 3D 打印行业。

2015 年,《中国制造 2025》《国家增材制造产业发展推进计划(2015—2016 年)》相继出台。科技部将 3D 打印编入《国家高新技术研究发展计划("863 计划")》,这些充分说明了增材制造在国民经济发展中的重要性。

5.3.2　增材制造数据处理

成形零件要经过数据转换与处理。处理的软件分别有三维 CAD 造型软件(如 Creo、SOLIDWORKS、SolidEdge 或 UG-NX 等)、数据转换与处理软件(MAGIC9.0)和监控软件(AF-SWin)。造型软件都是市场上已有的,主要负责成形零件的几何造型,将创建的零件模型输出为 STL 格式。数据转换与处理软件打开 STL 文件,并进行一些数据处理与参数设置。

其他的数据处理软件,如 Stratasys 公司专门为 3D 打印开发的 Insight 8.1 软件,可以进行 STL 文件的旋转、放大缩小等操作,还可以进行切片参数设置、打印路径设置及生成,并可以根据需要自动添加支撑,功能比较强大。

Stratasys 公司软件专门开发了 Control Center 软件来控制 3D 打印机的运行及打印文件后处理。它可以进行打印文件的排版、复制和打印队列的管理,也可以通过网络直接把打印文件传输到 3D 打印机进行打印,功能相当强大。

通用的切片软件有 Cura,也可以进行 STL 文件的旋转、放大缩小、镜像等操作,还可以进行切片参数设置、打印路径设置及生成等操作。

5.3.3　增材制造的关键技术

(1)软件技术

软件是增材制造技术的发展基础,主要包括三维造型软件、数据处理软件和控制软件等。

(2)新材料技术

成形材料是增材制造技术发展的核心之一。它实现了产品的"点-线-面-体"快速制作。

(3)再制造技术

再制造技术给予废旧产品新的生命,延伸了产品的使用时间,是增材制造技术的发展方向。它以损伤零件为基础,对其失效部分进行处理,恢复其整体结构和使用功能,并根据需要进行性能提升。如美国 Optomec Design 公司,将 LSF 技术应用于美国海军飞机发动机的磨损修复,实现了已经失效零件的快速、低成本再制造。

(4)增材制造装备

增材制造装备是增材制造的关键。基于增材制造对工业发展的推动作用,需要将增材制造装备的设计研发和生产提到重要的地位。

5.3.4　典型增材制造工艺

(1)SLA 技术

SLA 技术又称光固化快速成形技术,其原理是计算机控制激光束对光敏树脂为原料的表面进行逐点扫描,被扫描区域的树脂薄层(约十分之几毫米)产生光聚合反应而固化,形成零件的一个薄层。工作台下移一个层厚的距离,以便固化好的树脂表面再敷上一层新的液态树脂,进行下一层的扫描加工,如此反复,直到整个原型制造完毕。由于光聚合反应是基于光的作用而不是基于热的作用,故在工作时只需功率较低的激光源。此外,因为没有热扩散,加上链式反应能够很好地控制,能保证聚合反应不发生在激光点之外,因而加工精度高,表面质量好,原材料的利用率接近100%,能制造形状复杂、精细的零件,效率高。对于尺寸较大的零件,则可采用先分块成形然后黏接的方法进行制作。图5-24所示是SLA技术原理图,图5-25所示是SLA技术加工的模型实例。

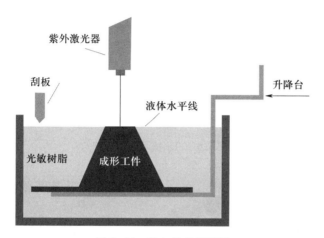

图5-24　SLA技术原理图

图5-25　SLA技术加工的产品模型

（2）SLS技术

SLS技术的原理如下。

先将供粉活塞上移一定量,铺粉滚轮将粉末均匀地铺在加工平面上。激光器发出激光,计算机控制激光器的开关及扫描器的角度,使得激光束以一定的速度和能量密度在加工平面上扫描。激光器的开与关以及扫描器的角度是与待成形零件片层的第一层信息相关的。激光束扫过之处,粉末烧结成一定厚度的片层,未扫过的地方仍然是松散的粉末,这样就把零件的第一层制造出来。这时,成形活塞下移一定距离,这个距离等于待成形零件的切片厚度,而供粉活塞上移一定量(上移的量与模型切出的片层厚度有关,一般是略大于片层厚度)。铺粉滚轮再次将粉末铺平后,激光束依照零件片层的第二层信息进行扫描。激光扫过之后,所形成的第二个片层烧结在第一层上,如此反复,一个三维实体就叠加制造出来了。图 5-26 所示是 SLS 技术的原理图,图 5-27 所示是 SLS 技术加工的产品模型图。

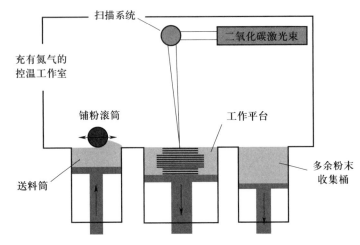

图 5-26　SLS 技术的原理图

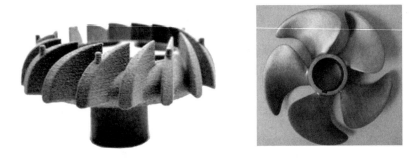

图 5-27　SLS 技术加工的产品模型

（3）FDM 技术

FDM 技术是一种将各种热熔性的丝状材料(蜡、ABS 和尼龙等)加热熔化成形的方法,是 3D 打印技术的一种,又可被称为熔丝成形(fused filament modeling,FFM)或熔丝制造(fused filament fabrication,FFF),其后两个不同名词主要只是为了避开前者 FDM 专利问题,然而核心技术原理与应用其实均是相同的。热熔性材料的温度始终稍高于固化温度,而成形的部分温度稍低于固化温度。热熔性材料挤喷出喷嘴后,随即与前一个层面熔结在一起。一个层面沉积完成后,工作台按预定的增量下降一层的厚度,再继续熔喷沉积,直至完成整个实体零件。图 5-28 所示是 FDM 技术的原理图,图 5-29 所示是 FDM 技术加工的产品模型图。

（4）3DP 技术

3DP(three dimensional printing)技术,即立体喷墨打印,与平面打印非常相似,连打印头都是直接用平面打印机的。和 SLS 类似,这个技术使用的原料也是粉末状的。与 SLS 不同的是材料粉末不是通过烧结连接起来,而是通过喷头用黏接剂将零件的截面"印刷"在材料粉末上面的。用黏接剂黏接的零件强度较低,还须后处理。先烧掉黏接剂,然后在高温下渗入金属,使零件致密化,提高零件的强度。图 5-30 所示是 3DP 技术的原理图,图 5-31 所示是 3DP 技术加工的产品模型。

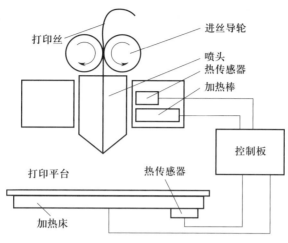

图 5-28 FDM 原理图

图 5-29 FDM 技术加工的产品模型

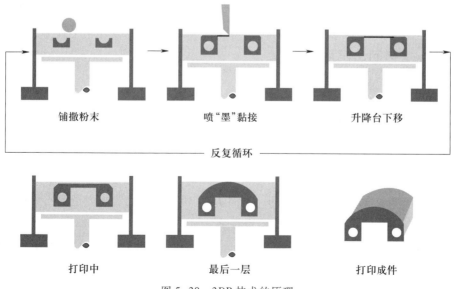

图 5-30 3DP 技术的原理

图 5-31　3DP 技术加工的产品模型

（5）LOM 技术

LOM 技术分层实体制造，又称层叠法成形。LOM 技术以片材（纸片、塑料薄膜或复合材料）为原料，激光切割系统按照计算机提取的轮廓数据将背面涂有热熔胶的材料切割出工件的内外轮廓。切割完一层后，送料机构将新的一层纸叠加上去，利用热黏压装置将已切割层黏合在一起，然后再进行切割，这样层层地切割、黏合，最终成为三维工件。图 5-32 是 LOM 技术的原理图，图 5-33 所示是 LOM 技术打印的产品模型。

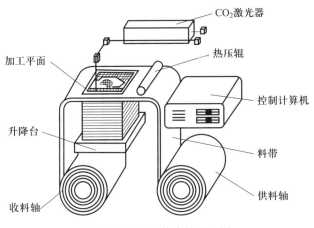

图 5-32　LOM 技术的原理图

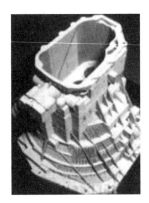

图 5-33　LOM 技术打印的产品

5.3.5　增材制造常用材料

（1）SLA 技术的成形材料

成形材料仅限于液态光敏树脂材料，主要有如下四大系列。

1）瑞士 CIBA 公司生产的 CibatoolSL 系列　CibatoolSL-5510，这种树脂可以达到较高的成形速度和较好的防潮性能，还有较好的成形精度；CibatoolSL5210，主要用于要求防热、防湿的环境，如水下作业条件等。

2）美国 DuPont 公司的 SOMOS 系列　SOMOS 系列材料的性能类似于聚乙烯和聚丙烯，特别适于制作功能零件，也有很好的防潮、防水性能。

常见的光敏树脂有 Somos NEXT 材料、Somos11122 材料、Somos19120 材料和环氧树脂。

Somos NEXT 材料为白色材质，类 PC 新材料，韧性非常好，材料制作的部件拥有迄今最优的刚性和韧性，同时保持了光固化立体造型材料做工精致、尺寸精确和外观漂亮的优点，主要应用于汽车、家电、电子消费品等领域。

　　树脂 Somos11122 材料看上去更像透明的塑料,具有优秀的防水和尺寸稳定性,能提供包括 ABS 和 PBT 在内的多种类似工程塑料的特性,适用于汽车、医疗以及电子类产品领域。

　　3）英国 Zeneca 公司的 Stereocol 系列。

　　4）瑞典 RPC 公司 RPCure 的系列。

　　图 5-34 所示是光敏树脂生产的产品。

图 5-34　光敏树脂生产的产品

　　（2）SLS 技术的成形材料

　　SLS 技术使用的材料范围广,包括各种热塑性塑料,陶瓷、金属及石蜡等粉状材料。目前仅德国的 EOS 公司能生产出有限的几种金属粉末,如不锈钢粉、铁镍合金粉、铝硅粉、钛合金粉,但价格较高。此外,CobaltChrome MP1,是一种基于钴铬钼超耐热合金材料,它具有优良的力学性能、抗腐蚀性及抗温特性,被广泛应用于生物医学及航空航天领域。CobaltChrome SP2 是另外一种合金,材料成分与 CobaltChromeMP1 基本相同,抗腐蚀性较 MP1 更强,目前主要应用于牙科义齿的批量制造,包括牙冠、桥体等,如图 5-35 所示。

图 5-35　CobaltChrome SP2 合金义齿

　　（3）FDM 技术的成形材料

　　FDM 技术所应用的材料种类很多,主要有 PLA（聚乳酸）、ABS、尼龙、石蜡、铸蜡、人造橡胶、TPE/TPU 柔性材料、木质感材料等熔点较低的材料,以及低熔点金属、陶瓷、碳纤维材料等丝材。图 5-36 所示是柔性材料和金属质感材料打印的模型。

　　（4）3DP 技术的成形材料

　　理论上来说,所有的材料都可以用于 3DP 技术,但目前主要以石膏、光敏树脂、塑料为主。

　　彩色石膏材料易碎,但色彩清晰、质感很像岩石。按照需要使用不同的材料浸润,如低熔点蜡、Zbond 101、ZMax 90（强度依次递减）。由于是在粉末介质上逐层打印的,3DP 技术加工的成品,其表面可能出现细微的颗粒效果,在曲面表面可能出现细微的年轮状纹理,如图 5-37 所示。

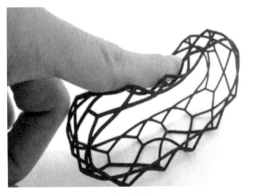

(a) 柔性耗材　　　　　　　　　　　(b) 金属质感材料

图 5-36　柔性材料与金属质感材料打印的模型

图 5-37　彩色石膏打印的模型

5.3.6　组织工程

（1）基本概念及组织工程基本原理

组织工程学建立的历史可回溯到 20 世纪 80 年代，美国科学家 Joseph P. Vacanti 和 Robert Langer 首先提出组织工程概念并进行了研究探索，在美国《科学》杂志发表了其研究成果。组织工程(tissue engineering)这一术语是由著名美籍华裔科学家冯元桢教授提出，在 1987 年被美国国家科学基金委员会确定。1988 年将其正式定义为：应用生命科学与工程学的原理与技术，在正确认识哺乳动物的正常及病理两种状态下的组织结构与功能关系的基础上，研究开发用于修复、维护、促进人体各种组织或器官损伤后的功能和形态的生物替代物的一门新兴学科。

在组织工程发展的历史过程中，科学家应用组织工程技术在裸鼠上成功地形成了具有皮肤覆盖的人耳廓形态软骨，是一项重大的突破。裸鼠背上的耳朵标志着组织工程技术可以形成具有复杂三维空间结构的组织器官，显示了组织工程从基础研究迈向临床应用的广阔前景。

组织工程学是一门以细胞生物学和材料科学相结合，进行体外或体内构建组织或器官的学科。组织工程学，也有人称其为"再生医学"，是指利用生物活性物质，通过体外培养或构建的方法,再造或者修复器官及组织的技术。同时,组织工程学的发展也将改变传统的医学模式,进一步发展成为再生医学并最终用于临床。目前组织工程技术可应用于复制各种组织或器官,如肌肉、骨骼、软骨、腱、韧带、人工血管和皮肤等;生物人工器官的开发,如人工胰脏、肝脏、肾脏等;人工血液的开发;神经假体和药物传输等方面。

（2）组织工程基本原理

从机体获取少量的活体组织,用特殊的酶或其他方法将细胞(又称种子细胞)从组织中分离出来在体外进行培养扩增,然后将扩增的细胞与具有良好生物相容性、可降解性和可吸收的生物材料(支架)按一定的比例混合,使细胞黏附在生物材料(支架)上形成细胞-材料复合物;将该复合物植入机体的组织或器官病损部位,随着生物材料在体内逐渐被降解和吸收,植入的细胞在体内不断增殖并分泌细胞外基质,最终形成相应的组织或器官。

组织工程的四要素包括种子细胞、生物材料、细胞与生物材料的整合以及植入物与体内微环境的整合。

（3）生物活性组织工程化制造

组织工程的主要内容包括四个方面:种子细胞、生物材料、细胞因子及构建组织和器官的方法和技术。

将体外培养的细胞接种到可降解生物材料(支架)上,通过细胞之间的相互黏附、生长繁殖、分泌细胞外基质,从而形成具有一定结构和功能的组织或器官。上述过程就是生物活性组织制造的基本思路。

（4）细胞 3D 打印

细胞 3D 打印(cell bioprinting)是增材制造技术和生物制造技术的有机结合,可以解决传统组织工程难以解决的问题。

细胞 3D 打印技术可以直接将细胞、蛋白质及其他具有生物活性的材料(例如 DNA、生长因子等)作为 3D 打印的基本单元,以 3D 打印的方式,直接构建体外生物结构体、组织或器官模型。图 5-38 所示是细胞 3D 打印技术的原理图。

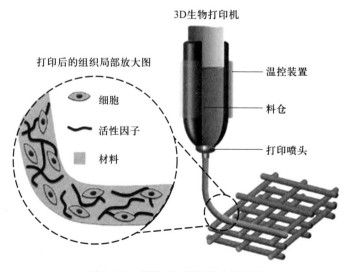

图 5-38　细胞 3D 打印技术原理图

与传统的组织工程技术相比(如"细胞+支架"技术),细胞打印具有如下优势:

1)同时构建有生物活性的二维或三维"多细胞/材料"体系;

2)在时间和空间上准确沉积不同种类的细胞;

3)构建细胞所需的三维微环境。

此外,细胞打印是完全由计算机控制的高通量细胞排列技术,也可发展成为在生物体内进行原位操作的技术。此技术可应用于组织工程,建造细胞传感器,为药物代谢动力学和药物筛选提供模型等。

5.3.7 各种增材制造工艺的特点

1. SLA 技术的特点

SLA 技术主要优点:

(1)SLA 技术是最早出现的快速原型制造工艺,经过多年的发展,技术成熟度高;

(2)由 CAD 数字模型直接制成原型,加工速度快,产品生产周期短,无需切削工具与模具;

(3)可以加工结构外形复杂或使用传统手段难于成形的原型和模具;

(4)使 CAD 数字模型直观化,降低错误修复的成本;

(5)为实验提供试样,可以对计算机仿真计算的结果进行验证与校核;

(6)可联机操作和远程控制,利于生产的自动化。

SLA 技术主要缺点:

(1)SLA 设备普遍造价高昂,使用和维护成本很高;

(2)SLA 系统是对毒性液体进行操作的精密设备,对工作环境要求苛刻;

(3)成形件多为树脂类,强度、刚度、耐热性有限,不利于长时间保存;

(4)预处理软件与驱动软件运算量大,与加工效果关联性高;

(5)软件系统操作复杂,入门困难,使用的文件格式不为广大设计人员所熟悉;

(6)核心技术被少数公司所垄断,技术和市场潜力未能全部被挖掘。

2. SLS 技术的特点

SLS 技术的主要优点:

(1)可采用多种材料。从理论上讲,这种方法可采用加热时黏度降低的任何粉末材料,从高分子材料粉末到金属粉末、陶瓷粉末、石英砂粉末都可用作烧结材料;

(2)制造工艺简单。由于未烧结的粉末可对模型的空腔和悬臂部分起支撑作用,可以直接生产形状复杂的原型及部件;

(3)材料利用率高。未烧结的粉末可重复使用,无材料浪费,成本较低;

(4)成形精度高。依赖于所使用材料的种类、粒径、产品的几何形状及其复杂程度等,原型精度可达±1%;

(5)应用广泛。由于成形材料的多样化,可以选用不同的成形材料制作不同用途的烧结件,如制作用于结构验证和功能测试的塑料功能件、金属零件和模具,精密铸造用蜡模和砂型、砂芯等。

SLS 技术的主要缺点：

（1）工作时间长。在加工之前，需要大约 2 h 把粉末材料加热到临近熔点，在加工之后需要 5~10 h 的冷却时间，等到工件冷却之后，才能从粉末缸里面取出原型制件；

（2）后处理较复杂。SLS 技术原型制件在加工过程中，是通过加热并熔化粉末材料，进行逐层黏接，因此制件的表面呈现出颗粒状，需要进行一定的后处理；

（3）烧结过程会产生异味。高分子粉末材料在加热、熔化等过程中，一般都会发出异味；

（4）设备价格较高。为了保障工艺过程的安全性，在加工室内充满了氮气，所以设备成本较高。

3. FDM 技术的特点

FDM 技术的主要优点：

（1）打印过程无有害物质产生，可在办公环境中使用，且设备体积小巧，易于搬运；

（2）可以使用支撑打印复杂零件或快速构建瓶状或中空零件；

（3）维护简单，成本较低，多用于概念设计。FDM 设备对原型精度和物理化学特性要求不高，具有明显的价格优势。

（4）成形材料广泛，多用热塑性材料，一般采用低熔点丝状材料，大多为高分子材料，如可染色的 ABS 和医用 ABS、聚酯 PC、聚砜 PSF、PLA、聚乙烯醇 PVA 等。

（5）后处理简单，仅需要几分钟时间，剥离支撑后，原型即可使用。

FDM 技术的主要缺点：

（1）成形精度低、打印速度慢，这是 FDM 设备的主要限制因素，但由于成形精度和打印效率呈反比关系，一味地追求高精度将使打印速度大幅度降低，这并不是工业领域所希望的；

（2）与 SLA 技术、3DP 技术相比，成形精度较低，表面有明显的台阶效应；

（3）成形过程中需要加支撑结构，有的支撑结构手动剥除困难，同时影响制件表面质量；

（4）成形材料限制性较大。成形好的零件容易翘曲，影响零件精度。

4. 3DP 技术的特点

3DP 技术的主要优点：

（1）无需激光器等高成本元器件，成本较低，且易操作、易维护；

（2）加工速度快，可以 25 mm/h 的垂直构建速度打印模型；

（3）可打印彩色原型，这是这项技术的最大优点，打印后彩色原型无需后期上色；

（4）没有支撑结构。与 SLS 技术一样，粉末可以支撑悬空部分，而且打印完成后，粉末可以回收利用，环保且节省开支；

（5）耗材和成形材料的价格相对便宜，打印成本低。

3DP 技术的主要缺点：

（1）制件强度较低。由于采用液滴直接黏接成形，制件强度低于其他快速成形方式，不能作功能性材料，一般需要进行后处理；

（2）制件精度有待提高。特别是液滴黏接粉末的三维打印成形，表面手感略显粗糙，这是以粉末为成形材料的工艺都有的缺点；

（3）材料单一，只能使用粉末原型材料。

5. LOM 技术的特点

LOM 技术的主要优点：

（1）成形速度较快。由于 LOM 技术只需在片材上切割出零件截面的轮廓，而不用扫描整个截面，因此工艺简单，成形速度快，易于制造大型零件；

（2）模型精度很高，并可以进行彩色打印，同时打印过程造成的翘曲变形非常小；

（3）工艺过程中不存在材料相变，因此不易引起翘曲、变形，零件的精度较高，原型能承受高达 200 ℃ 的温度，有较高的硬度和较好的力学性能；

（4）无需设计和制作支撑结构，并可直接进行切削加工，因工件外框与截面轮廓之间的多余材料在加工中起到了支撑作用；

（5）原材料价格便宜，原型制作成本低，可用于制作大尺寸的零部件；

（6）LOM 技术原理简单。

LOM 技术的主要缺点：

（1）采用的材料为纸质，成形件的抗拉强度和弹性都不够好；

（2）打印过程有激光损耗，激光器有一定寿命；

（3）打印完成后不能直接使用，必须手工去除废料，因此不易构建内部结构复杂的零部件；

（4）后处理工艺复杂，原型易吸水膨胀，需进行防潮处理；

（5）Z 轴精度受材质和胶层厚决定，实际打印成品普遍有台阶纹理，难以直接构建形状精细、多曲面的零件，因此打印后还需进行表面打磨等处理。

5.3.8　增材制造应用

1. 汽车工业

如图 5-39 所示，该车采用 SLS 技术制作，材料为铝。

2015 年，全球首款 3D 打印跑车"刀锋 BLADE"发布，采用了 3D 打印铝制的"节"结构。先 3D 打印节点，之后再通过现成的碳纤维管材将其连接在一起。当所有的节点都打印出来后，几分钟之内就能将汽车底盘组装好。"刀锋 BLADE"的质量仅为 0.64 t。近年来，随着 3D 打印金属技术的进步与材料科学的不断发展，我们可以在汽车制造领域看到越来越多的 3D 打印的应用，其在零配件的减重

图 5-39　刀锋 BLADE 汽车

和复杂部件的设计上都有着出色的表现，使得汽车零配件可以更多地尝试一体化结构。与此同时，作为复杂产品的汽车的研发周期也将因为 3D 打印的应用而大大缩减。

2. 建筑工业

一名德国建筑师利用 3D 打印技术建造房子，他使用沙和无机黏合剂将 54 个单独的建筑模块结合在一起，然后填入纤维混凝土。这幢房子的天花板向前延伸成为地板，建筑内部延伸变成外墙，形成一个"默比乌斯带"。图 5-40 所示是打印的建筑和建筑部件。

　　2015 年,数栋使用 3D 打印技术建造的建筑在苏州工业园区亮相,吸引了众多媒体的关注。这批建筑包括一栋面积约 1 100 m² 的别墅、一栋 5 层居民楼和移动简易展厅等,如图 5-41 所示。建筑的墙体由大型的 3D 打印机器"喷绘"而成。而使用的"油墨"则由少量的钢筋、水泥和建筑垃圾混合而成。该建筑使用的 3D 打印机高 6.6 m、宽 10 m、长 32 m,占地约为一个篮球场大小。

　　3. 医学应用

　　(1) 打印心脏

　　3D 打印的心脏,其材料为硅树脂,质量约 390 g,比正常的心脏要多 80 g,而且包含了一个复杂的内部结构。3D 打印的心脏模仿真实的人类心脏,包含右心室和左心室,如图 5-42 所示。

　　(2) 打印血管

图 5-40　打印的建筑和建筑部件

　　德国 Fraunhofer institutes 的跨学科研究小组,成功 3D 打印血管,如图 5-43 所示。

图 5-41　打印的建筑

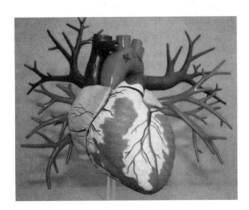

图 5-42　打印的心脏　　　　　　　　　图 5-43　打印的血管

（3）打印假牙

可以按照患者牙的形状进行打印,以便个性化定制假牙,适配不同的人群。图 5-44 所示是打印的假牙。

4. 创意家具

如图 5-45 所示是打印的创意家具,适合有个性需求的消费者。

5. 食品

全国首款 3D 煎饼打印机是由武汉网云三维科技发

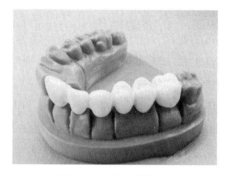

图 5-44　打印的假牙

明的。所用的打印材料是由面粉、牛奶、白糖、鸡蛋、黄油调和而成的,可以同时打印多张煎饼,2 ~ 3 min 可以完成。可创意制作个性化煎饼。图 5-46 是食品打印机和它打印的定制煎饼。

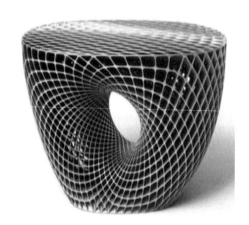 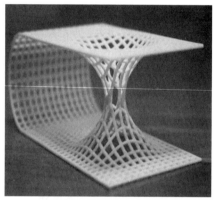

图 5-45　创意家具

(a) (b)

图 5-46　食品打印机和打印的定制煎饼

6. 出行工具

图 5-47 所示是打印的自行车和摩托车。

图 5-47　打印的自行车和摩托车

7. 服装

图 5-48 所示是打印的服装。

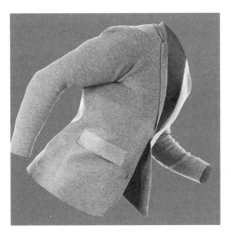

图 5-48　打印的衣服

8. 玩具

图 5-49 所示是打印的玩具。

图 5-49　打印的玩具

9. 军事

中国首艘航空母舰"辽宁"号舰载机歼-15 是于 2012 年 10 月至 11 月首飞成功的机型,它广泛使用了 3D 打印技术制造钛合金主承力部件,包括整个前起落架。我国在歼-20 研发过程中也采用了 3D 打印技术。图 5-50 所示是歼-15 飞机和打印的飞机零部件。

图 5-50　歼-15 飞机和打印的飞机零部件

10. 艺术品

图 5-51 所示是打印的艺术品。

图 5-51　打印的艺术品

虽然增材制造技术取得了一定的发展,但是还存在着许多问题。如材料方面的限制、成形精度与成形速度的矛盾、设备及材料的价格昂贵等。在未来发展中,需要在新材料、装备、关键零部件、创新工艺等方面做深入的研究,以满足经济发展的需求。

5.4　虚拟制造技术

虚拟制造技术是由多学科先进知识形成的综合系统技术。虚拟制造技术以计算机仿真技术为基础,对设计、制造等生产过程进行统一建模,在产品设计阶段,实时、并行地模拟出产品未来制造全过程及其对产品设计的影响,预测产品性能、制造成本和产品的制造性,从而更有效、更经济、更灵活地组织制造生产,使工厂和车间的资源得到合理配置,以达到产品的开发周期和成本的最小化,产品设计质量的最优化,生产效率的最高化之目的。

5.4.1 虚拟制造技术基本概念

1. 虚拟制造概念

虚拟制造(virtual manufacturing,VM)是利用信息技术、仿真技术、计算机技术等对现实制造活动中的人、物、信息及制造过程进行全面的仿真。

在虚拟制造中,产品从初始外形设计、生产过程的建模、仿真加工、模型装配到检验整个的生产周期都是在计算机上进行模拟和仿真的,不需要实际生产出产品来检验模具设计的合理性,因而可以减少前期设计给后期加工制造带来的麻烦,更可以避免模具报废的情况出现,从而达到提高产品开发的一次成品率,缩短产品开发周期,降低企业的制造成本的目的。

2. 虚拟制造内容

(1)产品的虚拟设计技术 面向数字化产品模型的原理、结构和性能在计算机上对产品进行设计,仿真多种制造方案,分析产品的结构性能和可装配性,以获得产品的设计评估和性能预测结果。

(2)产品的虚拟制造技术 利用计算机仿真技术,根据企业现有的资源、环境、生产能力等对零件的加工方法、工序顺序、工装及工艺参数进行选用,在计算机上建立虚拟模型,进行加工工艺性、装配工艺性、配合件之间的配合性、连接件之间的连接性、运动构件之间的运动性等进行仿真分析。

(3)虚拟制造系统 将仿真技术引入数控模型中,提供模拟实际生产过程的虚拟环境,即将机器控制模型用于仿真,使企业在考虑车间控制行为的基础上对制造过程进行优化控制,其目标是实现生产中的过程优化,更好地配置制造系统。

5.4.2 虚拟制造关键技术

(1)虚拟制造技术中的建模技术 通过计算机技术将现实中的机械工程、制造工程的流程反映出来,将现实的制造过程数字化、信息化、模型化。虚拟制造技术的建模过程涉及三种模型:生产模型、产品模型和工艺模型。

(2)虚拟制造技术中的仿真技术 通过互联网技术的叠加,将现实的生产过程,通过数字化和模型化最终展示出来。在仿真技术的支持下,可以通过对所产生的模型进行各种分析,最后研究出现实中如果建立这种模型是否真实有用。

(3)虚拟制造技术中的虚拟现实技术 利用计算机技术建立虚拟模型,通过人机接口或者其他接口形成通道,将虚拟模型和人类的实际感受相连接,现实中的人可以通过一些机器或者接口产生对虚拟模型直观的体验和认识,给人一种身临其境的感受。

5.4.3 虚拟制造软件

虚拟制造技术是一种软件技术,是 CAD/CAE/CAM/CAPP 和仿真技术的更高阶段,它能在计算机上实现从设计、制造到检验的全过程。

常用的软件有 3DS MAX、MDT、MSC 系列,ANSYS,I-DEAS,UG/FEA,ABAQUS,LS-DY-NA3D 等。

前面已经介绍参数化建模软件,如 UG-NX、Creo、CATIA、SolidEdge、AutoCAD 等,也都是虚拟设计常用的建模仿真软件。

虚拟现实建模语言(virtual reality modeling language,VRML)是一种用于建立真实世界的场景模型或人们虚构的三维世界场景的建模语言,同时具有平台无关性。

5.4.4 虚拟制造技术应用

(1)虚拟企业

虚拟企业建立的一个重要原因是各企业本身无法单独满足市场需求,迎接市场挑战。因此,为了快速响应市场的需求,围绕新产品开发,利用不同地域的现有资源、不同的企业或不同地点的工厂,重新组织一个新公司。该公司在运行之前,必须分析组合是否最优,能否协调运行,并对投产后的风险、利益分配等进行评估。这种协作公司称为虚拟公司,或者叫动态联盟,是一种虚拟企业,它是具有集成性和实效性两大特点的经济实体。

在面对多变的市场需求时,虚拟企业具有加快新产品开发速度、提高产品质量、降低生产成本、快速响应用户需求、缩短产品生产周期等优点。因此,虚拟企业能快速响应市场需求,在竞争中为企业把握机遇。

(2)虚拟产品设计

飞机、汽车的设计过程中,经常会遇到一系列问题,如其形状是否符合空气动力学原理、内部结构布局是否合理等。在复杂管道系统设计中,采用虚拟技术,设计者可以"进入其中"进行管道布置,并可检查是否发生干涉。波音公司分散在世界各地的技术人员可以从客机数以万计的零部件中调出任何一种在计算机上观察、研究、讨论,所有零部件均是三维实体模型。可见虚拟产品设计确实能给企业带来效益。

(3)虚拟产品制造

应用计算机仿真技术,均可对零件的加工方法、工序顺序、工装和工艺参数的选用以及加工工艺性、装配工艺性等建模仿真,可以提前发现加工缺陷以及装配时出现的问题,从而能够优化制造过程,提高加工效率。

(4)虚拟生产过程

产品生产过程的合理制定,人力资源、制造资源、物料库存、生产调度、生产系统的规划设计等,均可通过计算机仿真进行优化;同时还可对生产系统进行可靠性分析。对生产成本和产品市场进行分析预测。从而对人力资源、制造资源进行合理配置,对缩短产品生产周期、降低成本意义重大。

思考题

5-1 产品数据的详细内容包括哪几方面?

5-2 简述产品数据管理(PDM)的定义。

5-3 增材制造的关键技术有哪些?

5-4 虚拟制造的目的是什么?

第6章 智能制造中的控制技术

6.1 智能控制概述

6.1.1 智能控制的起源与发展

传统控制理论是经典控制理论和现代控制理论的统称,其主要特征是基于被控对象精确模型的控制,缺乏灵活性和应变能力,适于解决线性、时不变性等相对简单的控制问题,难以解决复杂系统的控制。在传统控制的实际应用中遇到很多难解决的问题,主要表现在以下几个方面:

(1) 实际系统由于存在复杂性、非线性、时变性、不确定性和不完全性等,无法获得精确的数学模型;

(2) 某些复杂的和包含不确定性的控制过程无法用传统的数学模型来描述,即无法解决建模问题;

(3) 针对实际系统往往需要进行一些比较苛刻的线性化假设,而这些假设往往与实际系统不符合;

(4) 实际控制任务复杂,而传统的控制任务要求低,对复杂的控制任务,如机器人控制、计算机集成制造系统(computer integrated manufacturing systems,CIMS)等复杂任务无能为力。

基于精确模型的传统控制难以解决上述复杂对象的控制问题,因此产生了智能控制。智能控制将控制理论和人工智能技术灵活地结合起来,其控制方法适应对象的复杂性和不确定性。智能控制是人工智能和自动控制的重要部分和研究领域,被认为是通向自主机器递阶道路上的自动控制的顶层。自动控制发展的最新阶段,主要解决传统控制难以解决的复杂系统的控制问题。控制科学的发展过程如图6-1所示。

从20世纪60年代起,由于空间技术、计算机技术及人工智能技术的发展,在研究自组织、自学习控制的基础上,为了提高控制系统的自学习能力,开始将人工智能技术与方法应用于控制领域中。1965年,美国加利福尼亚大学 L. A. Zadeh 提出了模糊集合理论,为模糊控制奠定数学基础。同年,傅京孙首先把人工智能的启发式推理规则用于学习控制系统。1966年,J. M. Mendal 在空间飞行器学习系统中应用了人工智能技术,并提出了人工智能控制概念,首先提出将人工智能技术应用于飞船控制系统的设计。1985年8月,美国电气与电子工程师协会(IEEE)在纽约召开了第一届智能控制学术讨论会,随后成立了 IEEE 智能控制专业委员会;1987年1月,在美国举行第一次国际智能控制大会,标志智能控制领域的形成。

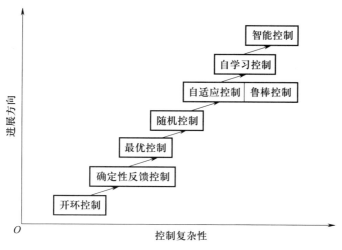

图 6-1 控制科学的发展过程

6.1.2 智能控制的定义及特点

1. 智能控制的概念

智能控制是一门交叉学科,目前尚未有公认的统一的定义,IEEE 认为智能控制必须具有模拟人类学习和自适应的能力。智能控制的定义有以下几种形式。

定义一:智能控制是将人工智能的理论与技术、运筹学的优化方法同控制理论与技术相结合,在未知环境下,仿效人类的智能,实现对系统的控制。

定义二:所谓智能控制,即设计一个控制器(或系统),使之具有学习、抽象、推理、决策等功能,并能根据被控对象、被控过程等信息的变化作出适应性反应,从而完成控制任务。

定义三:智能控制是采用智能化理论和技术驱动智能机器实现其目标的过程,即智能控制是无需人的干预就能独立地驱动智能机器实现其目标的自动控制。

1971 年,傅京孙教授提出智能控制是人工智能与自动控制交叉的二元论思想。

1977 年,美国学者 G. N. Saridis 在二元论基础上引入运筹学,提出了三元论的智能控制概念,即:$IC = AC \cap AI \cap OR$。

其中,IC 为智能控制(intelligent control);AI 为人工智能(artificial intelligence);AC 为自动控制(automatic control);OR 为运筹学(operational research)。

智能控制的三元交集论示意如图 6-2 所示。

人工智能(AI)是一个用来模拟人思维的知识处理系统,具有记忆、学习、信息处理、形式语言、启发推理等功能。自动控制(AC)描述系统的动力学特性,是一种动态反馈。运筹学(OR)是一种定量优化方法,如线性规划、网络规划、调度、管理、优化决策和多目标优化方法等。三元论除了智能与控制外还强调了更高层次控制中调度、规划和管理的作用,为递阶智能控制提供了理论依据。

1987 年,我国中南大学蔡自兴教授把信息论(IT)融合到三元交集结构中,提出了智能控制的四元交集结构,即:$IC = AC \cap AI \cap OR \cap IT$。这种结构突出了智能控制系统是以知识和经

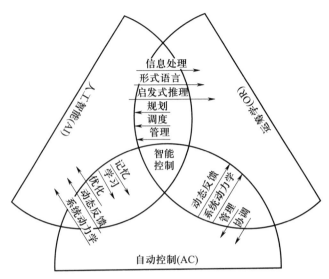

图 6-2　智能控制的三元交集论示意图

验为基础的拟人控制系统。知识是对收集来的信息进行分析处理和优化形成结构信息的一种形式,智能控制系统的知识和经验来自信息,又可以被加工成为新的信息,因此智能控制系统离不开信息论的参与。

2. 智能控制系统的特点

智能控制不同于经典控制理论和现代控制理论,控制系统不再是单一的数学解析模型,而是数学解析模型和知识系统相结合的广义模型。智能控制系统应具备以下基本特点:

(1) 混合控制功能　具有以知识表示的非数学广义模型和以数学表示的数学模型(含计算智能模型与算法)的混合控制功能;

(2) 自学习功能　智能控制系统能通过从外界环境所获得的信息进行学习,不断积累知识,使系统的控制性能得到改善;

(3) 自适应功能　智能控制系统具有从输入到输出的映射关系,可实现不依赖于模型的自适应控制,当系统某一部分出现故障时,也能进行控制;

(4) 自组织功能　智能控制系统对复杂的分布式信息具有自组织和协调的功能,当出现多目标冲突时,可以在任务要求的范围内自行决策,主动采取行动;

(5) 优化能力　智能控制系统能够通过不断优化控制参数和寻找控制系统的最佳结构形式,获得整体最优的控制性能。

6.1.3　智能控制的主要分支

近年来,神经网络、模糊数学、专家系统、进化论等各种理论的发展给智能控制注入了巨大的活力,由此产生了各种智能控制方法。智能控制的几个重要分支为分级递阶智能控制、模糊控制、神经网络控制、专家系统和遗传算法等。

1. 分级递阶智能控制

分级递阶是智能控制的最早理论之一,是在早期学习控制系统的基础上,总结人工智能与自适应、自学习和自组织控制的关系后逐渐形成的。1977 年 G. N. Saridis 提出了三级递阶控制结构,将一个智能控制系统分为组织级、协调级和执行级三个层次,分级递阶智能控制系统结构如图 6-3 所示。

组织级在整个系统中起主导作用,涉及知识的表示与处理,主要应用人工智能方法。组织级作为推理机的规则发生器,处理高层信息,用于推理、规划、决策、学习(反馈)和记忆操作。在分级递阶结构中,下一级可以看成上一级的广义被控对象,而上一级可看成下一级的智能控制器。

协调级是组织级和执行级之间的接口,主要解决执行级控制模态或控制模态参数自校正。它不需要精确的模型,但需要具备学习功能。该级常采用人工智能和运筹学的方法实现。

执行级是递阶智能控制的底层,一般需要被控对象的准确模型,以实现具有一定精度要求的控制任务,多采用常规控制器实现。

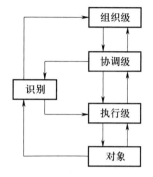

图 6-3 分级递阶智能
控制系统的一般结构

2. 模糊控制

1965 年,L. A. Zadeh 教授首先提出了模糊集合的概念,奠定了模糊控制的基础。模糊控制是基于模糊逻辑推理和模仿人类思维具有模糊性的特点,对难以建立精确数学模型的对象实施的一种规则性控制。模糊控制不需要精确的数学模型,其基本的控制规则形式为"if(条件)-then(作用)"。模糊控制器是模糊控制系统设计的关键,其工作过程一般包括模糊化、知识库、模糊推理及去模糊化等。

模糊控制与常规控制相比具有以下优点:

(1)模糊控制设计依据操作人员的控制经验和操作数据,无需建立精确的数学模型;

(2)具有较强的鲁棒性,被控对象参数的变化对模糊控制的影响不明显,可用于非线性、时变、时滞系统的控制;

(3)采用离线推理、在线查表的方式实施控制,提高了控制系统实时性;

(4)推理过程模仿人的思维过程,采用不精确推理,控制机理符合人们对过程控制作用的直观描述和思维逻辑。

模糊控制在很多领域取得了很好的研究和应用成果,但模糊控制系统还有很多理论和设计问题亟待解决,例如:

(1)模糊控制的稳定性和鲁棒性等的理论分析和数学证明问题;

(2)信息简单的模糊处理会导致系统的控制精度降低和动态品质变差;

(3)模糊控制的设计尚缺乏系统性。

3. 神经网络控制

人工神经网络采用仿生学的观点和方法研究人脑和智能系统中的高级信息处理,它是由大量与生物神经元相类似的人工神经元按照并行结构经过可调的连接权互连而组成的网络。神经网络具有以下几个突出特点:

(1)能够充分逼近任意复杂的非线性系统;

（2）所有定量或定性的信息都分布存储于网络内的各神经元的连接上，故有很强的鲁棒性和容错性；

（3）能够学习和适应严重不确定系统；

（4）采用并行分布处理方法，使得快速进行大量运算成为可能。

典型的神经网络结构包含多层前馈神经网络、径向基函数网络、Hopfield网络等。神经网络与控制技术相结合形成了智能控制领域的一个重要分支——神经网络控制。由于神经网络控制不依赖于精确的数学模型、具有自学习能力、对环境的变化具有自适应性等特点，因此已广泛应用于自动控制、人工智能、信息处理、机器人、机械制造等领域。

4. 专家系统

瑞典学者 K. J. Astrom 于1983年首次将专家系统用于常规控制器参数的自动整定，并于1984年正式提出了专家控制的概念。专家系统是一种模拟人类专家解决问题的计算机软件系统，其内部包含大量的某一领域的专家知识和经验，利用人类专家的知识和解决问题的方法来处理该领域的复杂问题。

专家系统有知识库和推理机制两个主要要素。知识库用于存储按某种格式表示的某个专门领域中的专家知识条目；推理机制通过调用知识库中的条目进行推理、判断和决策，实现类似专家推理的问题求解。为了实现专家控制，必须把控制系统看作是一个基于知识的系统，而控制器要体现知识推理的机制。

专家控制为传统控制技术的发展开辟了新的思路，实现解析规律与启发式逻辑的组合，从而使控制作业的描述得以完整化，尤其对复杂的受控对象或过程表现出了良好的控制性能和广泛的应用前景。但由于各种控制知识具有复杂性和多样性的特点，如何有效实现知识的获取及实时推理是专家控制应用的关键问题。

5. 遗传算法

遗传算法（genetic algorithm，GA）是人工智能的一个重要分支，由美国密歇根大学的 J. H. Holland 教授在1975年提出的模拟自然界遗传机制和生物进化论而形成的一种并行随机搜索最优化方法。遗传算法与传统优化算法的不同是它不依赖于梯度信息，而是通过模拟自然进化过程来搜索最优解。

目前遗传算法已经被广泛应用于许多实际问题，成为解决高度复杂问题的新思路和新方法，如遗传算法可用于模糊控制规则的优化及神经网络参数及权值的学习，在智能控制领域有广泛的应用。

6.1.4　智能控制的应用领域

智能控制主要解决那些用传统控制方法难以解决的复杂系统的控制问题，其中包括智能机器人、计算机集成制造系统、工业过程、航空航天、社会经济管理系统、交通运输系统、家用电器等。

（1）在机器人控制中的应用

机器人经常工作在动态、不确定与非结构化的环境中，这些高度不确定的环境要求机器人具有高度的自治能力和对环境的感知能力。机器人研究领域涉及的各种技术，如定位、环境建模、控制和规划等,均可采用人工神经网络、模糊控制和遗传算法技术进行解决,如利用神经网络强大的自学习和非线性映射能力进行机器人系统的非线性控制,遗传算法可进行机器人的路径优化及控制系统的参数优化等。智能控制技术也广泛应用于机器人传感器信息融合和视觉处理等方面。此外,水下自主运载器、无人驾驶汽车在未知或复杂危险环境下完成探索、通信、合作等功能也需要智能控制技术。

(2) 在过程控制中的应用

过程控制是指石油、化工、冶金、轻工、纺织、制药、建材等工业生产过程的自动控制。智能控制在过程控制上有着广泛的应用。在石油化工方面,1994 年美国的 Gensym 公司和 Neuralware 公司联合将神经网络用于炼油厂的非线性工艺过程。在冶金方面,日本的新日铁公司于 1990 年将专家控制系统应用于轧钢生产过程。在化工方面,日本的三菱化学合成公司研制出用于乙烯工程的模糊控制系统。

(3) 在现代制造系统中的应用

现代先进制造系统需要依赖不够完备和不够精确的数据来解决难以或无法预测的情况,人工智能技术为解决这一难题提供了有效的解决方案。制造系统的控制主要分为系统控制和故障诊断两大类。对于系统控制,可采用专家系统的"then-if"逆向推理作为反馈机构,修改控制机构或者选择较好的控制模式和参数。利用人工神经网络的学习功能和并行处理信息的能力,可以诊断机械故障。

(4) 在广义控制领域中的应用

从广义上理解自动控制,可以把它看作不通过人工干预而对控制对象进行自动操作或控制的过程,如股市行情、气象信息、城市交通、地震火灾预报等。这类对象的特点是以知识表示的非数学广义模型,或者含有不完全性、模糊性、不确定性的数字过程。通常传统的控制方法对这类系统无法实现有效控制,只能采用智能控制理论进行推理和决策。

除上述提到的应用领域外,智能控制在智能交通管理系统、遥感技术、电力电子领域等也有着广泛的应用。

6.2 模 糊 控 制

6.2.1 模糊控制概述

模糊数学是模糊控制(fuzzy control)的数学基础,它是由美国加利福尼亚大学的自动控制理论专家 L. A. Zadeh 教授最先提出来的。1965 年,他在 *Information & Control* 杂志上发表了 *Fuzzy Set* 一文,首次提出了模糊集合的概念,标志着模糊数学的正式诞生。

1974 年,英国学者 E. H. Mamdani 首次用模糊逻辑和模糊推理实现了世界上第一个实验性的蒸汽机控制,并取得了比传统直接数字控制算法更好的效果,从而开创了模糊控制的历史。

1980 年,丹麦学者 L. P. Holmblad 和 Ostergard 在水泥窑炉中采用模糊控制并取得了成功,这是第一个商业化的有实际意义的模糊控制器。

自 20 世纪 80 年代后,一方面,模糊控制的应用技术逐渐趋于成熟,应用范围也越来越广,目前已经扩展到大众化产品中,如洗衣机、电冰箱、空调、吸尘器等;另一方面,各芯片公司也纷纷推出了具有模糊运算、模糊推理功能的专用芯片,从而使模糊控制技术更好地应用于产品的开发与研究。

　　Zadeh 教授提出,所谓模糊,是指客观事物彼此间的差异在中间过渡时,界限不明显,呈现出"亦此亦彼"性。模糊是相对于精确而言,在经典集合论中,人们对事物的描述是精确的,这种集合论要求一个事件对于一个集合要么属于,要么不属于,非此即彼,绝不允许模棱两可。但在现实生活中,人们对事物的描述并非都可以精确地用"属于"或"不属于"这两种截然不同的状态来划分,例如健康状况一栏中,填"好、比较好、良好"等,至于什么样的身体属于好,什么样的属于良好,很难确切地规定。再如,将人按年龄分为"年轻人、中年人、老年人"。这类事件与概念的关系不是简单的"属于""不属于"的关系,而可能是一个介于"属于""不属于"之间的关系,也就是说,是一个在多大程度上属于的关系。

　　为了对这些无法用经典集合理论描述的模糊概念进行分析,Zadeh 教授创建了模糊数学。模糊数学并不是把数学变成模模糊糊的东西,而是利用数学工具对模糊现象进行描述和分析。模糊数学在经典集合理论的基础上引入了隶属度函数的概念,来描述事物对模糊概念的从属程度。

　　模糊控制主要有以下特点:

　　(1) 模糊控制是以人对被控对象的控制经验为依据而设计的控制系统,故无需知道被控对象的数学模型;

　　(2) 模糊控制是一种反映人类智慧的智能控制方法,采用人类思维中的模糊量,如"高""中""低""大""小"等,控制量由模糊推理导出,这些模糊量和模糊推理是人类智能活动的体现;

　　(3) 模糊控制的核心是控制规则,模糊规则是用语言来表示的,如"今天气温高,则今天天气暖和",易于被一般人所接受;

　　(4) 通过专家经验设计的模糊规则可以对复杂的对象进行有效的控制,鲁棒性和适应性好;

　　(5) 构造容易,模糊控制系统结构简单,可由离线计算得到控制查询表,软件实现难度不大。

6.2.2　模糊集合及其运算

1. 经典集合论基本概念及运算

在经典集合中,有几个基本概念。

(1) 集合。具有特定属性的对象的全体,称为集合。例如:"洛阳理工学院的学生"可以作为一个集合。集合通常用大写字母 $A,B,\cdots,Z$ 来表示。

(2) 元素。组成集合的各个对象,称为元素,也称为个体。通常用小写字母 $a,b,\cdots,z$ 来表示。

(3) 论域。所研究的全部对象的总和,称为论域。

(4) 空集。不包含任何元素的集合,称为空集,记作 $\varnothing$。

（5）子集。集合中的一部分元素组成的集合,称为集合的子集。

（6）有限集。如果一个集合包含的元素为有限个,就叫作有限集;否则,叫作无限集。

（7）属于。若元素 a 是集合 A 的元素,则称元素 a 属于集合 A,记为 $a \in A$;反之,称 a 不属于集合 A,记作 $a \notin A$。

（8）包含。若集合 A 是集合 B 的子集,则称集合 A 包含于集合 B,记为 $A \subseteq B$;或者集合 B 包含集合 A,记为 $B \supseteq A$。

（9）相等。对于两个集合 A 和 B,如果 $A \subseteq B$ 和 $A \supseteq B$ 同时成立,则称 A 和 B 相等,记作 $A = B$。此时 A 和 B 有相同的元素,互为子集。

经典集合的运算如图 6-4 所示。

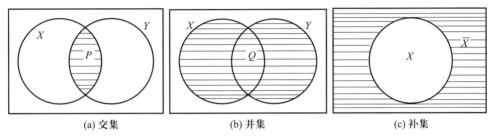

图 6-4　经典集合的运算

（1）交集。设 X、Y 为两个集合,由既属于 X 又属于 Y 的元素组成的集合 P 称为 X、Y 的交集,记作 $P = X \cap Y$

（2）并集。设 X、Y 为两个集合,由属于 X 或者属于 Y 的元素组成的集合 Q 称为 X、Y 的并集,记作 $Q = X \cup Y$。

（3）补集。在论域 Y 上有集合 X,则称 Y 中不属于 X 的所有元素组成集合为 X 的补集合,记为 $\bar{X}$,即 $\bar{X} = \{x \mid x \notin X\}$。

（4）集合的直积。设 X、Y 为两集合,定义 X、Y 的直积为:$X \times Y = \{(x,y) \mid x \in X, y \in Y\}$。具体算法是:在 X、Y 中各取一个元素组成序偶 (x,y),所有序偶组成的集合,就是 X、Y 的直积。

2. 模糊集合的定义及表示方法

（1）模糊集合的定义

给定论域 U 中的一个模糊集 A,是指任意元素 $x \in U$,都不同程度地属于这个集合,元素属于这个集合的程度可以用隶属函数 $\mu_A(x) \in [0,1]$ 来表示。若 $\mu_A(x)$ 接近 1,表示 x 属于 A 的程度高;若 $\mu_A(x)$ 接近 0,则表示 x 属于 A 的程度低。可见,模糊集合完全由隶属函数所描述。

（2）模糊集合的表示法

1）Zadeh 表示法

当论域上的元素为有限时,定义在该论域上的模糊集可表示为:

$$A = \frac{\mu_A(x_1)}{x_1} + \frac{\mu_A(x_2)}{x_2} + \cdots + \frac{\mu_A(x_n)}{x_n}$$

注意:式中的"+"和"/",并不代表"加"和"除"。$\mu_A(x_i)/x_i$ 不是分数,只是说明论域中的元素与其对于模糊集合的隶属度之间的对应关系。"+"不表示相加,而是汇总。当使用 Zadeh

表示法时,隶属度为零的项可以省略。

2)序偶表示法

当论域上的元素有限时,定义在该论域上的模糊集还可用序偶的形式表示为:
$$A = \{(x_1, \mu_A(x_1)), (x_2, \mu_A(x_2)), \cdots, (x_n, \mu_A(x_n))\}$$

序偶表示法也可以将隶属度为零的项省略。

3)向量表示法

用论域中元素的隶属度构成向量来表示,即:
$$A = (\mu_A(x_1), \mu_A(x_2), \cdots, \mu_A(x_n))$$

在向量表示法中,隶属度为零的项不能省略。

◆ 例 6-1 假设论域为 5 个人的年龄,分别为 18 岁、25 岁、32 岁、45 岁、56 岁,他们的年龄对于"年轻"的模糊概念的隶属度分别为 0.95、0.9、0.85、0.75、0.6。试表示模糊集"年轻"A。

解:1)Zadeh 表示法
$$A = \frac{0.95}{18} + \frac{0.9}{25} + \frac{0.85}{32} + \frac{0.75}{45} + \frac{0.6}{56}$$

2)序偶表示法
$$A = \{(18, 0.95), (25, 0.9), (32, 0.85), (45, 0.75), (56, 0.6)\}$$

3)向量表示法
$$A = (0.95, 0.9, 0.85, 0.75, 0.6)$$

3. 模糊集合的运算与性质

(1)模糊运算

模糊集合与经典集合一样也有交、并、补的运算。假设 A 和 B 为论域 U 上的两个模糊集,它们的隶属度函数分别为 $\mu_A(x)$ 和 $\mu_B(x)$,下面以这两个模糊集为例说明模糊集合的运算。

1)交集

若 C 为 A 和 B 的交集,则 $C = A \cap B$。

C 的隶属函数为:$\mu_C(x) = \mu_A(x) \wedge \mu_B(x)$

式中,符号"$\wedge$"代表取最小值运算。

2)并集

若 C 为 A 和 B 的并集,则 $C = A \cup B$。

C 的隶属函数为:$\mu_C(x) = \mu_A(x) \vee \mu_B(x)$

式中,符号"$\vee$"代表取最大值运算。

3)补集

若 $\overline{A}$ 为 A 的补集,则 $\overline{A}$ 的隶属函数为:$\mu_{\overline{A}}(x) = 1 - \mu_A(x)$

4)相等

若 $\forall x \in U$,总有 $\mu_A(x) = \mu_B(x)$ 成立,则称 A 和 B 相等,即:$A = B$。

5）包含

若 $\forall x \in U$，总有 $\mu_A(x) \geqslant \mu_B(x)$，则称 A 包含 B，即：$A \supseteq B$。

（2）模糊运算的性质

1）幂等律

$A \cup A = A, A \cap A = A$

2）交换律

$A \cup B = B \cup A, A \cap B = B \cap A$

3）结合律

$(A \cup B) \cup C = A \cup (B \cup C), (A \cap B) \cap C = A \cap (B \cap C)$

4）分配律

$A \cup (B \cap C) = (A \cup B) \cap (A \cup C), A \cap (B \cup C) = (A \cap B) \cup (A \cap C)$

5）对偶律

$\overline{A \cup B} = \overline{A} \cap \overline{B}, \overline{A \cap B} = \overline{A} \cup \overline{B}$

6.2.3 模糊关系及其合成

1. 模糊关系的模糊矩阵表示

当论域 X、Y 是有限集合时，模糊关系可以用模糊矩阵来表示。设 $X = \{x_1, x_2, \cdots, x_m\}$，$Y = \{y_1, y_2, \cdots, y_n\}$，定义在 $X \times Y$ 上的二元模糊关系 $\boldsymbol{R}$ 可用如下的 $m \times n$ 阶矩阵来表示：

$$\boldsymbol{R} = \begin{pmatrix} \mu_R(x_1, y_1) & \mu_R(x_1, y_2) & \cdots & \mu_R(x_1, y_n) \\ \mu_R(x_2, y_1) & \mu_R(x_2, y_2) & \cdots & \mu_R(x_2, y_n) \\ \vdots & \vdots & & \vdots \\ \mu_R(x_m, y_1) & \mu_R(x_m, y_2) & \cdots & \mu_R(x_m, y_n) \end{pmatrix}$$

这样的矩阵称为模糊矩阵。模糊矩阵 $\boldsymbol{R}$ 中的元素 $\mu_R(x_i, y_j)$ 表示论域 X 中的第 i 个元素 x_i 与论域 Y 中的第 j 个元素 y_j 对于模糊关系 $\boldsymbol{R}$ 的隶属程度。

2. 模糊关系合成

设 X、Y、Z 是论域，$\boldsymbol{R}$ 是 X 到 Y 的一个模糊关系，$\boldsymbol{S}$ 是 Y 到 Z 的一个模糊关系，则 $\boldsymbol{R}$ 到 $\boldsymbol{S}$ 的合成是 X 到 Z 的一个模糊关系，记作：

$$\boldsymbol{T} = \boldsymbol{R} \circ \boldsymbol{S}$$

式中，"$\circ$"代表 $\boldsymbol{R}$ 和 $\boldsymbol{S}$ 的合成。

模糊矩阵 $\boldsymbol{T}$ 的隶属函数为：

$$\mu_{R \circ S}(x, z) = \bigvee_{y \in Y} (\mu_R(x, y) \wedge \mu_S(y, z))$$

式中，"$\vee$"表示取大运算，"$\wedge$"表示取小运算，通常把这种运算称为最大-最小合成法。

模糊关系的合成运算与矩阵的乘法非常类似，只不过把矩阵乘法中"相乘"改为"取小"，将矩阵中乘法中的"相加"改为取大。

◆ **例6-2** 已知子女与父母相似关系的合成矩阵和父母与祖父母相似关系的模糊矩阵分别为 $\boldsymbol{R}$ 和 $\boldsymbol{S}$，求子女与祖父母相似关系的模糊矩阵。

$$\boldsymbol{R} = \begin{pmatrix} 0.8 & 0.2 \\ 0.3 & 0.5 \end{pmatrix}, \quad \boldsymbol{S} = \begin{pmatrix} 0.2 & 0.7 \\ 0.9 & 0.1 \end{pmatrix}$$

解： 按最大-最小合成规则有：

$$
\begin{aligned}
\boldsymbol{T} = \boldsymbol{R} \circ \boldsymbol{S} &= \begin{pmatrix} 0.8 & 0.2 \\ 0.3 & 0.5 \end{pmatrix} \circ \begin{pmatrix} 0.2 & 0.7 \\ 0.9 & 0.1 \end{pmatrix} \\
&= \begin{pmatrix} (0.8 \wedge 0.2) \vee (0.2 \wedge 0.9) & (0.8 \wedge 0.7) \vee (0.2 \wedge 0.1) \\ (0.3 \wedge 0.2) \vee (0.5 \wedge 0.9) & (0.3 \wedge 0.7) \vee (0.5 \wedge 0.1) \end{pmatrix} \\
&= \begin{pmatrix} 0.2 \vee 0.2 & 0.7 \vee 0.1 \\ 0.2 \vee 0.5 & 0.3 \vee 0.1 \end{pmatrix} = \begin{pmatrix} 0.2 & 0.7 \\ 0.5 & 0.3 \end{pmatrix}
\end{aligned}
$$

3. 模糊变换

设两个有限集 $X = \{x_1, x_2, \cdots, x_m\}$ 和 $Y = \{y_1, y_2, \cdots, y_n\}$，$\boldsymbol{R}$ 是 $X \times Y$ 上的模糊关系：

$$
\boldsymbol{R} = \begin{pmatrix}
r_{11} & r_{12} & \cdots & r_{1n} \\
r_{21} & r_{22} & \cdots & r_{2n} \\
\vdots & \vdots & \vdots & \vdots \\
r_{m1} & r_{m2} & \cdots & r_{mn}
\end{pmatrix}
$$

设 A 和 B 分别为 X 和 Y 上的模糊集：

$$
A = \{\mu_A(x_1), \mu_A(x_2), \cdots, \mu_A(x_m)\}
$$
$$
B = \{\mu_B(y_1), \mu_B(y_2), \cdots, \mu_B(y_n)\}
$$

且满足：$B = A \circ \boldsymbol{R}$

则称 B 是 A 的象，A 是 B 的原象，$\boldsymbol{R}$ 是 X 到 Y 的一个模糊变换。

B 的隶属函数运算规则为：

$$
\mu_B(y_j) = \bigvee_{i=1}^{m} \left[\mu_A(x_i) \wedge \mu_R(x_i, y_j) \right]
$$

◆ **例 6-3**　已知论域 $X = \{x_1, x_2, x_3\}$ 和 $Y = \{y_1, y_2\}$，A 是论域 X 上的模糊集，$A = (0.1,$ $0.3, 0.5)$；$\boldsymbol{R}$ 是 X 到 Y 上的一个模糊变换，

$$
\boldsymbol{R} = \begin{pmatrix}
0.5 & 0.2 \\
0.3 & 0.1 \\
0.4 & 0.6
\end{pmatrix}
$$

试通过模糊变换 $\boldsymbol{R}$ 求 A 的象 B。

解：

$$
\begin{aligned}
B = A \circ \boldsymbol{R} &= (0.1, 0.3, 0.5) \circ \begin{pmatrix} 0.5 & 0.2 \\ 0.3 & 0.1 \\ 0.4 & 0.6 \end{pmatrix} \\
&= \left[(0.1 \wedge 0.5) \vee (0.3 \wedge 0.3) \vee (0.5 \wedge 0.4) \right. \\
&\qquad \left. (0.1 \wedge 0.2) \vee (0.3 \wedge 0.1) \vee (0.5 \wedge 0.6) \right] \\
&= \left[0.1 \vee 0.3 \vee 0.4 \quad 0.1 \vee 0.1 \vee 0.5 \right] \\
&= \left[0.4 \quad 0.5 \right]
\end{aligned}
$$

6.2.4 模糊条件语句

在模糊逻辑中,模糊逻辑规则实质上是模糊蕴含关系。下面就来介绍如何利用模糊数学从语言规则中提取其蕴含的模糊关系。

1. 基本模糊条件语句

常用的基本模糊条件语句根据句型可分为以下几种。

(1)"如果 A 那么 B"(if A then B)

这种条件语句是语言控制规则中最简单的句型,也是构成复杂语言规则的基础。模糊蕴含关系的矩阵建立方法很多,比较有代表性的是 Zadeh 和 Mamdani 法。

假设 x,y 是定义在论域 X 和 Y 的两个语言变量,模糊条件语句"如果 x 是 A,则 y 是 B",若存在 $X \times Y$ 上的二元模糊关系 $\boldsymbol{R}$,则 Zadeh 法和 Mamdani 法计算公式分别为:

Zadeh 法 $\boldsymbol{R} = (A \times B) \cup (\bar{A} \times Y)$

Mamdani 法 $\boldsymbol{R} = (A \times B)$

式中,$A \times B$ 称作 A 和 B 的直积(或笛卡儿乘积)。

则其隶属函数为:

Zadeh 法 $\mu_R(x,y) = (\mu_A(x) \wedge \mu_B(y)) \vee (1 - \mu_A(x))$

Mamdani 法 $\mu_R(x,y) = \mu_A(x) \wedge \mu_B(y)$

◆ 例6-4 定义两语言变量"误差 x"和"控制量 y";两者的论域:$X = Y = \{1,2,3,4,5\}$;$A \in X, B \in Y, X$、Y 上的模糊子集"大""小"分别定义如下:

$$A = [\text{小}] = \frac{1.0}{1} + \frac{0.8}{2} + \frac{0.3}{3} + \frac{0.1}{4}; B = [\text{大}] = \frac{0.1}{2} + \frac{0.3}{3} + \frac{0.8}{4} + \frac{1.0}{5}$$

分别用 Zadeh 和 Mamdani 法求出控制规则"如果 x 小,那么 y 大"模糊关系 $\boldsymbol{R}$。

解:(1)Mamdani 法

$$\boldsymbol{R} = A \times B = \begin{pmatrix} 1 \\ 0.8 \\ 0.3 \\ 0.1 \\ 0 \end{pmatrix} \times (0 \quad 0.1 \quad 0.3 \quad 0.8 \quad 1)$$

$$= \begin{pmatrix} 1 \wedge 0 & 1 \wedge 0.1 & 1 \wedge 0.3 & 1 \wedge 0.8 & 1 \wedge 1 \\ 0.8 \wedge 0 & 0.8 \wedge 0.1 & 0.8 \wedge 0.3 & 0.8 \wedge 0.8 & 0.8 \wedge 1 \\ 0.3 \wedge 0 & 0.3 \wedge 0.1 & 0.3 \wedge 0.3 & 0.3 \wedge 0.8 & 0.3 \wedge 1 \\ 0.1 \wedge 0 & 0.1 \wedge 0.1 & 0.1 \wedge 0.3 & 0.1 \wedge 0.8 & 0.1 \wedge 1 \\ 0 \wedge 0 & 0 \wedge 0.1 & 0 \wedge 0.3 & 0 \wedge 0.8 & 0 \wedge 1 \end{pmatrix}$$

$$= \begin{pmatrix} 0 & 0.1 & 0.3 & 0.8 & 1 \\ 0 & 0.1 & 0.3 & 0.8 & 0.8 \\ 0 & 0.1 & 0.3 & 0.3 & 0.3 \\ 0 & 0.1 & 0.1 & 0.1 & 0.1 \\ 0 & 0 & 0 & 0 & 0 \end{pmatrix}$$

（2）Zadeh 法

$$\mu_R(x,y)=(\mu_A(x)\wedge\mu_B(y))\vee(1-\mu_A(x))$$

$$\boldsymbol{R}=(A\times B)\cup(1-A)=\begin{pmatrix} 0 & 0.1 & 0.3 & 0.8 & 1 \\ 0 & 0.1 & 0.3 & 0.8 & 0.8 \\ 0 & 0.1 & 0.3 & 0.3 & 0.3 \\ 0 & 0.1 & 0.1 & 0.1 & 0.1 \\ 0 & 0 & 0 & 0 & 0 \end{pmatrix}$$

$$\cup\begin{pmatrix} 0 \\ 0.2 \\ 0.7 \\ 0.9 \\ 1 \end{pmatrix}=\begin{pmatrix} 0 & 0.1 & 0.3 & 0.8 & 1 \\ 0.2 & 0.2 & 0.3 & 0.8 & 0.8 \\ 0.7 & 0.7 & 0.7 & 0.7 & 0.7 \\ 0.9 & 0.9 & 0.9 & 0.9 & 0.9 \\ 1 & 1 & 1 & 1 & 1 \end{pmatrix}$$

由上例可以看出,Zadeh 和 Mamdani 法结果有很大不同,主要区别在于公式中有无 $\vee(1-\mu_A(x))$,当 $\mu_A(x)$ 很大时,$\vee(1-\mu_A(x))$ 对计算结果没有大的影响;$\vee(1-\mu_A(x))$ 很小时,会对结果产生决定性的影响。这就是两种方法所得结果存在差别的原因。Zadeh 法认为,"如果 A,则 B"暗含了"如果 A 否,则 B 否";而 Mamdani 法只依据条件语句给出 A 和 B 之间的关系进行计算。在实际控制中,由于被控对象的复杂性、非线性和不确定性,"如果 A,则 B"并不意味着"如果 A 否,则 B 否"就一定成立,所以 Mamdani 法获得了广泛的实际应用。在以后的内容中,主要采用 Mamdani 法。

（2）"如果 A 那么 B 否则 C"（if A then B else C）

设有论域 X、Y,模糊集合 $A\in X$,$B\in Y$,$C\in Y$,模糊条件语句"如果 A 那么 B 否则 C"可以拆分成如下两个规则：

规则1　如果 A 那么 B；

规则2　如果 A^C（A 的补集）那么 C；

这两个规则之间是模糊或的关系,因此,模糊关系 $\boldsymbol{R}$ 可表示为：

$$\boldsymbol{R}=(A\times B)\cup(A^C\times C)$$

其隶属函数为：

$$\mu_R=[\mu_A(x)\wedge\mu_B(y)]\vee[(1-\mu_A(x))\wedge\mu_C(y)]$$

（3）"如果 A 且 B 那么 C"（if A and B then C）

设有论域 X、Y、Z,模糊集合 $A\in X$,$B\in Y$,$C\in Z$,则模糊条件语句"如果 A 且 B 那么 C"蕴含的模糊关系为：

$$\boldsymbol{R}=A\times B\times C$$

其隶属函数为：

$$\mu_R=\mu_A(x)\wedge\mu_B(y)\wedge\mu_C(z)$$

关系矩阵 $\boldsymbol{R}$ 的求解过程如下：

先建立条件部分"A 且 B"的关系矩阵 $\boldsymbol{R}_1$,即：

$$\boldsymbol{R}_1=A\times B$$

然后利用 R_1 和 C 计算 R，但一般情况下，R_1 不是一个一维行向量或列向量，无法直接计算。所以需要将 R_1 中第一行后的所有元素按行依次置于第一行之后，构成一个行向量，然后转置，将其改造为一维列向量，设为 R_1^T，可得：

$$R = R_1^T \times C$$

◆ 例6-5 已知语言规则为"如果 e 是 A，并且 ec 是 B，那么 u 是 C。"其中

$$A = \frac{1}{e_1} + \frac{0.5}{e_2} \qquad B = \frac{0.1}{ec_1} + \frac{0.6}{ec_2} + \frac{1}{ec_3} \qquad C = \frac{0.3}{u_1} + \frac{0.7}{u_2} + \frac{1}{u_3}$$

试求该语句所蕴含的模糊关系 R。

解：$R = A \times B \times C$

第一步，先求 $R_1 = A \times B$：

$$R_1 = \begin{pmatrix} 1 \\ 0.5 \end{pmatrix} \times (0.1 \quad 0.6 \quad 1) = \begin{pmatrix} 1 \wedge 0.1 & 1 \wedge 0.6 & 1 \wedge 1 \\ 0.5 \wedge 0.1 & 0.5 \wedge 0.6 & 0.5 \wedge 1 \end{pmatrix} = \begin{pmatrix} 0.1 & 0.6 & 1 \\ 0.1 & 0.5 & 0.5 \end{pmatrix}$$

第二步，将 R_1 排成列向量形式 R_1^T，先将矩阵中的第一行元素写成列向量，再将矩阵中的第二行元素也写成列向量并放在前者的下面，如果是多行的，再依次写下去。于是 R_1^T 可表示为：

$$R_1^T = \begin{pmatrix} 0.1 \\ 0.6 \\ 1 \\ 0.1 \\ 0.5 \\ 0.5 \end{pmatrix}$$

注意：R_1^T 并不是 R_1 的转置矩阵。

第三步，R 可计算如下：

$$R = R_1^T \times C = \begin{pmatrix} 0.1 \\ 0.6 \\ 1 \\ 0.1 \\ 0.5 \\ 0.5 \end{pmatrix} \times (0.3 \quad 0.7 \quad 1) = \begin{pmatrix} 0.1 \wedge 0.3 & 0.1 \wedge 0.7 & 0.1 \wedge 1 \\ 0.6 \wedge 0.3 & 0.6 \wedge 0.7 & 0.6 \wedge 1 \\ 1 \wedge 0.3 & 1 \wedge 0.7 & 1 \wedge 1 \\ 0.1 \wedge 0.3 & 0.1 \wedge 0.7 & 0.1 \wedge 1 \\ 0.5 \wedge 0.3 & 0.5 \wedge 0.7 & 0.5 \wedge 1 \\ 0.5 \wedge 0.3 & 0.5 \wedge 0.7 & 0.5 \wedge 1 \end{pmatrix} = \begin{pmatrix} 0.1 & 0.1 & 0.1 \\ 0.3 & 0.6 & 0.6 \\ 0.3 & 0.7 & 1 \\ 0.1 & 0.1 & 0.1 \\ 0.3 & 0.5 & 0.5 \\ 0.3 & 0.5 & 0.5 \end{pmatrix}$$

2. 多重多维条件语句

有多输入量的多重条件语句，称之为多重多维条件语句。其句型为：

如果 A_{11} 且 A_{12}，$\cdots$，且 A_{1m}，则 y 是 B_1；

否则，如果 A_{21} 且 A_{22}，$\cdots$，且 A_{2m}，则 y 是 B_2；

……

否则，如果 A_{n1} 且 A_{n2}，$\cdots$，且 A_{nm}，则 y 是 B_n；

运算时，先计算每一条多维条件语句的关系矩阵 R_i，然后对所有的 R_i 做并集计算，从而得到 R，即：

$$\boldsymbol{R} = \bigcup_{i=1}^{n} (R_i) = \bigcup_{i=1}^{n} (A_{i1} \times A_{i2} \times \cdots \times A_{im} \times B_i)$$

其隶属函数为：

$$\mu_R = \bigvee_{i=1}^{n} (\mu_{A_{i1}}(x_1) \wedge \mu_{A_{i2}}(x_2) \wedge \cdots \wedge \mu_{A_{im}}(x_m) \wedge \mu_{B_i}(y))$$

6.2.5　模糊推理

当语言控制规制中蕴含的模糊关系确定后，就可以根据模糊关系和输入情况，来确定输出情况，这一过程称为模糊推理。模糊推理规则实际是一种模糊变换，它将输入集变换到输出论域的模糊集。模糊推理过程如图 6-5 所示，其中，$\boldsymbol{R}$ 是进行推理的大前提，A^* 是小前提，是进行模糊推理的条件。模糊推理通过合成法则来实现。

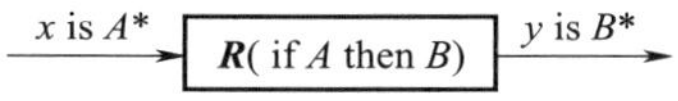

$$x \text{ is } A^* \longrightarrow \boxed{\boldsymbol{R}(\text{ if } A \text{ then } B)} \xrightarrow{y \text{ is } B^*}$$

图 6-5　模糊推理过程

1. 单输入模糊推理

对于单输入的情况，假设两个语言变量 x, y 之间的模糊关系为 $\boldsymbol{R}$，当 x 的模糊取值为 A^* 时，与之相对应的 y 的模糊取值 B^*，可通过模糊推理得出：

$$B^* = A^* \circ \boldsymbol{R}$$

其隶属函数为：

$$\mu_{B^*}(y) = \bigvee_{x \in X} (\mu_{A^*}(x) \wedge \mu_R(x, y))$$

◆ 例 6-6　某锅炉的水温论域为 $X = (0, 20, 40, 60, 80, 100)$（℃），气压的论域为 $Y = (1, 2, 3, 4, 5, 6, 7)$（kPa），分别定义模糊集合 A、A^*、B 为：

$$A = [\text{温度高}] = \frac{0}{0} + \frac{0.1}{20} + \frac{0.3}{40} + \frac{0.6}{60} + \frac{0.8}{80} + \frac{1}{100}$$

$$A^* = [\text{温度较高}] = \frac{0}{0} + \frac{0.1}{20} + \frac{0.3}{40} + \frac{0.7}{60} + \frac{1}{80} + \frac{0.8}{100}$$

$$B = [\text{气压高}] = \frac{0}{1} + \frac{0.1}{2} + \frac{0.2}{3} + \frac{0.5}{4} + \frac{0.8}{5} + \frac{0.9}{6} + \frac{1}{7}$$

根据规则"如果温度高，那么气压高"，求温度较高时的气压值。

解：首先，求出"如果温度高，那么气压高"的模糊关系矩阵 $\boldsymbol{R}$ 为：

$$\boldsymbol{R} = A \times B = \begin{pmatrix} 0 \\ 0.1 \\ 0.3 \\ 0.6 \\ 0.8 \\ 1 \end{pmatrix} \times (0 \quad 0.1 \quad 0.2 \quad 0.5 \quad 0.8 \quad 0.9 \quad 1) = \begin{pmatrix} 0 & 0 & 0 & 0 & 0 & 0 & 0 \\ 0 & 0.1 & 0.1 & 0.1 & 0.1 & 0.1 & 0.1 \\ 0 & 0.1 & 0.2 & 0.3 & 0.3 & 0.3 & 0.3 \\ 0 & 0.1 & 0.2 & 0.5 & 0.6 & 0.6 & 0.6 \\ 0 & 0.1 & 0.2 & 0.5 & 0.8 & 0.8 & 0.8 \\ 0 & 0.1 & 0.2 & 0.5 & 0.8 & 0.9 & 1 \end{pmatrix}$$

则：

$$B^* = A^* \circ \boldsymbol{R} = (0 \quad 0.1 \quad 0.3 \quad 0.7 \quad 1 \quad 0.8) \circ \begin{pmatrix} 0 & 0 & 0 & 0 & 0 & 0 & 0 \\ 0 & 0.1 & 0.1 & 0.1 & 0.1 & 0.1 & 0.1 \\ 0 & 0.1 & 0.2 & 0.3 & 0.3 & 0.3 & 0.3 \\ 0 & 0.1 & 0.2 & 0.5 & 0.6 & 0.6 & 0.6 \\ 0 & 0.1 & 0.2 & 0.5 & 0.8 & 0.8 & 0.8 \\ 0 & 0.1 & 0.2 & 0.5 & 0.8 & 0.9 & 1 \end{pmatrix}$$

$$= (0 \quad 0.1 \quad 0.2 \quad 0.5 \quad 0.8 \quad 0.8 \quad 0.8)$$

分析推理结果可知，B^* 与 $B = [\text{气压高}] = \frac{0}{1} + \frac{0.1}{2} + \frac{0.2}{3} + \frac{0.5}{4} + \frac{0.8}{5} + \frac{0.9}{6} + \frac{1}{7}$ 相比，气压会低一些，即当温度较高的情况下，气压也较高，这样的推理符合正常的逻辑思维。

2. 多输入单规则模糊推理

对于语言规则含有多个输入的情况，假设输入语言变量 x 与输出语言变量 y 之间的模糊关系为 R，当输入变量的模糊取值分别为 $A_1^*, A_2^*, \cdots, A_m^*$ 时，与之相对应的 y 的取值 B^*，可通过下式得到：

$$B^* = (A_1^* \times A_2^* \cdots \times A_m^*) \circ R$$

其隶属函数为：

$$\mu_{B^*}(y) = \bigvee_{x \in X} (\mu_{A_1^*}(x) \wedge \mu_{A_1^*}(x) \wedge \cdots \wedge \mu_{A_m^*}(x) \wedge \mu_R(x, y))$$

对于多维模糊条件语句，如"如果 A 且 B 那么 C"，A 和 B 是推理中已知的模糊结合，而且在建立关系矩阵 R 时，首先计算的是 $R_1 = A \times B$。所以，在进行模糊推理时可先对实际的模糊集合 A^* 和 B^* 进行运算，即：

$$R_1^* = A^* \times B^*$$

继而将 R_1^* 写成行向量 R_1^{*T}，再与关系矩阵 R 做模糊变换运算，即：

$$C^* = R_1^{*T} \circ R$$

◆ **例 6-7** 已知：$A^* = \dfrac{0.8}{e_1} + \dfrac{0.4}{e_2}$，$B^* = \dfrac{0.2}{ec_1} + \dfrac{0.6}{ec_2} + \dfrac{0.7}{ec_3}$，试根据例 6-5 中的语言规则求 "$e$ 是 A^* 并且 ec 是 B^*"时输出 u 的模糊值 C^*。

解： 例 6-5 已经解出模糊关系矩阵 R：

$$R = \begin{pmatrix} 0.1 & 0.1 & 0.1 \\ 0.3 & 0.6 & 0.6 \\ 0.3 & 0.7 & 1 \\ 0.1 & 0.1 & 0.1 \\ 0.3 & 0.5 & 0.5 \\ 0.3 & 0.5 & 0.5 \end{pmatrix}$$

根据：$C^* = (A^* \times B^*) \circ R$，令 $R_1^* = A^* \times B^*$，则：

$$R_1^* = A^* \times B^* = \begin{pmatrix} 0.8 \\ 0.4 \end{pmatrix} \times (0.2 \quad 0.6 \quad 0.7) = \begin{pmatrix} 0.2 & 0.6 & 0.7 \\ 0.2 & 0.4 & 0.4 \end{pmatrix}$$

将 R_1^* 写成行向量 R_1^{*T}，则：

$$R_1^{*T} = (0.2 \quad 0.6 \quad 0.7 \quad 0.2 \quad 0.4 \quad 0.4)$$

$$C^* = (A^* \times B^*) \circ R = R_1^{*T} \circ R = (0.2 \quad 0.6 \quad 0.7 \quad 0.2 \quad 0.4 \quad 0.4) \circ \begin{pmatrix} 0.1 & 0.1 & 0.1 \\ 0.3 & 0.6 & 0.6 \\ 0.3 & 0.7 & 1 \\ 0.1 & 0.1 & 0.1 \\ 0.3 & 0.5 & 0.5 \\ 0.3 & 0.5 & 0.5 \end{pmatrix}$$

$$= (0.3 \quad 0.7 \quad 0.7)$$

3. 多输入多规则模糊推理

以二输入为例,对于多规则的情况,规则库可以描述为:

R_1: if A_1 and B_1 then C_1;

R_2: if A_2 and B_2 then C_2;

......

R_n: if A_n and B_n then C_n;

则当二输入变量的模糊取值分别为 A^* 和 B^* 时,根据 R 推理得到的模糊输出 C^* 等于所有根据 R_i 推理得到的模糊输出 C_i 的并集。

$$C^* = \bigcup_{i=1}^{n} C_i^*$$

式中,C_i^* 可由多输入模糊推理得出。

其隶属函数为:

$$\mu_{C^*}(z) = \bigvee_{i=1}^{n} \mu_{C_i^*}(z)$$

6.2.6　模糊控制器设计

1. 模糊控制系统的基本原理

模糊控制是以模糊集理论、模糊语言变量和模糊逻辑推理为基础的一种智能控制方法。模糊控制的基本思想是将人类专家对特定对象的控制经验,运用模糊集理论进行量化,转化为可数学实现的控制器,从而实现对被控对象的控制。

模糊控制系统结构如图 6-6 所示。

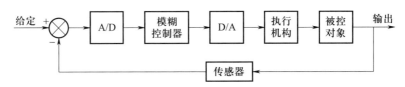

图 6-6　模糊控制系统结构

从图 6-6 可以看出,模糊控制系统主要由模糊控制器、传感器(反馈测量装置)、执行机构、被控对象、A/D 与 D/A 转换装置等组成,与传统控制系统的区别仅在于以模糊控制器取代了传统控制器。

（1）模糊控制器组成

模糊控制器(fuzzy controller,FC),是模糊控制系统设计的关键,主要由模糊化装置、知识库、模糊推理装置及去模糊化装置四部分组成。如图 6-7 所示。

1）模糊化装置。其主要功能是将模糊控制器输入的精确量转换为模糊量,输入量一般为误差信号 e 及误差变化率 ec。

2）知识库。该模块通常由数据库和模糊规则库两部分组成。数据库主要包括语言变量的隶属函数、尺度变换因子及模糊空间的分级数等。规则库包括用模糊语言变量表示的一系

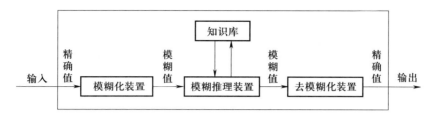

图 6-7 模糊控制器组成

列控制规则,它们反映了控制专家的经验和知识。

3) 模糊推理装置。模糊推理装置是模糊控制器的核心,根据输入模糊量与相应的模糊规则进行推理,获得模糊控制量。

4) 去模糊化装置。将模糊推理得到的模糊量进行去模糊化处理,转换成可以被执行机构所实现的精确值。

(2) 模糊控制器的结构

模糊控制器按照输入变量的维数分为以下三种,如图 6-8 所示。

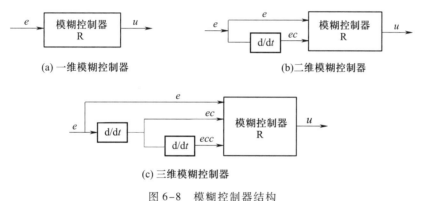

(a) 一维模糊控制器

(b) 二维模糊控制器

(c) 三维模糊控制器

图 6-8 模糊控制器结构

1) 一维模糊控制器。控制的输入仅为误差信号 e,输出为控制量或控制量的变化。这种控制器反映了一种比例(P)控制规律,由于不能反映受控过程的动态特性,因此控制效果欠佳。

2) 二维模糊控制器。控制器的输入有两个:误差 e 及误差变化率 ec。这种控制器体现了比例-微分(PD)的控制规律,其控制效果要明显好于一维控制器,是目前广泛使用的一种模糊控制器。

3) 三维模糊控制器。控制器的输入有三个:误差 e、误差变化率 ec、误差变化的变化率 ecc。由于输入量较多,因此控制精度更高一些。

在控制系统设计时,通常根据实际需要来选择模糊控制器的结构。目前,由于二维控制器能够较好地反映误差信号的动态特征,有较好的控制效果,因此大多数控制系统选用二维模糊控制器。当被控系统比较简单且对控制精度没有太高要求时,可以考虑一维控制器。从理论上讲,输入维数越高,系统的控制精度就越高;但由于输入维数多,无论模糊规则的建立还是模糊推理都比较复杂,实现较为困难。因此,除非对动态特性有特殊要求的场合,一般较少使用三维控制器。

2. 模糊化

由于模糊控制器的输入是传感器检测到的精确量,输出是驱动被控对象的物理量,而进行模糊推理需要模糊量,这就需要在控制算法的实现过程中,将精确量转换成模糊量。

将精确量(数字量)转化为模糊量的过程称为模糊化。模糊化的设计步骤就是定义语言变量的过程,可分为以下几个步骤。

(1)语言变量的确定

针对模糊控制器每个输入、输出空间,各自定义一个语言变量。通常取系统的误差值 e 和误差变化率 ec 为模糊控制器的两个输入,在 e 的论域上定义语言变量"误差 E",在 ec 的论域上定义语言变量"误差变化率 EC";在控制量 u 的论域上定义语言变量"控制量 U"。

(2)论域的量化

模糊控制系统在线运行时,为了提高实时性,模糊控制器常以控制查询表的形式出现。该表反映了通过模糊控制算法求出的模糊控制器输入量和输出量在给定离散点上的对应关系。为了能方便地产生控制查询表,在模糊控制器的设计中,通常就把语言变量的论域定义为有限整数的离散论域。

在实际中,假设误差 e 的连续取值范围为 $e \in [e_L, e_H]$;误差变化率 ec 的连续取值范围是 $ec = [ec_L, ec_H]$,控制量的连续取值范围是 $u = [u_L, u_H]$。

可将误差的离散论域 E 定义为 $\{-n, -n+1, \cdots, -1, 0, 1, \cdots, n-1, n\}$;$EC$ 的离散论域定义为 $\{-m, -m+1, \cdots, -1, 0, 1, \cdots, m-1, m\}$;将 U 的离散论域定义为 $\{-l, -l+1, \cdots, -1, 0, 1, \cdots, l-1, l\}$;这个过程称为分级。

模糊控制器通过引入量化因子 K_e、K_{ec} 和比例因子 K_u 来实现实际连续域到有限整数离散域的转换。量化因子 K_e、K_{ec} 可通过下式确定:

$$K_e = \frac{2n}{e_H - e_L}$$

$$K_{ec} = \frac{2m}{ec_H - ec_L}$$

在确定了量化因子和比例因子之后,误差 e 和误差变化率 ec 可通过下式转换为模糊控制器的输入 E 和 EC:

$$E = \left\langle K_e \left(e - \frac{e_L + e_H}{2} \right) \right\rangle$$

$$EC = \left\langle K_{ec} \left(ec - \frac{ec_L + ec_H}{2} \right) \right\rangle$$

式中,$\langle \cdot \rangle$ 代表取整运算。

比例因子是模糊控制器的输出与实际输出值之间的转换因子,可由下式确定:

$$K_u = \frac{u_H - u_L}{2l}$$

实际的输出值 u 可表示为:

$$u = K_u \cdot U + \frac{u_H + u_L}{2}$$

图 6-9 给出了量化因子、比例因子与输入输出变量的关系,其中,E 和 EC 是误差值 e 和误差变化率 ec 经量化因子作用后的模糊量,u 是模糊量 U 经比例因子作用后的精确量。

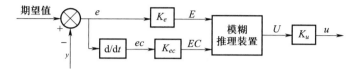

图 6-9　量化因子、比例因子与输入输出变量的关系

◆ **例 6-8**　某模糊控制器的输入量为炉温,温度范围为 $0 \sim 1\,000\,℃$,即物理论域 $X = [0, 1\,000]$,取 $n = 6$,离散论域 $N = \{-6, -5, -4, -3, -2, -1, 0, 1, 2, 3, 4, 5, 6\}$;求物理论域中的 200、600 和 900 量化后的值。

　　解: 首先求量化因子 K:

$$K = \frac{2 \times 6}{1\,000 - 0} = 0.012$$

则 200 对应的离散值为:

$$E = 0.012 \cdot \left(200 - \frac{0 + 1\,000}{2}\right) = -3.6$$

取整后 $E = -4$。

同理,600 和 900 对应的离散值分别为 1 和 5。

（3）建立模糊集合

在模糊控制中,输入输出变量大小是以语言形式描述的,一般都选用“大、中、小”三个词汇来描述模糊控制器的输入、输出变量的状态,再加上正负两个方向和零状态,共分七档:{负大,负中,负小,零,正小,正中,正大}。英文缩写为:$\{NB, NM, NS, ZO, PS, PM, PB\}$

为了提高系统稳态精度,通常在误差接近零时增加分辨率,将“零”又分为“正零”和“负零”,因此描述误差变量的词集一般取为:{负大,负中,负小,负零,正零,正小,正中,正大}。英文缩写为:$\{NB, NM, NS, NO, PO, PS, PM, PB\}$

一般来说,一个语言变量的值越多(即分档多),对事物的描述越全面、准确,控制效果越好;但划分过细会使模糊规则变得复杂,编制程序困难,占用的内存较多。反之,档级少,规则少,规则实现方便,但过少的规则会使控制作用变粗而达不到预期的效果。因此在选择模糊状态时要兼顾简单性和控制效果。

选取误差 E 的模糊语言变量值为 $\{NB, NM, NS, NO, PO, PS, PM, PB\}$,将这 8 个语言值分别用 $\{-6, -5, -4, -3, -2, -1, 0, 1, 2, 3, 4, 5, 6\}$ 13 个等级来表示,就建立了离散化后的精确量与模糊语言变量之间的一种模糊关系,典型的语言变量 E 的赋值表见表 6-1。例如,在 -6 附近称为负大,用 NB 表示;在 -4 附近称为负中,用 NM 表示。如果 $E = -5$ 时,这个精确量没有在档次上,再从表 6-1 中的隶属度上选择,$\mu_{NM}(-5) = 0.7$,$\mu_{NB}(-5) = 0.8$,$\mu_{NB} > \mu_{NM}$,所以 -5 用 NB 表示。

表 6-1　语言变量 E 的赋值表

语言值	E												
	-6	-5	-4	-3	-2	-1	0	1	2	3	4	5	6
	$\mu(x)$												
NB	1.0	0.8	0.4	0.1	0	0	0	0	0	0	0	0	0
NM	0.2	0.7	1.0	0.7	0.2	0	0	0	0	0	0	0	0
NS	0	0	0.1	0.5	1.0	0.8	0.3	0	0	0	0	0	0
NO	0	0	0	0	0.1	0.6	1.0	0	0	0	0	0	0
PO	0	0	0	0	0	0	1.0	0.6	0.1	0	0	0	0
PS	0	0	0	0	0	0	0.3	0.8	1.0	0.5	0.1	0	0
PM	0	0	0	0	0	0	0	0	0.2	0.7	1.0	0.7	0.2
PB	0	0	0	0	0	0	0	0	0	0.1	0.4	0.8	1.0

误差变化率 EC 的模糊语言值取 $\{NB, NM, NS, ZO, PS, PM, PB\}$，将这 7 个语言值分别用 $\{-6, -5, -4, -3, -2, -1, 0, 1, 2, 3, 4, 5, 6\}$ 13 个等级来表示，语言变量 EC 的赋值表见表 6-2。

表 6-2　语言变量 EC 的赋值表

语言值	EC												
	-6	-5	-4	-3	-2	-1	0	1	2	3	4	5	6
	$\mu(x)$												
NB	1.0	0.8	0.4	0.1	0	0	0	0	0	0	0	0	0
NM	0.2	0.7	1.0	0.7	0.2	0	0	0	0	0	0	0	0
NS	0	0	0.2	0.7	1.0	0.9	0	0	0	0	0	0	0
ZO	0	0	0	0	0	0.5	1.0	0.5	0	0	0	0	0
PS	0	0	0	0	0	0	0	0.9	1.0	0.7	0.2	0	0
PM	0	0	0	0	0	0	0	0	0.2	0.7	1.0	0.7	0.2
PB	0	0	0	0	0	0	0	0	0	0.1	0.4	0.8	1.0

同理，可以建立输出量 U 的赋值表见表 6-3。

表 6-3　语言变量 U 的赋值表

语言值	U												
	-6	-5	-4	-3	-2	-1	0	1	2	3	4	5	6
	$\mu(x)$												
NB	1.0	0.8	0.4	0.1	0	0	0	0	0	0	0	0	0
NM	0.2	0.7	1.0	0.7	0.2	0	0	0	0	0	0	0	0
NS	0	0.1	0.4	0.8	1.0	0.4	0	0	0	0	0	0	0
ZO	0	0	0	0	0	0.5	1.0	0.5	0	0	0	0	0

续表

语言值	U												
	−6	−5	−4	−3	−2	−1	0	1	2	3	4	5	6
	$\mu(x)$												
PS	0	0	0	0	0	0	0	0.4	1.0	0.8	0.4	0.1	0
PM	0	0	0	0	0	0	0	0	0.2	0.7	1.0	0.7	0.2
PB	0	0	0	0	0	0	0	0	0	0.1	0.4	0.8	1.0

（4）语言变量值的隶属函数

语言变量值是一个模糊子集,通过隶属函数来描述。隶属函数的确定过程,本质上说应该是客观的,但每个人对于同一个模糊概念的认识、理解又有差异,因此,隶属函数的确定又带有主观性。一般是根据经验或统计进行确定的,也可由专家、权威人士给出。

在长期的理论研究和实际应用中,人们总结出一些基本的隶属函数形式,主要有以下几种。

1）正态分布型

正态分布型隶属函数是最主要、也是最常见的一种隶属函数,也称为高斯型隶属函数,由两个参数 σ 和 c 确定:

$$\mu_A(x) = e^{-\frac{(x-c)^2}{2\sigma^2}}$$

式中,σ 为函数的宽度,c 用于确定曲线的中心值。

假设与 $\{PB,PM,PS,ZO,NS,NM,NB\}$ 对应的高斯基函数的中心值分别为 $\{6,4,2,0,-2,-4,-6\}$,宽度均为 2。隶属函数的形状和分布如图 6−10 所示。

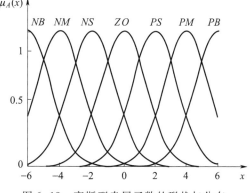

图 6−10　高斯型隶属函数的形状与分布

2）三角形

三角形曲线的形状由三个参数 a,b,c 确定,即

$$\mu_A(x) = \begin{cases} 0 & x \leqslant a \\ \dfrac{x-a}{b-a} & a \leqslant x \leqslant b \\ \dfrac{c-x}{c-b} & b \leqslant x \leqslant c \\ 0 & x \geqslant c \end{cases}$$

假设与 $\{PB,PM,PS,ZO,NS,NM,NB\}$ 对应的三角形隶属函数的中心值分别为 $\{6,4,2,0,-2,-4,-6\}$,每个三角形的底边端点恰好是相邻两个三角形的中心点。三角形隶属函数的形状和分布如图 6−11 所示。

3）梯形

梯形曲线的形状由参数 a、b、c、d 确定,即

$$\mu_A(x) = \begin{cases} 0 & x \leqslant a \\ \dfrac{x-a}{b-a} & a \leqslant x \leqslant b \\ 1 & b \leqslant x \leqslant c \\ \dfrac{d-x}{d-c} & c \leqslant x \leqslant d \\ 0 & x \geqslant d \end{cases}$$

梯形隶属函数的形状和分布如图 6-12 所示。

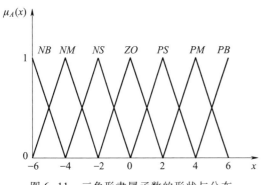

图 6-11　三角形隶属函数的形状与分布

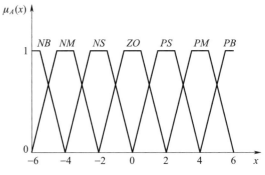

图 6-12　梯形隶属函数的形状与分布

3. 规则库

（1）规则库的描述

模糊控制规则是根据专家知识以及操作人员的长期经验积累而来的，通常由一系列的模糊条件语句组成。即由很多模糊蕴含关系"如果…那么…"（if…then…）构成。比如根据经验可以知道如果系统的实际输出值大于期望值，那么此时需要减小控制器的输出来减少实际输出，从而减小误差。如果将误差表示为 $E=$ 实际值-期望值，那么：

1）误差 E 为正时，控制器的输出就应该减小，并且 E 越大，控制器的输出减小得越多；

2）误差为负时，控制器的输出就应增加；

3）误差为零时，控制器的输出不变。

将系统误差 E 和误差的变化率 EC 作为输入变量时，经过大量的实际经验的总结，得到下述 26 条模糊条件语句：

1）if $E=NB$ and $EC=NB$ or NM or NS or ZO 　　　　then $U=PB$

2）if $E=NB$ and $EC=PB$ or PM or PS 　　　　then $U=ZO$

3）if $E=NM$ and $EC=NB$ or NM 　　　　then $U=PB$

4）if $E=NM$ and $EC=NS$ or ZO 　　　　then $U=PM$

5）if $E=NM$ and $EC=PS$ 　　　　then $U=PS$

6）if $E=NM$ and $EC=PM$ or PB 　　　　then $U=ZO$

7）if $E=NS$ and $EC=NB$ 　　　　then $U=PB$

8）if $E=NS$ and $EC=NM$ 　　　　then $U=PM$

9）if $E=NS$ and $EC=NS$ or ZO 　　　　then $U=PS$

10）if $E=NS$ and $EC=PS$ or PM or PB 　　　then $U=ZO$

11）if $E=NO$ and $EC=NB$ 　　　then $U=PM$

12）if $E=NO$ and $EC=NM$ 　　　then $U=PS$

13）if $E=NO$ and $EC=NS$ or ZO or PS or PM or PB　then $U=ZO$

……

26）if $E=PB$ and $EC=PS$ or PM or PB or ZO 　　　then $U=NB$

将此 26 条语句列成模糊控制表如表 6-4 所示。

表 6-4　模糊控制表

EC	E							
	NB	NM	NS	NO	PO	PS	PM	PB
	U							
NB	PB	PB	PB	PM	ZO	ZO	ZO	ZO
NM	PB	PB	PM	PS	ZO	ZO	ZO	ZO
NS	PB	PM	PS	ZO	ZO	ZO	NS	ZO
ZO	PB	PM	PS	ZO	ZO	NS	NM	NB
PS	ZO	PS	ZO	ZO	ZO	NS	NM	NB
PM	ZO	ZO	ZO	ZO	NS	NM	NB	NB
PB	ZO	ZO	ZO	ZO	NM	NB	NB	NB

（2）规则库蕴含的模糊关系

根据第 6.2.4 节介绍的方法，可以得出控制规则蕴含的模糊关系。上述规则库属于多重多维条件语句。规则库中第 i 条控制规则：

$$R_i: \text{if } E \text{ is } A_i \text{ and } EC \text{ is } B_i \text{ then } U \text{ is } C_i$$

其蕴含的模糊关系为：

$$R_i=(A_i \times B_i) \times C_i$$

其隶属函数的计算公式为：

$$\mu_{R_i}=\mu_{A_i}(E) \wedge \mu_{B_i}(EC) \wedge \mu_{C_i}(U)$$

控制规则库中的 n 条规则之间可以看作是"或"，也就是求并集的关系，则整个规则库蕴含的模糊关系为：

$$R=\bigcup_{i=1}^{n} R_i$$

隶属函数的运算规则为：

$$\mu_R=\bigvee_{i=1}^{n} \mu_{R_i}=\bigvee_{i=1}^{n} (\mu_{A_i}(E) \wedge \mu_{B_i}(EC) \wedge \mu_{C_i}(U))$$

（3）模糊推理

当给定模糊控制器输入语言变量论域上的实际模糊集 E^* 和 EC^* 后，即可通过 6.2.5 节内容描述的模糊推理方法得到输出模糊值：

$$C^*=(E^* \times EC^*) \circ R$$

4. 去模糊化

由模糊推理得到的模糊输出值 C^* 是输出论域上的模糊子集,只有其转化为精确控制量 u,才能施加于对象。这种转化的方法叫去模糊化(或清晰化)。

(1)最大隶属度法

最大隶属度法也称直接法,该方法直接选择输出模糊集合中隶属度最大的元素作为精确输出控制量。如果有多个元素同时出现最大隶属函数值,就取其平均值作为清晰值。

◆ **例6-9** 已知输出量所对应的模糊向量为:

① $C^* = \dfrac{0}{-6} + \dfrac{0.5}{-5} + \dfrac{1}{-4} + \dfrac{0.5}{-3} + \dfrac{0}{-2} + \dfrac{0}{-1} + \dfrac{0}{0} + \dfrac{0}{1} + \dfrac{0}{2} + \dfrac{0}{3} + \dfrac{0}{4} + \dfrac{0}{5} + \dfrac{0}{6}$

② $C^* = \dfrac{0}{-6} + \dfrac{0.5}{-5} + \dfrac{1}{-4} + \dfrac{1}{-3} + \dfrac{1}{-2} + \dfrac{0.5}{-1} + \dfrac{0}{0} + \dfrac{0}{1} + \dfrac{0}{2} + \dfrac{0}{3} + \dfrac{0}{4} + \dfrac{0}{5} + \dfrac{0}{6}$

按最大隶属度法进行清晰化运算,求精确值。

解: ① 元素-4 对应的隶属度最大,则根据最大隶属度法得到的精确输出控制量为-4。

② 元素-4、-3、-2 对应的隶属度均为1,取相应诸元素的平均值,并进行四舍五入取整,作为控制量。则精确输出控制量为:

$$U^* = \frac{(-4)+(-3)+(-2)}{3} = -3$$

(2)加权平均法

加权平均法也称重心法,是对模糊输出量中各元素及其对应的隶属度求加权平均值,并进行四舍五入取整,得到精确输出控制量的一种方法,即:

$$U^* = \left\langle \frac{\sum\limits_{i=1}^{n} \mu_{C^*}(U_i) U_i}{\sum\limits_{i=1}^{n} \mu_{C^*}(U_i)} \right\rangle$$

式中,〈·〉代表取整操作。

◆ **例6-10** 已知输出量所对应的模糊向量为:

$C^* = \dfrac{0}{-6} + \dfrac{0.5}{-5} + \dfrac{1}{-4} + \dfrac{1}{-3} + \dfrac{1}{-2} + \dfrac{0.5}{-1} + \dfrac{0}{0} + \dfrac{0}{1} + \dfrac{0}{2} + \dfrac{0}{3} + \dfrac{0}{4} + \dfrac{0}{5} + \dfrac{0}{6}$

按加权平均法进行清晰化运算,求精确值。

解: $U^* = \left\langle \dfrac{0.5\times(-5)+1\times(-4)+1\times(-3)+1\times(-2)+0.5\times(-1)}{0.5+1+1+1+0.5} \right\rangle = 2$

清晰化处理后得到的模糊控制器的精确输出量 U^*,经过比例因子可以转化为实际作用于控制对象的控制量:

$$u^* = K_u \cdot U^* + \frac{u_H + u_L}{2}$$

5. 模糊查询表

模糊控制器的工作过程:

(1)模糊控制器实时检测系统的误差 e^* 和误差变化率 ec^*;

（2）通过量化因子 K_e 和 K_{ec}，将 e^* 和 ec^* 量化为控制器的输入 E^* 和 EC^*；

（3）E^* 和 EC^* 通过模糊化接口转化为模糊输入 A^* 和 B^*；

（4）将 A^* 和 B^* 根据规则库蕴含的模糊关系进行模糊推理，得到模糊控制输出量 C^*；

（5）对 C^* 进行去模糊化处理，得到控制器的精确输出量 U^*；

（6）通过比例因子 K_u 将 U^* 转化为实际作用于控制对象的控制量 u^*。

当系统在线运行时，如果每次采样都要根据以上步骤进行一次推理、去模糊化，则运算十分烦琐，将占用大量的计算机资源并影响系统实时性。将步骤（3）～（5）离线进行运算，对于每一种可能出现的 E 和 EC 取值，计算出相应的输出量 U，并以表格的形式储存在计算机内存中，这样的表格称之为模糊查询表。

在实际控制中，只需查表即可确定输出量。因此，这种方法操作简便、实时性好，但缺点是无法对控制规则进行在线调整。

模糊查询表法的设计过程如下：

（1）设模糊控制规则为 n 个条件语句，格式为：

$$如果 A_i 且 B_i，则 C_i$$

该控制规则设计三个物理论域，输入论域设为 X 和 Y；一个输出论域设为 Z。经过量化后，得到三个离散论域 NX、NY、NZ，分别设为：

$$NX = \{-n_x, -n_x+1, \cdots, -1, 0, 1, \cdots, n_x-1, n_x\}$$
$$NY = \{-n_y, -n_y+1, \cdots, -1, 0, 1, \cdots, n_y-1, n_y\}$$
$$NZ = \{-n_z, -n_z+1, \cdots, -1, 0, 1, \cdots, n_z-1, n_z\}$$

（2）在 NX、NY、NZ 上分别建立模糊集合 A_i、B_i、C_i，并建立控制规则的关系矩阵 $\boldsymbol{R}$。

（3）计算任意一种可能输入 (x, y) 对应的输出 z。设输入为 (x^*, y^*)，经量化后为 (j, k)，j 和 k 是离散论域 NX、NY 中的元素。建立集合 A^* 和 B^*：

$$A^* = (0, 0, \cdots, 1, \cdots 0); B^* = (0, 0, \cdots, 1, \cdots 0)$$

A^* 和 B^* 两个集合表达的是离散论域 NX 和 NY 中的元素对于 j 和 k 的隶属程度，因此，A^* 只有 $\mu_{A^*}(j)$ 为 1，其他元素的隶属度为零。B^* 只有 $\mu_{B^*}(k)$ 为 1，其他元素的隶属度为零。

（4）集合 A^* 和 B^* 分别表达了实际输入和离散论域 NX 和 NY 之间的关系，因此，进行模糊变换，即可得到 C^*：

$$C^* = (A^* \times B^*) \circ \boldsymbol{R}$$

对于行向量 C^*，可按照最大隶属度法确定精确的输出值，即 C^* 中最大值对应的 NZ 中的元素 l 即为输出。

（5）对所有可能的输入均计算其对应的输出值，便可建立控制表。

假设输入信号 e 和 ec 经量化因子转换后分别为 $E=+4, EC=-1$。查表 6-1 可知，在 +4 级上对应的隶属度有 0.1(PS)、1(PM)、0.4(PB)共 3 个非零量，其中，PM 的隶属度最大，此时 +4 对应的语言变量为 PM。同理，可通过表 6-2 可查得：$EC=-1$ 时最大隶属度所对应的语言变量为 NS。因此，输入模糊化后为 $E=PM$ and $EC=NS$，则利用模糊关系矩阵 $\boldsymbol{R}$ 进行模糊合成后得到：

$$U = (PM_E \times NS_{EC}) \circ \boldsymbol{R}$$

将模糊量 U 清晰化得到精确值 -3。这样，每给一对 E 和 EC 的值，都可以按照上述方法得

到一个 U 的值,制成如表 6-5 所示的控制表。当进行实时控制时,根据模糊化后的控制器的输入量信息,直接从表中查询所需采取的控制策略即可。因此,该表又称为模糊查询表。利用模糊查询表,可以不再重复模糊推理过程,大大提高了信息的处理速度。

表 6-5　模糊查询表

EC	E													
	-6	-5	-4	-3	-2	-1	-0	0	1	2	3	4	5	6
	U													
-6	6	5	6	5	3	3	3	3	2	1	0	0	0	0
-5	5	5	5	5	3	3	3	3	2	1	0	0	0	0
-4	6	5	6	5	3	3	3	3	2	1	0	0	0	0
-3	5	5	5	5	4	4	4	4	2	-1	-1	-1	-1	-1
-2	6	5	6	5	3	3	1	1	0	0	-2	-3	-3	-3
-1	6	5	6	5	3	3	1	1	0	-2	-2	-3	-3	-3
0	3	5	6	5	3	1	0	0	-1	-3	-5	-6	-5	-6
1	3	3	3	2	0	0	0	0	-3	-3	-5	-6	-5	-6
2	1	3	3	1	0	0	-1	-1	-3	-3	-5	-6	-5	-6
3	0	1	1	0	0	0	-1	-1	-2	-2	-5	-5	-5	-5
4	0	0	0	-1	-1	-2	-3	-3	-3	-3	-5	-6	-5	-6
5	0	0	0	-1	-1	-2	-3	-3	-3	-3	-5	-5	-5	-5
6	0	0	0	-1	-1	-1	-3	-3	-3	-3	-5	-5	-5	-6

6. 模糊 PID 控制器

在常规的模糊控制系统中,由于模糊控制器实现的简易性和快速性,往往采用二维模糊控制器的形式。这类控制器以误差 e 和误差变化率 ec 作为输入变量,具有常规比例-微分控制器的作用,可以获得良好的动态特性,但其稳定性不能达到满意的效果。由 PID 控制器各环节的作用可知,比例控制作用动态响应快;积分控制作用能消除静态误差,但动态响应慢;微分控制作用可加快系统的响应,减小超调量。因此,把 PID 控制策略引入模糊控制器,构成模糊-PID 复合控制,是改善模糊控制器动静态性能的一种途径。

（1）模糊-PI 双模控制

双模控制器由模糊控制器和 PI 控制器并联组成,如图 6-13 所示。控制开关在系统误差较大时接通模糊控制器,来克服不确定性因素的影响;在系统误差较小时接通 PI 控制器来消除稳态误差。

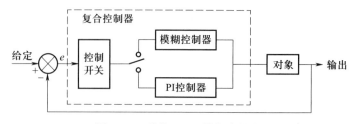

图 6-13　模糊-PI 双模复合控制

控制开关的控制规则可描述为：

$$u = \begin{cases} 模糊控制, & |e| > \Delta \\ PI\ 控制, & |e| \leq \Delta \end{cases}$$

当系统误差 e 大于阈值时，信号进入模糊控制器，以获得良好的动态性能；当系统误差 e 小于阈值时，进入 PI 控制器，以获得良好的稳态性能，这种模糊–PI 控制器比单个模糊控制器具有更高的稳态精度，同时比经典的 PI 控制器具有更快的动态响应性能。

（2）P–模糊–PI 复合控制器

图 6–14 为 P–模糊–PI 复合控制器。当系统误差 e 大于阈值 Δ 时，用比例控制，提高系统的响应速度。当误差减小到阈值 Δ 以下时，切换到模糊控制，提高系统的阻尼特性，减小响应过程中的超调量。在更小的误差范围内（误差变量模糊化之后的模糊语言值为零时）使用 PI 控制，以此来消除稳态误差。

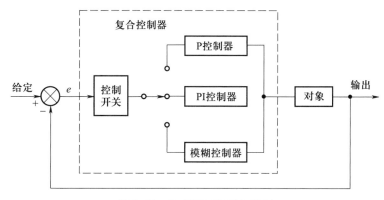

图 6–14　P–模糊–PI 复合控制

控制开关的控制规则可描述为：

$$u = \begin{cases} 比例控制 & e > \Delta \\ 模糊控制 & \Delta' < e < \Delta \\ PI\ 控制 & e < \Delta' \end{cases}$$

（3）自整定模糊 PID 控制器

由于常规 PID 控制器结构简单，性能良好，所以广泛应用于各类不同的控制过程。PID 控制对于各种线性定常系统都能获得满意的控制效果。但是，由于生产过程中存在非线性、干扰等复杂因素，要获得较好的控制性能，就需要对 PID 参数进行在线调整。常规 PID 控制器不具有实时调整参数的功能，利用模糊控制的鲁棒性，对 PID 控制器的参数进行在线调整，可有效解决上述问题。

离散系统 PID 控制的基本规律为：

$$U(k) = K_P e(k) + K_I \sum_{i=0}^{k-1} e(i) + K_D (e(k) - e(k-1))$$

式中：$U(k)$——第 k 个采样时刻控制器的输出；

$\qquad e(k)$——第 k 个采样时刻控制器的输入；

$\quad K_P$、K_I、K_D——比例、积分和微分系数。

把基于模糊理论的 PID 控制器称为自整定模糊 PID 控制器,它以误差 e 和误差变化率 ec 作为输入,其结构如图 6-15 所示。其设计思想是先找出 PID 三个参数与误差 e 和误差变化率 ec 之间的模糊关系,通过不断检测 e 和 ec,再根据模糊控制规则对三个参数进行在线修改,以满足对控制器参数的不同要求。

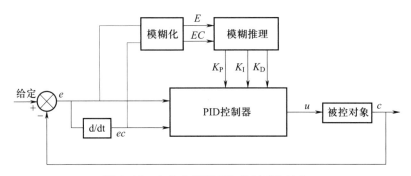

图 6-15   自整定模糊 PID 控制系统结构

通过大量的操作经验可知,PID 控制器的三个参数 K_P、K_I、K_D 与误差 e 和误差变化率 ec 之间存在着一种非线性关系,这些关系虽然无法用数学公式表示,但却可以用模糊语言来描述:

(1)当 $|e|$ 较大时,为加快系统的响应速度,应取较大的 K_P,这样可以使系统的时间常数和阻尼系数减小,当然 K_P 不能取得过大,否则容易造成系统的不稳定;为避免在系统开始时可能引起的超范围的控制作用,应取较小的 K_D;为避免出现较大的超调量,需对积分作用加以限制,通常取 $K_I = 0$。

(2)当 $|e|$ 为中等大小时,为使系统具有较小的超调量,应取较小的 K_P,适当的 K_I 和 K_D,以保证系统响应速度,其中,K_D 的取值对系统的响应速度影响较大。

(3)当 $|e|$ 为较小时,为使系统具有良好的稳态性能,可取较大的 K_P 和 K_I;同时,为避免系统在平衡点附近出现振荡,并考虑系统的抗干扰特性。当 $|ec|$ 较小时,K_D 值可取大些,通常取中等大小;当 $|ec|$ 较大时,K_D 应取小些。

基于以上总结的输入变量 e 和 ec 与三个参数 K_P、K_I、K_D 的定性关系,结合实际操作经验,综合得到 K_P、K_I、K_D 三个参数的 ΔK_P、ΔK_I、ΔK_D 的模糊规则,分别见表 6-6、表 6-7、表 6-8。在输入语言变量的量化域内:取七个模糊子集 $\{NB\ NM\ NS\ ZO\ PS\ PM\ PB\}$;对应误差 e 和误差变化率 ec 的大小量化七个等级,表示为 $\{-3, -2, -1, 0, 1, 2, 3\}$。采用三角形隶属函数或者高斯隶属函数,因此可得出各模糊子集的隶属度。

表 6-6 ΔK_P 的模糊规则

EC	E						
	NB	NM	NS	ZO	PS	PM	PB
	ΔK_P						
NB	PB	PB	PM	PM	PS	ZO	ZO
NM	PB	PB	PM	PS	PS	ZO	NS

EC	E						
	NB	NM	NS	ZO	PS	PM	PB
	ΔK_P						
NS	PM	PM	PM	PS	ZO	NS	NS
ZO	PM	PM	PS	ZO	NS	NM	NM
PS	PS	PS	ZO	NS	NS	NM	NM
PM	PS	ZO	NS	NM	NM	NM	NB
PB	ZO	ZO	NM	NM	NM	NB	NB

表 6-7 ΔK_I 的模糊规则

EC	E						
	NB	NM	NS	ZO	PS	PM	PB
	ΔK_I						
NB	NB	NB	NM	NM	NS	ZO	ZO
NM	NB	NB	NM	NS	NS	ZO	ZO
NS	NB	NM	NS	NS	ZO	PS	PS
ZO	NM	NM	NS	ZO	PS	PM	PM
PS	NM	NS	ZO	PS	PS	PM	PB
PM	ZO	ZO	PS	PS	PM	PB	PB
PB	ZO	ZO	PS	PM	PM	PB	PB

表 6-8 ΔK_D 的模糊规则

EC	E						
	NB	NM	NS	ZO	PS	PM	PB
	ΔK_D						
NB	PS	NS	NB	NB	NB	NM	PS
NM	PS	NS	NB	NM	NM	NS	ZO
NS	PS	NS	NB	NM	NM	NS	ZO
ZO	ZO	NS	NS	NS	NS	NS	ZO
PS	ZO	ZO	ZO	ZO	ZO	ZO	ZO
PM	PB	NS	PS	PS	PS	PS	PB
PB	PB	PM	PM	PM	PS	PS	PB

则三个参数 K_P、K_I、K_D 的整定公式可表示为：

$$K_P' = K_P + \Delta K_P$$

$$K_I' = K_I + \Delta K_I$$

$$K_D' = K_D + \Delta K_D$$

式中，K_P、K_I、K_D 为 PID 控制器原来的设计参数；K_P'、K_I'、K_D' 为整定后的参数。

需要说明的是，上述控制规则并不是唯一的，也不一定是最优的，只是根据经验给出的一种结果。

6.3   神经网络控制

人工神经网络(artificial neural network，ANN)，简称神经网络，是模拟生物神经网络进行信息处理的一种数学模型。神经网络是在现代生物学研究人脑组织成果的基础上提出的，它从微观结构和功能上对人脑进行抽象和简化，反映了人脑功能的若干基本特征，如并行信息处理、学习、联想、模式分类、记忆等。

1943 年心理学家 Warren McCulloch 和数学家 Walter Pitts 提出了神经元数学模型(MP 模型)，开启神经科学理论的新时代。1975 年 Albus 提出了人脑记忆模型 CMAC(cerebellar model articulation controller)网络；1976 年 Stephen Grossberg 提出了用于无导师指导下模式分类的自组织网络。1982 年 J. J. Hopfield 提出了 Hopfield 网络，解决了回归网络的学习问题，1986 年美国的 PDP(parallel distributed processing，并行分布式处理)研究小组提出了 BP(back propagation)网络，实现了有导师指导下的网络学习，为神经网络的应用开辟了广阔的发展前景。

神经网络控制是将神经网络与控制理论相结合而发展起来的智能控制方法，它已成为智能控制的一个新的分支，为解决复杂的非线性、不确定、未知系统的控制问题开辟了新途径。

6.3.1   神经网络基础

1. 生物神经元

神经细胞是构成神经系统的基本单元，称之为生物神经元，简称神经元。神经元主要由细胞体、轴突、树突及突触组成。生物神经元的结构如图 6-16 所示。

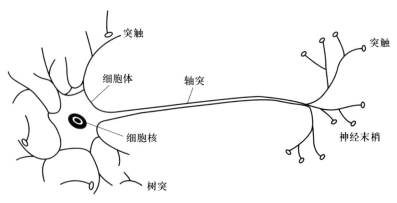

图 6-16   生物神经元结构

（1）细胞体

细胞体是神经元的主体，包括细胞质、细胞膜和细胞核。是神经元新陈代谢的中心，还是接收与处理信息的部件。

（2）树突

树突是细胞体向外延伸的树枝状纤维体，神经元靠树突接收来自其他神经元的输入信号，相当于细胞体的输入端。

（3）轴突

轴突是细胞体向外延伸到最长、最粗大的一条树枝纤维体，是神经元的输出通道。

（4）突触

一个神经元的神经末梢与另一个神经元树突或细胞体的接触处称为突触，它是神经元之间传递信息的输入、输出接口。

神经元的基本功能是通过接收、整合、传导和输出实现信息交换，具有兴奋性、传导性和可塑性。

2. 人工神经元

人工神经元是对生物神经元的一种模拟与简化，是神经网络的基本处理单元。图 6-17 所示为一种简化的人工神经元结构。它有连接权、求和单元、激励函数和阈值四个基本要素。

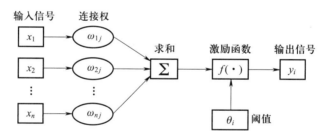

图 6-17　人工神经元结构

（1）连接权

各个神经元之间的连接强度由连接权的权值 ω_{ij} 表示。权值为正表示该神经元被激活，为负表示被抑制。

（2）求和单元

用于求取各输入信号的加权和。

（3）激励函数

激励函数起非线性映射作用，并将人工神经元输出幅度限制在一定范围，一般在（0,1）或（-1,1）之间。人工神经元的激励函数 $f(x)$ 主要有阈值函数、饱和函数、S 型函数及高斯函数等，曲线如图 6-18 所示。

1）阈值函数

$$f(x)=\begin{cases} 1 & x\geqslant 0 \\ -1 & x<0 \end{cases}$$

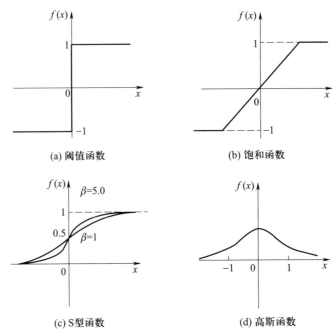

图 6-18　激励函数曲线

2）饱和函数

$$f(x) = \begin{cases} 1 & x \geqslant \dfrac{1}{k} \\ kx & -\dfrac{1}{k} \leqslant x < \dfrac{1}{k} \\ -1 & x < -\dfrac{1}{k} \end{cases}$$

3）S 型函数

$$f(x) = \frac{1}{1 + e^{-\beta x}}, \beta > 0$$

4）高斯函数

$$f(x) = e^{-\frac{x^2}{b^2}}$$

（4）阈值

阈值影响下，神经元输入加权求值结果和神经元的响应（输出）分别为：

$$net_i = \sum_{j=1}^{n} \omega_{ij} x_j - \theta_i$$

$$y_i = f(net_i)$$

式中：x_j——输入信号，相当于生物神经元的树突；

ω_{ij}——神经元的权值；

net_i——线性组合结果；

θ_i——阈值；

$f(\cdot)$——激励函数；

y_i——神经元的输出,相当于生物神经元的轴突。

大量与生物神经元类似的人工神经元互连组成了人工神经网络。它的信息处理由神经元之间的相互作用来实现,并以大规模并行分布方式进行。信息的存储体现在网络中枢神经元互连的分布形式上。网络的学习和识别取决于神经元间连接权值的动态演化过程。

3. 人工神经网络的分类

根据神经网络的连接方式,神经网络可分为前馈型、反馈型和自组织特征映射型三种形式:

(1) 前馈型神经网络

前馈型神经网络,又称前向网络(feed forward neural networks),如图 6-19 所示。神经元分层排列,有输入层、隐含层(亦称中间层,可有若干层)和输出层,每一层的神经元只接受前一层神经元的输入。大部分前馈型神经网络都是学习网络,它们的分类能力和模式识别能力一般都强于反馈网络,典型的前馈型神经网络有感知器网络、BP 网络等。

(2) 反馈型神经网络

反馈型神经网络(feedback neural networks)的结构如图 6-20 所示。该网络结构在输出层到输入层间存在反馈,即每一个输入节点都有可能接收来自外部的输入和来自输出神经元的反馈。这种神经网络是一种反馈动力学系统,它需要工作一段时间才能达到稳定。Hopfield 神经网络是反馈网络中最简单且应用广泛的模型,它具有联想记忆功能,还可以用来解决快速寻优问题。

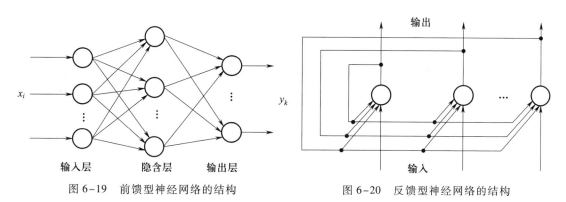

图 6-19 前馈型神经网络的结构   图 6-20 反馈型神经网络的结构

(3) 自组织特征映射型神经网络

1981 年,芬兰赫尔辛基大学的 T. Kohonen 教授提出一种自组织特征映射网(self-organizing feature map,SOM),又称 Kohonen 网。Kohonen 认为,神经网络在接收外界输入时,将会分成不同的区域,各区域对输入模式具有不同的响应特征,即不同的神经元以最佳方式响应不同性质的信号激励,而且这个过程是自动完成的。自组织特征映射正是根据这一看法提出来的,其特点与人脑的自组织特性相似。由于这种映射是通过无监督的自适应过程完成的,所以也称它为自组织特征图。

SOM 网共两层,输入层各神经元通过权向量将外界信息汇集到输出层的各神经元。输入层的形式与 BP 网格相同,神经元数与样本维数相等。输出层也是竞争层,神经元的排列有多种形式,如一维线阵、二维平面阵等,输出按二维平面组织是 SOM 网最典型的组织方式,该组织方式具有大脑皮层的形象。输出层的每个神经元同它周围的其他神经元侧向连接,排列成棋盘状平面,结构如图 6-21 所示。

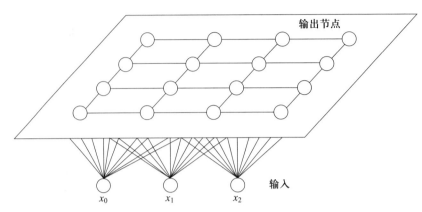

输出节点

输入

x_0　x_1　x_2

图 6-21　自组织特征映射型神经网络的结构

SOM 网采用的学习算法称为 Kohonen 算法,是在胜者为王算法基础上改进而成的。在胜者为王算法中,只有竞争获胜神经元才能调整权向量,其他任何神经元都无权调整。而 SOM 网的获胜神经元对其邻近神经元的影响是由近及远的,由兴奋逐渐转变为抑制,因此其学习算法中不仅获胜神经元本身要调整权向量,周围的神经元在其影响下也要不同程度地调整。Kohonen 网络通过无导师方式进行权值否认学习,稳定后的网络输出就对输入模式生成自然的特征映射,从而达到自动聚类的目的。

4. 人工神经网络的学习算法

人工神经网络的最大优点之一就是网络具有学习能力,神经网络可以通过向环境学习获取知识来改进自身性能。性能的改进通过逐渐修正网络的参数(权值和阈值)来实现。根据环境所激励信息的多少,神经网络的学习方式主要有三种:有导师学习、无导师学习与再励学习。

(1) 有导师学习

也称监督学习,这种方式需要外界提供一个导师信号,即一批期望的输入输出数据(训练样本集)。神经网络根据网络实际输出与期望输出之间的误差来调节网络的参数,使网络朝正确响应的方向不断变化,直到误差在允许范围之内。

(2) 无导师学习

亦称无监督学习,学习过程中需要不断地给网络提供动态输入信息,网络能根据特有的内部结构和学习规则,在输入信息流中发现任何可能存在的模式和规律,同时能根据网络的功能和输入信息调整权值,这个过程称为网络的自组织,其结果是使网络能对属于同一类的模式进行自动分类。在这种学习模式中,网络的权值调整不取决于外来指导信号的影响,可以认为网络的学习评价标准隐含于网络的内部。

在有导师学习中,提供给神经网络学习的外部指导信息越多,神经网络学会并掌握的知识越多,解决问题的能力也就越强。但是,有时神经网络所解决的问题的先验信息很少,甚至没有,这种情况下无导师学习就显得更有实际意义。

(3) 再励学习

亦称强化学习,这种学习方式介于监督学习和无监督学习之间,外部环境对网络输出结果只给出评价而不是正确答案,网络通过强化那些被肯定的动作来改善自身性能。

学习算法是针对学习问题的明确规则,不同的学习算法对神经元的权值调整的方式是不同的。没有一种独特的学习算法适用于所有的神经网络。选择或设计学习算法时需要考虑神经网络的结构及神经网络与外界环境的连接形式。常用的学习规则有 Hebb 学习、δ 学习(误差校正学习算法)、随机学习和竞争学习等。

(1) Hebb 学习

Hebb 学习规则是加拿大生理心理学家 Donall Hebb 根据生理学中条件反射机理,于1949 年提出的神经元连接强度变化的规则。基本内容为:如果两个神经元同时被激活,则它们之间的突触连接加强。则 Hebb 学习规则可表示为:

$$\Delta \omega_{ij} = \eta \nu_i \nu_j$$

式中:ν_i,ν_j——神经元 i 和神经元 j 的激活值(输出);

η——学习速率;

$\Delta \omega_{ij}$——两个神经元之间连接权的增量。

(2) δ 学习

δ 学习也称误差校正学习,是根据神经网络的输出误差对神经元的连接强度进行修正,属于有导师学习。误差校正学习适用面比较宽一些,它可用于非线性神经元的学习过程,且学习样本的数量也没有限制,甚至于能容忍训练样本中的矛盾之处,这也是神经网络容错性能的表现方式之一,即

$$\Delta \omega_{ij} = \eta \delta_j \nu_i$$

式中:η——学习速率;

ν_i——第 i 个神经元的输出;

δ_j——误差函数对神经元 j 输入的偏导数;

$\Delta \omega_{ij}$——两个神经元之间连接权的增量。

(3) 随机学习算法

误差校正学习算法通常采用梯度下降法,存在局部最小问题,随机学习算法通过引入不稳定因子来处理这种情况。比较著名的随机学习算法有模拟退火算法和遗传算法。

(4) 竞争学习算法

有导师的学习算法不能充分反映出人脑神经系统的高级智能学习过程,人脑神经系统在学习过程中各个细胞始终存在竞争。竞争学习网络由一组性能基本相同,只是参数有所不同的神经元构成。竞争学习的基本思想是:竞争获胜的神经元权值修正,获胜神经元的输入状态为 1 时,相应的权值增加,状态为 0 时权值减小。学习过程中,权值越来越接近于相应的输入状态。Kohonen 提出的自组织特征映射型神经网络及自适应共振网络均采用这种算法。

6.3.2 BP 神经网络

1. 标准 BP 神经网络

1985 年,美国心理学家 David Rumelhart 等提出了误差反向传播神经网络(back propagation,BP),网络的学习包括正向传播(计算网络输出)和反向传播(实现权值调整)两个过程。

从网络结构上看,BP神经网络属于前向网络;从训练过程看,属于有监督网络;从学习算法上看,属于δ学习规则。

BP神经网络的算法采用梯度搜索技术,使网络的实际输出值与期望输出值的误差均方值为最小。学习过程由信号的正向传播和误差的反向传播组成。借助有监督网络的学习思想,正向传播过程中,通过了解外部环境并给出期望的输出信号,输入信息从输入层经隐含层逐层处理,传向输出层。若网络输出与期望输出存在偏差时,开始误差反向传播,误差信号将沿原来的连接通路返回,按误差函数的负梯度方向,对各层神经元权值进行修正,使期望误差趋向最小。这种信号正向传播和误差反向传播的各层权值调整过程,是周而复始的,权值不断调整的过程,也就是网络的学习训练过程。

单隐含层网络应用最为普遍,它由输入层、隐含层和输出层组成,其结构如图6-22所示。其中,输入向量为$\boldsymbol{X}=(x_1,\cdots,x_i,\cdots,x_n)^{\mathrm{T}}$;隐含层向量为$\boldsymbol{Y}=(y_1,\cdots,y_j,\cdots,y_m)^{\mathrm{T}}$;输出向量为$\boldsymbol{O}=(o_1,\cdots,o_k,\cdots,o_l)^{\mathrm{T}}$;期望输出向量为$\boldsymbol{d}=(d_1,\cdots,d_k,\cdots,d_l)^{\mathrm{T}}$;$\omega_{ij}$与$\nu_{jk}$分别为输入层与隐含层、隐含层与输出层之间的权值。

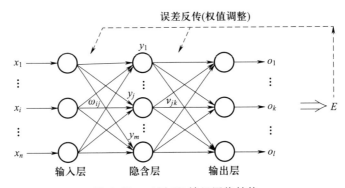

图6-22 三层BP神经网络结构

对于隐含层,有:

$$y_j=f(net_j)=f\left(\sum_{i=1}^{n}\omega_{ij}x_i-T_j\right)\quad j=1,2,\cdots,m$$

式中:$f(\cdot)$——神经元的激励函数;

T_j——隐含层神经元阈值。

对于输出层,有:

$$o_k=f(net_k)=f\left(\sum_{j=1}^{m}\nu_{jk}y_j-T'_k\right)\quad k=1,2,\cdots,l$$

式中:T'_k——输出层神经元阈值。

定义网络输出误差为:

$$E=\frac{1}{2}\sum_{k=1}^{l}(d_k-o_k)^2\quad k=1,2,\cdots,l$$

将误差函数展开到输入层,得:

$$E=\frac{1}{2}\sum_{k=1}^{l}\left(d_k-f\left(\sum_{j=1}^{m}\nu_{jk}f\left(\sum_{i=1}^{n}\omega_{ij}x_i-T_j\right)-T'_k\right)\right)^2\quad k=1,2,\cdots,l$$

由上式可知,网络误差是各层权值和阈值的函数,因此调整权值和阈值可改变网络误差。权值调整的原则是使误差不断减小,即权值的调整量应与误差的负梯度方向成正比:

$$\Delta\omega_{ij} = -\eta\frac{\partial E}{\partial\omega_{ij}} \quad i=1,2,\cdots,n; \quad j=1,2,\cdots,m$$

$$\Delta\nu_{jk} = -\eta\frac{\partial E}{\partial\nu_{jk}} \quad j=1,2,\cdots,m; \quad k=1,2,\cdots,l$$

其中,负号表示梯度下降;$\eta\in(0,1)$ 表示比例常数,在网络训练中反映学习速率。可以看出 BP 神经网络的算法属于 δ 学习规则,这类算法常被称为误差梯度下降法。

上式是对权值调整思路的数学表达,而不是具体的权值调整计算式。下面推导三层 BP 神经网络的算法的具体权值调整公式。

对于隐含层:

$$\Delta\omega_{ij} = -\eta\frac{\partial E}{\partial\omega_{ij}} = -\eta\frac{\partial E}{\partial net_j}\frac{\partial net_j}{\partial\omega_{ij}} = \eta\delta_j^y\frac{\partial net_j}{\partial\omega_{ij}}$$

对于输出层:

$$\Delta\nu_{jk} = -\eta\frac{\partial E}{\partial\nu_{jk}} = -\eta\frac{\partial E}{\partial net_k}\frac{\partial net_k}{\partial\nu_{jk}} = \eta\delta_k^o\frac{\partial net_k}{\partial\nu_{jk}}$$

式中:δ_j^y、δ_k^o——输出层和隐含层的误差信号。

则权值调整式可改写为:

$$\Delta\omega_{ij} = \eta\delta_j^y x_j, \quad \Delta\nu_{jk} = \eta\delta_k^o y_j$$

只要计算出误差信号 δ_j^y 和 δ_k^o,权值调整公式即可完成,推导过程如下。

$$\delta_j^y = -\frac{\partial E}{\partial net_j} = -\frac{\partial E}{\partial y_j}\frac{\partial y_j}{\partial net_j} = -\frac{\partial E}{\partial y_j}f'(net_j)$$

$$\delta_k^o = -\frac{\partial E}{\partial net_k} = -\frac{\partial E}{\partial o_k}\frac{\partial o_k}{\partial net_k} = -\frac{\partial E}{\partial o_k}f'(net_k)$$

由于神经网络使用的是 S 型传递函数,即 $f(x)=\dfrac{1}{1+e^{-x}}$,故:

$$f'(x) = f(x)(1-f(x))$$

则误差信号可改写为:

$$\delta_k^o = -\frac{\partial E}{\partial net_k} = (d_k-o_k)o_k(1-o_k)$$

$$\delta_j^y = -\frac{\partial E}{\partial net_j} = \left(\sum_{k=1}^{l}\delta_k^o\nu_{jk}\right)y_j(1-y_j)$$

经过推导,可得权值调整公式为:

$$\Delta\omega_{ij} = \eta\delta_j^y x_j = \eta\left(\sum_{k=1}^{l}\delta_k^o\nu_{jk}\right)y_j(1-y_j)x_i$$

$$\Delta\nu_{jk} = \eta\delta_k^o y_j = \eta(d_k-o_k)o_k(1-o_k)y_j$$

阈值的调整原理与权值相同,不再赘述。

2. BP 神经网络的改进算法

标准 BP 神经网络的算法在应用中存在以下问题:易形成局部极小而得不到全局最优;训

练次数多使得学习效率低,收敛速度慢;隐含层单元数目的选取无一般指导原则;新加入的学习样本影响已学完样本的学习结果。

针对以上问题,介绍以下几种常用的改进算法。

(1) 增加动量项

有些学者指出,标准 BP 神经网络的算法在调整权值时,只按 t 时刻误差的梯度降方向调整,而没有考虑 t 时刻以前的梯度方向,从而常使训练过程发生振荡,收敛缓慢。为了提高网络的训练速度,可以在权值调整公式中增加一动量项。用 $\boldsymbol{W}$ 表示某层权矩阵,$\boldsymbol{X}$ 代表某层输入向量,则含有动量项的权值调整表达式为:

$$\Delta \boldsymbol{W}(t) = \eta \delta \boldsymbol{X} + \alpha \Delta \boldsymbol{W}(t)$$

式中:α——动量系数,一般 $\alpha \in (0,1)$。

可以看出,增加动量项即从前一次权值调整量中取出一部分叠加到本次权值调整量中。动量项反映了以前积累的调整经验,对于 t 时刻的调整起阻尼作用。当误差曲面出现骤然起伏时,可减小振荡趋势,提高训练速度。

(2) 自适应调节学习率

学习率 η 也称为步长,在标准的 BP 算法中为定常数,然而在实际应用中,很难确定一个从始至终都合适的最佳学习率。如果学习率过小,则收敛速度慢;反之,则容易出现振荡。为了加速收敛过程,一个较好的思想是自适应调节学习率,使其该大时增大,该小时减小。

学习率可变的 BP 算法一般通过观察误差的增减来判断算法运行的阶段。当误差以较小的方式趋于目标时,说明修正方向是正确的,可以增加学习率。当误差增加超过一定范围时,说明前一步修正进行的不正确,应减小步长。

(3) 引入陡度因子

权值调整进入平坦区(误差的梯度变化很小,即权值调整量很大,误差下降仍然很慢)的原因是神经元输出进入了传递函数的饱和区。如果在调整进入平坦区域后,设法压缩神经元的净输入,使其输出退出传递函数的饱和区,就可以改变误差函数的形状,从而使调整脱离平坦区。实现这一思路的具体做法是在原传递函数中引入一个陡度因子 λ。表达式为:

$$f(x) = \frac{1}{1 + e^{-x/\lambda}}$$

(4) LM(Levenberg-Marquardt)算法

研究表明,网络的权重个数在几百个以内时,LMBP 算法的收敛速度比其他算法高效很多。虽然 LMBP 算法在每次迭代中会有更多的计算量,但迭代步数的减少最终使得整体收敛更快。

设神经网络的目标误差函数为:

$$\boldsymbol{F}(\boldsymbol{x}) = \frac{1}{2} \sum_{k=1}^{N} (d_k - o_k)^2 = \frac{1}{2} \sum_{k=1}^{N} e_k^2(\boldsymbol{x}) = \boldsymbol{e}^{\mathrm{T}}(\boldsymbol{x}) \boldsymbol{e}(\boldsymbol{x})$$

式中:$\boldsymbol{e}(\boldsymbol{x})$——神经网络输出误差向量;

$\boldsymbol{x}$——权值与阈值对应的参数向量。

则 LMBP 算法的权值和阈值调整公式可表示为:

$$\Delta x = x_{k+1} - x_k = -\left[H(x_k) + \mu_k I \right]^{-1} J^{\mathrm{T}}(x_k) e(x_k)$$

其中,H 用来近似 F 的 Hessian 矩阵,$H(x_k) = J^{\mathrm{T}}(x_k) J(x_k)$;$\mu_k$ 是一个大于零的参数,用于控制 LM 算法的迭代,当 μ_k 接近于零时,LM 算法接近高斯-牛顿法;当 μ_k 很大时,LM 算法近似于最速下降法。J 为 F 的 Jacobi 矩阵。

标准 BP 神经网络的算法计算的是误差平方和对权值与阈值的导数,而 LMBP 算法在构造 Jacobi 矩阵时直接计算误差的导数,因此,收敛速度比标准 BP 算法更快。

3. BP 神经网络特点

BP 神经网络的优点如下。

(1) BP 神经网络的输入输出之间的关联信息分布地存储在网络的连接权中,个别神经元的损坏只对输入、输出关系有较小的影响,因而 BP 神经网络具有较好的容错性。

(2) BP 神经网络的学习算法属于全局逼近算法,具有较强的泛化能力。用较少的样本进行训练时,网络能够在给定的区域内达到要求的精度,对未经训练的输入也能给出合适的输出。

(3) 只要有足够多的隐含层和隐含层节点,BP 神经网络可以逼近任意的非线性映射关系。

BP 神经网络的主要缺点如下。

(1) 按梯度下降法对网络权值进行训练,很容易陷入局部极小值,即收敛到初值附近的局部极值。

(2) 由于 BP 神经网络的全局逼近性能,每一次样本的迭代学习都要重新调整各层权值,使得网络收敛速度慢,难以满足实时性的要求。

(3) 难以确定隐含层及隐含层节点的数目。目前,如何根据特定的问题来确定具体的网络结构尚无很好的方法,仍需根据经验来试凑。

6.3.3 RBF 神经网络

径向基函数(radial basis function,RBF)神经网络是由 J. Moody 和 C. Darken 在 20 世纪 80 年代末提出的一种神经网络,它是具有单隐含层的三层前馈网络。RBF 网络是一种局部逼近网络,已证明它能以任意精度逼近任意连续函数,特别适合解决分类问题。

RBF 网络的基本思想:用 RBF 作为隐单元的"基"构成隐含层空间,这样就可将输入向量直接(即不通过权连接)映射到隐空间。当 RBF 的中心点确定以后,这种映射关系也就确定了。而隐含层到输出层的映射是线性的,即网络的输出是隐单元输出的线性加权和,此处的权即为网络可调参数。由此可见,从总体看,网络由输入到输出的映射是非线性的,而网络输出对可调参数而言又是线性的。这样网络的权就可由线性方程直接解出,从而大大加快学习速度并避免局部极小问题。

1. RBF 神经网络结构

RBF 神经网络的激励函数采用径向基函数,是以输入向量和权值向量之间的距离 $\lVert dist \rVert$ 作为自变量的,其一般表达式为:

$$R(\lVert dist \rVert) = \mathrm{e}^{-\lVert dist \rVert^2}$$

随着输入向量和权值向量之间距离的减小,网络输出是递增的,当输入向量和权值向量一致时,神经元输出 1。

RBF 神经网络结构如图 6-23 所示,由输入层、隐含层和输出层构成,即网络有 M 个输入节点,N 个隐含节点,L 个输出节点。

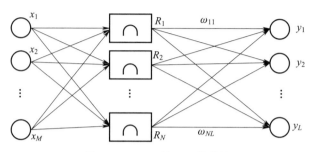

图 6-23　RBF 神经网络结构

在 RBF 神经网络中,输入层仅仅起到传输信号的作用,输入层和隐含层可以看作连接权值为 1 的连接。隐含层和输出层所完成的任务是不同的,因而学习策略也不同。输出层是对线性权值进行调整的,采用的是线性优化策略,学习速度较快。而隐含层是对高斯函数的参数进行调整的,采用的是非线性优化策略,学习速度慢。

2. RBF 神经网络的学习算法

RBF 神经网络学习算法需要求解的参数有三个:基函数的中心、节点基宽参数(方差)及隐含层到输出层之间的权值。

RBF 神经网络中常用的径向基函数是高斯函数,可表示为:

$$R(x_p - c_i) = \exp\left(-\frac{1}{2\sigma^2}\|x_p - c_i\|^2\right)$$

式中:x_p——网络的第 p 个输入样本,$x_p = (x_1, x_2, \cdots, x_M)^{\mathrm{T}}$;

　　　M——样本总数;

　　　c_i——隐含层节点的中心,$i = 1, 2, \cdots, N$;

　　　σ——隐含层基函数的方差。

RBF 神经网络的输出为:

$$y_j = \sum_{i=1}^{N} \omega_{ij} \exp\left(-\frac{1}{2\sigma^2}\|x_p - c_i\|^2\right) \quad j = 1, 2, \cdots, L$$

式中:ω_{ij}——隐含层到输出层的连接权值。

根据 RBF 中心选取方法的不同,RBF 神经网络有不同的学习策略,如随机选取中心法、自组织选取中心法、有监督选取中心法、正交最小二乘法等。下面介绍自组织选取中心学习方法。该方法包括两个阶段:一是自组织学习阶段,此阶段为无导师学习过程(采用 K 均值聚类算法对样本输入进行聚类),求解隐含层基函数的中心与方差;二是有导师学习阶段(最小均方算法,LMS 方法),求解隐含层到输出层之间的权值。

自组织选取中心算法步骤如下所示:

(1)基于 K 均值聚类方法求取基函数中心

在随机选取中心法中,径向基函数的中心是从输入样本中随机选取的。而在自组织选取中心法中,则采用聚类的方法给出更为合理的中心位置。最常见的聚类方法是 K 均值聚类算法。它将数据划分为几大类,同一类型的数据内部有相似的特点和性质,从而使选取的中心点更具代表性。

假设有 N 个聚类中心,第 k 次迭代的第 i 个聚类中心为 $c_i(k)$,$i=1,2,\cdots,N$,执行以下步骤:

① 网络初始化　随机选取 N 个训练样本作为聚类中心 c_i。

② 输入样本　从训练数据中随机抽取训练样本作为 x_p 输入。

③ 匹配　计算该输入样本距离哪个聚类中心最近,将它归为该聚类中心的同一类,即计算 : $i(x_p)=\min\limits_{i=1}^{N}\|x_p-c_i(k)\|$,找到相应的 i 值,将 x_p 归为第 i 类。

④ 重新调整聚类中心　计算各个聚类集合中训练样本的平均值,即新的聚类中心 c_i,如果新的聚类中心不再发生变化,则所得到的即为 RBF 神经网络最终的基函数中心,否则返回③,进入下一轮的中心求解。

（2）求解方差 σ_i

由于 RBF 神经网络中的基函数是高斯函数,故方差 σ_i 可由下式求解:

$$\sigma_i=\frac{d_{\max}}{\sqrt{2N}},i=1,2,\cdots,N$$

式中 : N——隐含层的节点数;

$d_{\max}$——所选取中心之间的最大距离。

（3）计算隐含层和输出层之间的权值

隐含层至输出层之间神经元的连接权值可以用 LMS 算法直接计算得到,公式如下 :

$$\omega=\exp\left(\frac{N}{d_{\max}^2}\|x_p-c_i\|^2\right)$$

3. RBF 与 BP 神经网络的对比

（1）从结构上看,两者均属于前向网络,RBF 神经网络为三层网络,即只有一个隐含层;而 BP 神经网络拓扑结构可以实现多隐含层。

（2）训练中,BP 神经网络主要训练四组参数,分别是输入层到隐含层的权值及阈值、隐含层到输出层的权值及阈值。而 RBF 神经网络不仅需要训练隐含层到输出层的权值向量,还要对基宽参数和中心矢量进行训练。

（3）RBF 神经网络的激励函数多采用高斯函数,其值在输入空间的有限范围内为非零值,是一种局部逼近的神经网络。而 BP 神经网络多采用 S 型函数,属于全局逼近。相比 BP 神经网络,RBF 神经网络具有学习收敛快的优点,适合于实时性要求高的场合。

（4）RBF 神经网络具有唯一最佳逼近的特性,且无局部极小,但 RBF 神经网络隐含层节点的中心难求,这是该网络难以广泛应用的原因。

6.3.4　神经网络控制系统

在控制系统中采用神经网络这一工具对难以精确描述的复杂的非线性对象进行建模,或充当控制器,或优化计算,或进行推理,或故障诊断等,以及同时兼有上述某些功能的适当组合,将这样的系统称为基于神经网络的控制系统,这种控制方式为神经网络控制。由于神经网络具有传统控制手段无法实现的一些优点,使得神经网络控制的研究迅速发展,并取得大量的研究成果。神经网络控制所取得的进展如下。

（1）基于神经网络的系统辨识。在已知常规模型结构情况下,估计模型的参数;或利用神经网络的线性、非线性特性,建立线性、非线性系统的静态、动态、逆动态及预测模型。

（2）神经网络控制器。神经网络作为控制器,可实现对不确定系统或未知系统进行有效的控制,使控制系统达到所要求的动静态特性。

（3）神经网络与其他智能算法结合。神经网络与专家系统、模糊逻辑、遗传算法等相结合可构成新型智能控制器。

（4）优化计算。在常规控制系统的设计中,常遇到求解约束优化问题,神经网络为这类问题提供了有效的途径。

（5）控制系统的故障诊断。利用神经网络的逼近特性,可对控制系统的各种故障进行模式识别,从而实现控制系统的故障诊断。

根据神经网络在控制器中的作用不同,神经网络控制器可分为两类:一类为神经控制,它是以神经网络为基础而形成的独立智能控制系统;另一类为混合神经网络控制,它是指利用神经网络学习和优化能力来改善传统控制的智能控制系统,如自适应神经网络控制系统等。综合目前的各种分类方法,可将神经网络控制方式归结为以下几类。

1. 神经网络监督控制

通过对传统控制器进行学习,然后用神经网络控制器逐渐取代传统控制器的方法,称为神经网络监督控制,其控制系统结构如图 6-24 所示。

神经网络控制器实际上是一个前馈控制器,它建立的是被控对象的逆模型。神经网络控制器通过对传统控制器的输出进行学习,在线调整网络的权值,使反馈控制输入 u_p 趋近于零,从而使神经网络控制器逐渐在控制作用中占据主导地位。一旦系统出现干扰,反馈控制器重新发挥作用。这种前馈加

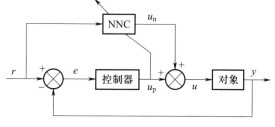

图 6-24　神经网络监督控制系统结构

反馈的监督控制方法,不仅可以确保控制系统的稳定性和鲁棒性,而且可有效地提高系统的精度和自适应能力。

2. 神经网络直接逆动态控制

神经网络直接逆动态控制就是将被控对象的神经网络逆模型直接与被控对象串联起来,使期望输出与对象实际输出之间的传递函数为 1。则将此网络作为前馈控制器,被控对象的输出为期望输出。

显然,神经网络直接逆动态控制系统的可用性在相当程度上取决于逆模型的准确精度。由于缺乏反馈,简单连接的直接逆控制缺乏鲁棒性。为此,一般应使其具有在线学习能力,即作为逆模型的神经网络连接权值能够在线调整。

图 6-25 为神经网络直接逆动态控制系统的两种结构方案。在图 6-25a 中,NN1 和 NN2

具有完全相同的网络结构,并采用相同的学习算法,分别实现对象的逆控制。在图 6-25b 中,神经网络 NN 通过评价函数进行学习,实现对象的逆控制。

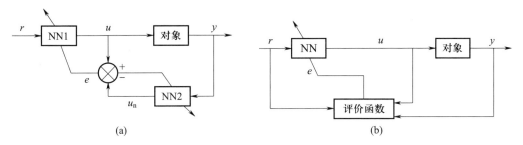

图 6-25 神经网络直接逆动态控制系统的两种结构

3. 神经网络自适应控制

自适应控制具有强鲁棒性,神经网络控制具有良好的自学习功能和容错能力。神经网络自适应控制较好地融合了两者的优点。与传统自适应控制相同,神经网络自适应控制也分为神经网络自校正控制和神经网络模型参考自适应控制两种。

(1) 神经网络自校正控制

自校正调节器的目的是在控制系统参数变化的情况下,自动调整控制器参数,消除扰动的影响,以保证系统的性能指标。在这种控制方式中,神经网络用作过程参数或某些非线性函数的在线估计器。神经网络自校正控制分为间接自校正控制和直接自校正控制。间接自校正控制使用常规控制器,神经网络估计器需要较高的建模精度。直接自校正控制同时使用神经网络控制器和神经网络估计器,其本质上与神经网络直接逆控制相同。

神经网络间接自校正控制系统结构如图 6-26 所示。

假设被控对象模型为:

$$y(t) = f(y_t) + g(y_t)u(t)$$

若利用神经网络对非线性函数 $f(y_t)$ 和 $g(y_t)$ 进行逼近,得到 $\hat{f}(y_t)$ 和 $\hat{g}(y_t)$,则控制器为:

$$u(t) = [r(t) - \hat{f}(y_t)]/\hat{g}(y_t)$$

(2) 神经网络模型参考自适应控制

在常规模型参考自适应控制器基础上采用

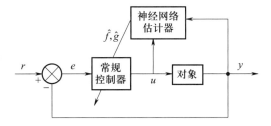

图 6-26 神经网络间接自校正控制系统结构

神经网络作为辨识器,就构成了神经网络模型参考自适应控制。这种控制方式分为直接模型参考自适应控制和间接模型参考自适应控制两种,其控制系统结构如图 6-27 所示。

模型参考自适应控制的目的是:系统在相同输入激励 r 的作用下,使被控对象的输出 y 与参考模型的输出 y_m 达到一致,从而使 $e = y_m - y$ 趋近于零。

在神经网络直接模型参考自适应控制中,神经网络控制器(NNC)先离线学习被控对象的逆动力学模型,与被控对象构成开环串联控制,然后神经网络根据参考模型的输出与被控对象输出的误差函数进行在线训练,使误差函数最小。

在间接模型参考自适应控制的基础上,引入了一个神经网络辨识器(NNI)来对被控对象

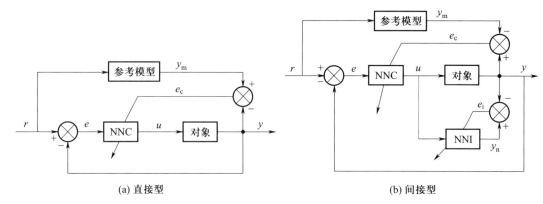

(a) 直接型   (b) 间接型

图 6-27   神经网络模型参考自适应控制系统结构

的数学模型进行在线辨识,这样可以及时地将对象模型的变化传递给 NNC,使 NNC 可以得到及时有效的训练。

4. 神经网络内模控制

经典的内模控制将被控对象的正向模型和逆模型直接加入反馈回路,如图 6-28 所示,被控对象的正向模型及控制器均由神经网络来实现。其中,正向模型 NN2 与系统并行设置。反馈信号由系统输出与模型输出之间的差得到,接着由 NN1 控制器进行处理,NN1 控制器应当与系统的逆模型有关。NN2 充分逼近被控对象的动态模型,神经网络控制器 NN1 不是直接学习被控对象的逆动态模型,而是以充当状态估计器的 NN2 神经网络模型作为训练对象,间接学习被控对象的逆动态特性。

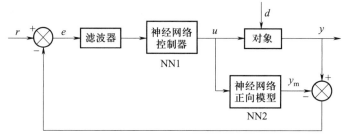

图 6-28   神经网络内模控制系统结构

5. 神经网络 PID 控制

PID 控制要取得好的控制效果,就必须通过调整好比例、积分和微分三种控制作用,以形成控制量中相互配合又相互制约的关系,这种关系不一定是简单的线性组合,而是从变化无穷的非线性组合中找出最佳的关系。神经网络具有逼近任意非线性函数的能力,可以通过对系统性能的学习,找到某一最优控制规律下的 P、I、D 参数。

在神经网络 PID 控制中,常采用 BP 神经网络来建立 PID 控制器。基于 BP 神经网络的 PID 控制系统结构如图 6-29 所示。控制器由两部分组成:

① 经典的 PID 控制器   直接对被控对象进行闭环控制,并且三个参数 K_P、K_I、K_D 为在线调整方式。

② 神经网络(NN)   根据系统的运行状态,调节 PID 控制器的参数,达到某种性能指标的

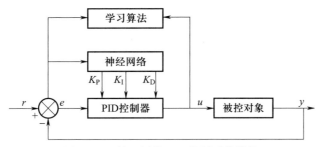

图 6-29 神经网络 PID 控制系统结构

最优化,即使输出层神经元的输出状态对应于 PID 控制器的三个可调参数 K_P、K_I、K_D,通过神经网络的自身学习、加权系数调整,从而使其稳定状态对应于某种最优控制规律下的 PID 控制器参数。

经典增量式数字 PID 的控制算法为:

$$u(k) = u(k-1) + K_P[e(k) - e(k-1)] + K_I e(k) + K_D[e(k) - 2e(k-1) + e(k-2)]$$

假设神经网络是一个三层 BP 神经网络,有 M 个输入节点、N 个隐含节点、3 个输出节点。输入节点对应所选的系统运行状态量,输出节点分别对应 PID 控制器的三个可调参数 K_P、K_I、K_D。网络根据性能指标 $J = \frac{1}{2}(r-y)^2$ 进行在线学习,则可以及时更新 PID 控制器的参数。

6.3.5 MATLAB 神经网络工具箱及其应用实例

1. BP 神经网络的 MATLAB 实现

MATLAB 中 BP 神经网络的常用函数见表 6-9。

表 6-9 BP 神经网络的常用函数表

函数类型	函数名称	函数功能
前向网络创建函数	newcf( )	创建级联前向神经网络
	newff( )	创建前向 BP 神经网络
传递函数	logsig( )	S 型对数函数
	tansig( )	S 型正切函数
	purelin( )	线性函数
学习函数	learngd( )	基于梯度下降法的学习函数
	learngdm( )	梯度下降动量学习函数
训练函数	trainbfg( )	准牛顿 BP 训练函数
	traingd( )	梯度下降 BP 训练函数
	trainlm( )	LMBP 训练函数
性能函数	mse( )	均方误差函数

下面以创建函数 newff( ) 为例说明其调用格式。

功能:建立一个前向 BP 神经网络

格式:net = newff(PR,[S1 S2⋯SN],{TF1 TF2⋯TFN},BTF,BLF,PF)

说明:net 为创建的 BP 神经网络;PR 为每组输入(共 R 组输入)样本的最大值和最小值构

成的 R×2 维矩阵;S_i 表示第 i 层神经元的个数;TF_i 为第 i 层的传输函数,默认隐含层为 tansig 函数,输出层为 purelin 函数;BTF 表示网络的训练函数,默认为 trainlm 函数;BLF 表示网络的权值学习函数,默认为 learngdm 函数;PF 表示网络的性能数,默认为 mse 函数。

2. BP 神经网络示例—函数逼近

◆ **例 6-11** 要求建立一个 BP 神经网络来逼近正弦函数。

使用三层 BP 神经网络,输入和输出节点都为 1,隐含层神经元数目取 10。隐含层和输出层神经元传递函数分别为 tansig 和 purelin,训练函数为 trainlm 函数。

解:程序如下所示:

```
P = -1 : 0.05 : 1 ;
T = sin ( P * pi ) ;
net = newff ( minmax ( P ) , [ 10,1 ] , { 'tansig' , 'purelin' } , 'trainlm' ) ;%创建一个 BP 神经网络,
net. trainParam. epochs = 50 ;%设置最大迭代次数
net. trainParam. goal = 0.000 1 ;%设置目标精度
net. trainParam. lr = 0.1 ;%设置学习速率为 0.1
net = init ( net ) ;%初始化权重
net = train ( net,P,T ) ;
y = sim ( net,P ) ;
plot ( P,T,'b+' ,P,y,'k-' )
xlabel ( '时间' ) ; ylabel ( '仿真输出' ) ;
legend ( '期望函数' , '训练函数' ,0 ) ;
```

训练结果如图 6-30 所示。

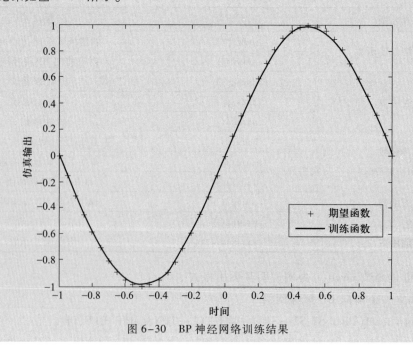

图 6-30 BP 神经网络训练结果

3. RBF 神经网络的 MATLAB 实现

MATLAB 中 RBF 神经网络的常用函数如表 6-10 所示。

表 6-10　RBF 神经网络的常用函数表

函数类型	函数名称	函数功能
网络创建函数	newrb( )	创建 RBF 网络
	newrbe( )	创建一个准确的 RBF 神经网络
	newpnn( )	创建一个概率神经网络
	newgrnn( )	创建一个广义回归神经网络
传递函数	radbas( )	径向基传递函数
转换函数	ind2vec( )	将数据索引转换为向量组
	vecind( )	ind2vec 的逆函数

（1）newrb( )

功能:建立一个 RBF 神经网络

格式:net=newrb(P,T,GOAL,SPREAD,MN,DF)

说明:P 为输入向量,T 为目标向量,GOAL 为均方误差,默认为 0;SPREAD 为 RBF 函数的分布密度,默认为 1;MN 为神经元的最大数目,DF 为两次显示之间所添加的神经元数目。RBF 函数的扩展速度 SPREAD 越大,函数的拟合就越平滑。SPREAD 过大,就需要非常多的神经元来适应函数的快速变化;反之,就需要许多的神经元来适应函数的缓慢变化,网络性能就不会很好。在网络设计过程中,需要用不同的 SPREAD 值进行尝试,以确定一个最优值。

（2）newrbe( )

功能:建立一个准确的 RBF 神经网络

格式:net=newrbe(P,T,SPREAD)

说明:各参数同 newrb( )函数。和 newrb( )不同的是,newrbe( )能够基于设计向量快速地、无误差地设计一个 RBF 函数。

（3）newpnn( )

功能:创建一个概率神经网络(PNN),PNN 是一种适用于分类问题的 RBF 函数。

格式:net=newpnn(P,T,SPREAD)

说明:各参数同 newrb( )函数。

（4）newgrnn( )

功能:创建一个广义回归神经网络(GRNN),GRNN 是 RBF 函数的一种,通常用于函数逼近。

格式:net=newgrnn(P,T,SPREAD)

说明:各参数同 newrb( )函数。

4. RBF 神经网络示例——基于 RBF 网络的齿轮箱故障诊断

（1）征兆/故障样本收集及处理

统计表明,齿轮箱故障中 60% 左右都是由齿轮故障导致的,而对于齿轮的故障,选取频域中几个特征向量。频域中齿轮故障比较明显的是在啮合频率处的边缘带上。所以在频域特征信号的提取中选取了在 2,4,6 挡时,在 1,2,3 轴的边频带族 $f_s \pm nf_z$ 处的幅值 $A_{i,j1}$,$A_{i,j2}$ 和 $A_{i,j3}$,其中 f_s 为齿轮的啮合频率,f_z 为轴的转频,$n = 1,2,3$,$i = 2,4,6$ 表示挡位,$j = 1,2,3$ 表示轴的序号。由于在 2 轴和 3 轴上有两对齿轮啮合,所以 1,2 分别表示两个啮合频率。这样网络的输入就是一个 15 维的向量。因为这些数据具有不同的量纲和量级,所以在输入神经网络之前首先进行归一化处理,表 6-11 给出了归一化后的齿轮箱状态样本数据。

表 6-11　齿轮箱状态样本数据

		样本 1	样本 2	样本 3	样本 4	样本 5	样本 6	样本 7	样本 8	样本 9
特征值	1	0.228 6	0.209 0	0.044 2	0.260 3	0.369 0	0.035 9	0.175 9	0.072 4	0.263 4
	2	0.129 2	0.094 7	0.088	0.171 5	0.222 2	0.114 9	0.234 7	0.190 9	0.225 8
	3	0.072	0.139 3	0.114 7	0.070 2	0.056 2	0.123 0	0.182 9	0.134	0.116 5
	4	0.159 2	0.138 7	0.056 3	0.271 1	0.515 7	0.546 0	0.181 1	0.240 9	0.115 4
	5	0.133 5	0.255 8	0.334 7	0.149 1	0.187 2	0.197 7	0.292 2	0.284 2	0.107 4
	6	0.073 3	0.090 0	0.115 0	0.133 0	0.161 4	0.124 8	0.065 5	0.045 0	0.065 7
	7	0.115 9	0.077 1	0.145 3	0.096 8	0.142 5	0.062 4	0.077 4	0.082 4	0.061 0
	8	0.094 0	0.088 2	0.042 9	0.191 1	0.150 6	0.083 2	0.022 7	0.106 4	0.262 3
	9	0.052 2	0.039 3	0.181 8	0.254 5	0.131 0	0.164 0	0.205 6	0.190 9	0.258 8
	10	0.134 5	0.143 0	0.037 8	0.087 1	0.050	0.100 2	0.092 5	0.158 6	0.115 5
	11	0.009	0.012 6	0.009 2	0.006 0	0.007 8	0.005 9	0.007 8	0.011 6	0.005 0
	12	0.126 0	0.167 0	0.225 1	0.179 3	0.034 8	0.150 3	0.185 2	0.169 8	0.097 8
	13	0.361 9	0.245 0	0.151 6	0.100 2	0.045 1	0.183 7	0.350 1	0.364 4	0.151 1
	14	0.069	0.050 8	0.085 8	0.078 9	0.070 7	0.129 5	0.168 0	0.271 8	0.227 3
	15	0.182 8	0.132 8	0.067	0.090 9	0.088	0.070	0.266 8	0.249 4	0.322 0
齿轮状态		正常	正常	正常	齿根裂纹	齿根裂纹	齿根裂纹	断齿	断齿	断齿

（2）网络设计

从表中可以看出齿轮有三种模式,故输出变量有三维,采用以下形式来表示输出:无故障 (1,0,0);齿根裂纹 (0,1,0);断齿 (0,0,1)。

为了对训练好的网络进行测试,另外再给出三组新的数据作为网络的测试数据,见表 6-12。

表 6-12　网络测试数据

样本序号	特征值	齿轮状态
16	0.210 1,0.095,0.129 8,0.135 9,0.260 1,0.100 1,0.075 3,0.089, 0.038 9,0.145 1,0.012 8,0.159,0.245 2,0.051 2,0.131 9	无故障
17	0.259 3,0.18,0.071 1,0.280 1,0.150 1,0.129 8,0.100 1,0.189 1, 0.253 1,0.087 5,0.005 8,0.180 3,0.099 2,0.080 2,0.100 2	齿根裂纹
18	0.259 9,0.223 5,0.120 1,0.007 1,0.110 2,0.068 3,0.062 1, 0.259 7,0.260 2,0.116 7,0.004 8,0.100 2,0.152 1,0.228 1,0.320 5	断齿

本示例完整的 MATLAB 代码如下:

P=[0.228 6 0.129 2 0.072 0 0.159 2 0.133 5 0.073 3 0.115 9 0.094 0 0.052 2 0.134 5 0.009 0 0.126 0 0.361 9 0.069 0 0.182 8;

0.209 0 0.094 7 0.139 3 0.138 7 0.255 8 0.090 0 0.077 1 0.088 2 0.039 3 0.143 0 0.012 6 0.167 0 0.245 0 0.050 8 0.132 8;

0.044 2 0.088 0 0.114 7 0.056 3 0.334 7 0.115 0 0.145 3 0.042 9 0.181 8 0.037 8 0.009 2 0.225 1 0.151 6 0.085 8 0.067 0;

0.260 3 0.171 5 0.070 2 0.271 1 0.149 1 0.133 0 0.096 8 0.191 1 0.254 5 0.087 1 0.006 0 0.179 3 0.100 2 0.078 9 0.090 9;

0.369 0 0.222 2 0.056 2 0.515 7 0.187 2 0.161 4 0.142 5 0.150 6 0.131 0 0.050 0 0.007 8 0.034 8 0.045 1 0.070 7 0.088 0;

0.035 9 0.114 9 0.123 0 0.546 0 0.197 7 0.124 8 0.062 4 0.083 2 0.164 0 0.100 2 0.005 9 0.150 3 0.183 7 0.129 5 0.070 0;

0.175 9 0.234 7 0.182 9 0.181 1 0.292 2 0.065 5 0.077 4 0.022 7 0.205 6 0.092 5 0.007 8 0.185 2 0.350 1 0.168 0 0.266 8;

0.072 4 0.190 9 0.134 0 0.240 9 0.284 2 0.045 0 0.082 4 0.106 4 0.190 9 0.158 6 0.011 6 0.169 8 0.364 4 0.271 8 0.249 4;

0.263 4 0.225 8 0.116 5 0.115 4 0.107 4 0.065 7 0.061 0 0.262 3 0.258 8 0.115 5 0.005 0 0.097 8 0.151 1 0.227 3 0.322 0;];

T=[1 0 0;1 0 0;1 0 0;0 1 0;0 1 0;0 1 0;0 0 1;0 0 1;0 0 1;];

P=P';

T=T';

net=newrb(P,T,0.000 1,0.2);% 创建一个目标误差为 0.000 1,RBF 函数的扩展密度为 0.2 的 RBF 神经网络

P_test=[0.210 1 0.095 0 0.129 8 0.135 9 0.260 1 0.100 1 0.075 3 0.089 0 0.038 9 0.145 1 0.012 8 0.159 0 0.245 2 0.051 2 0.131 9;

0.259 3 0.180 0 0.071 1 0.280 1 0.150 1 0.129 8 0.100 1 0.189 1 0.253 1 0.087 5 0.005 8 0.180 3 0.099 2 0.080 2 0.100 2;

0.259 9 0.223 5 0.120 1 0.007 1 0.110 2 0.068 3 0.062 1 0.259 7 0.260 2 0.116 7 0.004 8 0.100 2 0.152 1 0.228 1 0.320 5;];

P_test=P_test';

Y=sim(net,P_test)

测试结果为:

Y=0.998 0   −0.004 5   −0.007 0

    −0.000 3   1.010 4   −0.046 8

    0.002 3   −0.005 9   1.053 8

参照网络定义的故障模式:无故障:(1,0,0);齿根裂纹(0,1,0);断齿(0,0,1)。分析结果可以发现,第 16 号样本对应的齿轮状态为正常,第 17 号样本对应的齿轮状态为齿根裂纹,第

18 号样本对应的齿轮状态为断齿。网络成功诊断出了所有故障,因此,可将该网络应用到实际工程项目中。

6.4　专家系统控制

专家系统(expert system,ES)是人工智能的一个重要分支。1982 年美国斯坦福大学 E. A. Feigenbaum 教授给出了专家系统的定义:专家系统是一种智能的计算机程序,它使用知识与推理过程来解决那些需要专家的专门知识才能求解的复杂问题。专家系统可以解决的问题一般包括解释、预测、诊断、设计、规划、监视、修理、指导和控制等。专家系统的发展经历了初创期、成熟期、发展期三个阶段:

(1) 初创期(1965—1971 年)

第一代专家系统 DENDRAL 和 MACSYMA 的出现,标志着专家系统的诞生。其中 DEN-DRAL 为推断化学分子结构的专家系统,由专家系统的奠基人 E. A. Feigenbaum 教授及其研究小组研制。MACSYMA 为用于数学运算的数学专家系统,由麻省理工学院完成。

(2) 成熟期(1972—1977 年)

斯坦福大学研究开发了最著名的专家系统——血液感染病诊断专家系统 MYCIN,标志专家系统从理论走向应用。另一个著名的专家系统——语音识别专家系统 HEARSAY 的出现,标志着专家系统的理论走向成熟。

(3) 发展期(1978 年至今)

在此期间,专家系统走向应用领域,专家系统的数量增加,仅 1987 年研制成功的专家系统就有 1 000 种。这一代专家系统属于多学科综合型系统,采用多种人工智能语言,综合采用各种知识表示法、多种推理机制及控制策略,并开始运用各种知识工程语言、骨架系统及专家开发系统工具来研制大型综合专家系统。

6.4.1　专家系统的结构

专家系统是一个具有大量专门知识与经验的程序系统,它应用人工智能技术,根据某个领域一个或多个专家提供的知识和经验进行推理和判断,模拟人类专家的决策过程,以解决那些需要专家决定的复杂问题。

专家系统的主要功能取决于其知识,专家系统与传统计算机程序最本质的区别在于:专家系统所要解决的问题一般没有算法解,并且往往要在不完全、不精确或不确定的信息基础上做出结论。

一般专家系统由知识库、综合数据库、推理机、解释接口及知识获取器五部分组成,结构如图 6-31 所示。

(1) 知识库

知识库是专家系统的核心部件之一,用于存储和管理专家系统中的知识和经验,供推理机使用,具有知识存储、检索、编辑、增删等功能。知识库包含三类知识:① 基于专家经验的判断性规则;② 用于推理、问题求解的控制性规则;③ 用于说明问题的状态、事实和概念以及当前

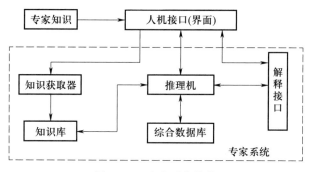

图 6-31 专家系统结构

的条件和常识等的数据。知识库通过人机接口与领域专家相沟通,从而实现知识的获取。

(2)推理机

推理机是专家系统的思维机构,推理机的任务是模拟领域专家的思维过程,根据知识库中的知识,按一定的推理方法和控制策略进行推理,直到推理出问题的结论。知识库和推理机构成了一个专家系统的基本框架,同时,这两部分又相辅相成,因为不同的知识表示不同的推理方式。推理机包括三种推理方式:① 正向推理,从原始数据和已知条件得到结论;② 反向推理,先提出假设的结论,然后寻找支持的证据,若证据存在,则假设成立;③ 双向推理,运用正向推理提出假设的结论,运用反向推理来证实假设。

(3)综合数据库

综合数据库专门用于存储推理过程中所需的原始数据、中间结果和最终结论,往往是作为暂时的工作存储区。

(4)解释接口

解释接口的功能是向用户解释专家系统的行为,包括解释"系统怎样得出这一结论""系统为什么提出这样的问题"之类的问题。由于要解释就必须对推理进行实时跟踪,因此解释接口常与推理机的设计同时考虑和进行。

(5)知识获取器

知识获取器通过人工方法或机器学习的方法,将某个领域内的事实性知识和领域专家所特有的经验性知识转化为计算机可利用的形式,并送入知识库。它也具有修改、更新知识库的功能,维护知识库的完整性与一致性。

6.4.2 知识的表示

知识表示即知识的形式化,是研究用机器表示知识的可行的、有效的、通用的原则和方法。目前,常用的知识表示方法有产生式规则表示法、语义网络法、状态空间表示法、框架表示法、与或图表示法等。产生式规则表示法是专家系统最流行的表达方法,由产生式规则表示的专家系统又称为基于规则的系统或产生式系统。产生式系统主要由规则库、数据库和控制器组成,如图 6-32 所示。

图 6-32 产生式系统的基本结构

1. 规则库

规则库里存放了若干规则,每条产生式规则是一个以"如果满足这个条件,就应当采取这个操作"形式表示的语句。各规则之间相互作用不大。规则的表达方式如下:

if

$\left.\begin{array}{l}（触发事实 1 是真）\\（触发事实 2 是真）\\\qquad\cdots\\（触发事实\ n\ 是真）\end{array}\right\}$条件部分

then

$\left.\begin{array}{l}（结论事实 1 是真）\\（结论事实 2 是真）\\\qquad\cdots\\（结论事实\ n\ 是真）\end{array}\right\}$操作部分

在产生式系统的执行过程中,如果某条规则的条件部分被满足,那么,这条规则就可以被应用,即系统的控制部分可以执行规则的操作部分。

可以看出,专家系统的产生式规则与模糊逻辑规则非常相似,两者的不同在于产生式规则如果前提是真,规则就被激活。即一组输入,仅有一个规则被激活,那么这个规则就完全控制了专家系统的输出。模糊逻辑控制规则不是开关式响应,而是可以不同程度地被激活,即如果其前提是非零值,即某种程度的真,规则就被激活。

2. 数据库

数据库是产生式规则表示的中心,在启用某一规则之前数据库内必须准备好相应的条件。执行产生式规则的操作会引起数据库的变化,这就使得其他产生式规则的条件可能被满足。

3. 控制器

控制器也称推理机,其作用是用来控制产生式系统的运行,决定问题求解过程的推理线路。通常从选择规则到执行操作分三步完成,即匹配、冲突解决和操作。

(1) 匹配。把数据库和规则的条件部分相匹配,如果完全匹配,把这条规则称为触发规则。当按规则的操作部分去执行时,把这条规则称为被启用规则。被触发的规则不一定是被启用的规则,因为可能有几条规则的条件部分被满足。

(2) 冲突解决。当有一个以上的规则条件部分和当前数据库相匹配时,就需要决定首先使用哪一个规则,称为冲突解决。

(3) 操作。操作就是执行规则的操作部分经过操作以后,当前数据库将被修改,其他的规则有可能被使用。

6.4.3　专家系统控制原理

专家系统控制是把专家系统的理论和技术同控制理论、方法与技术相结合,在未知的环境下,仿效专家的智能,实现对被控对象的控制。此类控制系统称为专家控制系统。专家控制系统的出现,改变了传统控制系统设计中单纯依靠数学模型的局面,使知识模型与数学模型相结合,知识信息处理技术与控制技术相结合,是人工智能与控制理论相结合的典型产物。一般专家控制系统的基本结构如图 6-33 所示。

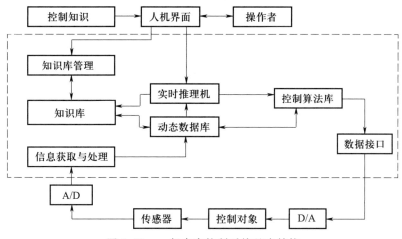

图 6-33 一般专家控制系统基本结构

（1）知识库

由事实集和控制规则、经验数据等构成。事实集包括对象的有关知识,如结构、类型及特征等。控制规则有自适应、自学习、参数自调整等方面的规则。经验数据包括对象的参数变化范围、控制参数的调整范围及其限幅值、传感器特性、系统误差、执行机构特征、控制系统的性能指标等。

（2）控制算法库

该库存放控制策略及控制方法,如 PID 控制算法、PI 控制算法、模糊控制算法、神经控制算法、预测控制算法等,是直接控制方法集。

（3）实时推理机

实时推理机根据一定的推理策略从知识库中选择有关知识,对控制专家系统提供的控制算法、事实、证据以及实时采集的系统特性数据进行推理,直到得出相应的最佳控制决策,再由决策的结果指导控制作用。

（4）信息获取与处理

信息获取是通过闭环控制系统的反馈信息及系统输入信息,获取控制系统的误差及误差变化率等信息。

（5）动态数据库

该库用来存放推理过程中的数据、中间结果、实时采集与处理信息等数据。

6.4.4 直接型专家控制系统

按专家系统在控制系统中的作用和功能,可将专家控制系统分为直接型专家控制系统和间接型专家控制系统。

当基于知识的控制器直接影响被控对象时,这种控制称为直接型专家控制。在直接型专家控制中,专家系统代替原来的传统控制器,直接给出控制信号,其结构如图 6-34 所示。

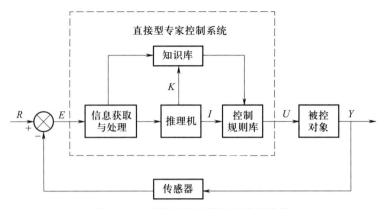

图 6-34   直接型专家控制系统的结构

直接型专家控制系统的设计过程如下。

1. 知识库建立

一般根据工业控制的特点及实时控制要求,采用产生式规则描述过程的因果关系,并通过带有调整因子的模糊控制规则建立控制规则集。

直接型专家控制系统知识模型可用如下形式表示:

$$U = f(E, K, I)$$

式中:E——控制器输入信息集,$E = \{e_1, e_2, \cdots, e_m\}$;

K——知识库中的经验数据与事实集,$K = \{k_1, k_2, \cdots, k_n\}$;

I——推理机构的输出集,$I = \{i_1, i_2, \cdots, i_p\}$;

U——控制规则输出集,$U = \{u_1, u_2, \cdots, u_n\}$。

f 为智能算子,其基本形式为:

$$\text{if } E \text{ and } K \text{ then}(\text{if } I \text{ then } U)。$$

智能算子 f 的基本含义是:根据输入信息(E)和知识库中的经验数据与规则(K)进行推理,然后根据推理结果(I),输出相应的控制策略 U。f 算子是可解析型和非解析型的结合。为使推理机能实时地在控制空间搜索到目标,既能保证最大限度地发挥控制作用,又能避免搜索不到目标而导致"失控",因此建立知识库时必须满足以 E 到 U 的满射。

2. 控制知识的获取

控制知识(规则、事实)是从控制专家或专门操作人员的操作过程基础上总结、归纳而成的。

某个温度专家控制系统的误差曲线如图 6-35 所示,以此为例说明温度专家系统控制规则的获取过程。

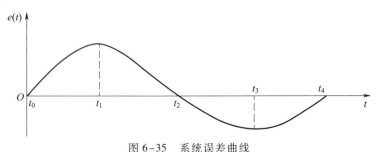

图 6-35   系统误差曲线

由误差曲线图可得到:

$e(t)\Delta e(t)>0, t\in(t_0,t_1)$ 或 $t\in(t_2,t_3)$

$e(t)\Delta e(t)<0, t\in(t_1,t_2)$ 或 $t\in(t_3,t_4)$

$e(t)\Delta e(t-1)<0$,在 t_1, t_3 处有极值点,$e(t)\Delta e(t-1)>0$,无极值点。

根据以上分析,在系统响应远离设定值区域时,可采用开关模式进行控制,使系统快速向设定值回归。在误差趋势增大时,采取比例模式,加大控制量以尽快校正偏差。在极值附近时减少控制量,直到误差趋势逐渐减小时,保持控制量,靠系统惯性回到平衡点。此外,采用强比例控制作为启动阶段的过渡。

选取 $\{e(t),e(t)\Delta e(t),e(t)\Delta e(t-1)\}$ 作为特征量。控制规则集总结如下:

(1) if $e(t)>M_1$ then $U(t)=U_{max}$

(2) if $e(t)<-M_1$ then $U(t)=0$

(3) if$(e(t)\Delta e(t)>0)$ or $(\Delta e(t)=0$ and $e(t)\neq 0)$ and $|e(t)|\geqslant M_2$ then $U(t)=U(t-1)+K_1 K_p e(t)$

(4) if$(e(t)\Delta e(t)>0)$ or $(\Delta e(t)=0$ and $e(t)\neq 0)$ and $|e(t)|<M_2$ then $U(t)=U(t-1)+K_2 K_p e(t)$

(5) if$(e(t)\Delta e(t)<0)$ and $(e(t)\Delta e(t-1)>0$ or $e(t)=0)$ then $U(t)=U(t-1)$

(6) if $e(t)\Delta e(t)<0$ and $e(t)\Delta e(t-1)<0$ and $|e(t)|\geqslant M_2$ then $U(t)=U(t-1)+K_1 K_2 K_p e(t)$

(7) if $e(t)\Delta e(t)<0$ and $e(t)\Delta e(t-1)<0$ and $|e(t)|<M_2$ then $U(t)=U(t-1)+K_2 K_p e(t)$

(8) if $M_1<e(t)<M_2$ then $U(t)=K_3 e(t)$

其中,M_1、M_2 为误差界限,K_p 为比例增益,K_1、K_2、K_3 为增益系数。

3. 推理方法的选用

在实时控制中,必须在有限的采样周期内将控制信号确定出来。直接型专家控制系统可以采用一种逐步改善控制信号精度的推理方式。逐步推理是把专家知识分成一些知识层,不同的知识层用于求解不同精度的解,这样就可以随着知识层的深入、逐步改善问题的解。对于简单的知识结构,可采用以数据驱动的正向推理方法,逐次判别各规则的条件,若满足条件则执行该规则,否则继续搜索。

直接型专家控制系统一般用于高度非线性或过程描述困难的场合,传统控制器设计方法在这些场合很难适用。直接型专家控制系统目前还缺乏一些分析性能的方法,如控制回路的稳定性、一致性分析等。但只要通过基于监控专家系统的严密监控,具有可接受的控制性能和一定学习能力的直接型专家控制系统是可以实现的。

6.4.5 间接型专家控制系统

专家系统间接地对控制信号起作用,或者说,当基于知识的控制器仅仅间接影响控制系统时,把这种专家控制系统称为间接型专家控制系统。间接型专家控制系统由专家控制器和常规控制器两部分组成,其结构如图 6-36 所示。

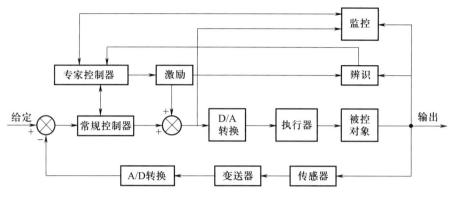

图 6-36 间接型专家系统控制结构

在间接型专家控制系统中,专家控制器是一个常规控制器(如 PID 控制器)的参数优化专家。它利用专家的经验,根据现场响应及环境条件,对常规控制器的参数进行优化,使之实现更有效的控制。对 PID 控制器参数优化的专家控制器也称为专家 PID 控制器。

PID 专家控制的实质是,基于被控对象和控制规律的各种知识,无需知道被控对象的精确模型,利用专家经验来设计 PID 参数。典型的二阶系统单位阶跃响应误差曲线如图 6-37 所示。对于典型的二阶系统阶跃响应过程作如下分析。

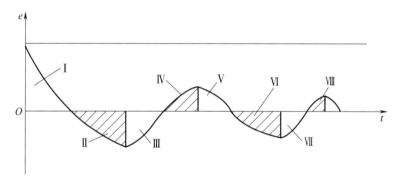

图 6-37 典型二阶系统单位阶跃响应误差曲线

令 $e(t)$ 表示离散化的当前采样时刻的误差值,$e(t-1)$ 和 $e(t-2)$ 分别表示前一个和前两个采样时刻的误差值,则有:

$$\Delta e(t) = e(t) - e(t-1)$$
$$\Delta e(t-1) = e(t-1) - e(t-2)$$

根据误差及其变化率,可设计专家 PID 控制器,该控制器可分为以下五种情况进行设计。

(1)当 $|e(t)| > M_1$(M_1 为设定的误差界限)时,说明误差的绝对值已经很大。不论误差变化趋势如何,都应考虑控制器应按最大输出,以达到迅速调整误差,使误差绝对值以最大速度减小的目的。此时,它相当于实施开环控制。

(2)当 $e(t)\Delta e(t) > 0$,说明误差在朝绝对值增大的方向变化,或误差为某一常值,未发生变化。此时,如果 $|e(t)| \geq M_2$(M_2 为设定的误差界限,且 $M_1 > M_2$),说明误差也较大,可考虑由控制器实施较强的控制作用,以达到使误差绝对值朝减小方向变化,并迅速减小误差的绝对值

的目的,控制器输出为:

$$u(t) = u(t-1) + K_1 \{ K_P [e(t) - e(t-1)] + K_1 e(t) + K_D [e(t) - 2e(t-1) + e(t-2)] \}$$

式中:K_1——增益放大系数,$K_1 > 1$;

$\quad K_P$——比例增益;

$\quad K_D$——微分增益;

$\quad K_I$——积分增益。

如果 $|e(t)| < M_2$,说明尽管误差朝绝对值增大的方向变化,但误差绝对值本身并不很大,可考虑控制器实施一般的控制作用,只要扭转误差的变化趋势,使其朝误差绝对值减小方向变化即可,控制器输出为:

$$u(t) = u(t-1) + K_P [e(t) - e(t-1)] + K_1 e(t) + K_D [e(t) - 2e(t-1) + e(t-2)]$$

(3) 当 $e(t)\Delta e(t) < 0$、$\Delta e(t)\Delta e(t-1) > 0$ 或 $e(t) = 0$ 时,说明误差绝对值朝减小的方向变化,或者已经达到平衡状态。此时,可保持控制器输出不变。

(4) 当 $e(t)\Delta e(t) < 0$、$\Delta e(t)\Delta e(t-1) < 0$ 时,说明误差处于极值状态。如果此时误差的绝对值较大,即 $|e(t)| \geqslant M_2$,可考虑实施较强的控制作用,控制器输出为:

$$u(t) = u(t-1) + K_1 K_P e_m(t)$$

式中:$e_m(t)$——误差 e 的第 t 时刻的极值。

如果此时误差的绝对值较小,即 $|e(t)| < M_2$,可考虑实施较弱的控制作用,控制器输出为:

$$u(t) = u(t-1) + K_2 K_P e_m(t)$$

式中:K_2——增益抑制系数,$0 < K_2 < 1$。

(5) 当 $|e(t)| \leqslant \varepsilon$ 时,ε 为任意小正实数,说明误差的绝对值很小,此时加入积分,减少稳态误差。

图中,Ⅰ、Ⅲ、Ⅴ、Ⅶ、…区域,误差朝绝对值减小的方向变化。此时,可采取保持等待措施,相当于实施开环控制;Ⅱ、Ⅳ、Ⅵ、Ⅷ、…区域,误差绝对值朝增大的方向变化。此时,可根据误差的大小分别实施较强或一般的控制作用,以抑制动态误差。

用专家系统实现智能 PID 控制的过程,实际上是模拟操作人员调节 PID 参数的判断和决策过程,是将数字 PID 控制方法与专家系统融合起来,从模仿人整定参数的推理决策入手,利用实时控制信息和系统输出信息,归纳为一系列整定规则,并把整定过程分成预整定和自整定两部分。预整定运用于系统初始投入运行且无法给出 PID 初始参数的场合,自整定运用于系统正常运行时,不必再辨识对象特性和控制参数,只需随对象特性的变化而进行迭代优化的场合。

6.5 遗 传 算 法

遗传算法(genetic algorithm,GA)是美国密歇根大学的 J. H. Holland 教授提出的一种解决复杂问题的并行随机搜索最优化方法。遗传算法是以达尔文的生物进化论为启发而创建的,是一种基于进化论中优胜劣汰、自然选择、适者生存和物种遗传思想的优化算法。它将问题的求解表示成染色体的生存过程,通过群体的复制、交叉及变异等操作最终获得最适应环境的个体,从而求得问题的最优解。遗传算法作为一种通用的优化算法,其主要特点是群体搜索策略和群体中个体之间的信息交换,搜索不依赖于梯度信息。

6.5.1　遗传算法概述

1. 遗传算法的发展

遗传算法的思想来源于达尔文的进化论和 G. J. Mendel 的遗传学说。1967 年,J. H. Holland 的学生 J. D. Bagley 在其博士论文中首次提出了"遗传算法"一词,他发展了复制、交叉、变异、显性、倒位等遗传算子。

1975 年 J. H. Holland 教授出版了第一本系统论述遗传算法和人工自适应系统的专著 *Adaptation in Natural and Artificial System*。20 世纪 80 年代,J. H. Holland 实现了第一个基于遗传算法的机器学习系统,开创了遗传算法机器学习的新概念。1989 年,J. H. Holland 的学生 D. E. Goldberg 博士出版专著 *Genetic Algorithm——in Search Optimization and Machine Learning*,系统地总结了遗传算法的主要研究成果,全面完整地论述了遗传算法的基本原理及其应用。

1992 年 J. Koza 将遗传算法应用于计算机程序的优化设计及自动生成,提出了遗传编程(genetic programming,GP)的概念,并成功将遗传编程的方法应用于人工智能、机器学习和符号处理等方面。

2. 遗传算法的基本概念

遗传算法是以达尔文的自然选择学说为基础发展起来的。自然选择学说包括以下三个方面。

(1)遗传　这是生物的普遍特征,亲代把生物信息交给子代,子代总是和亲代具有相同或相似的性状。生物有了这个特征,物种才能稳定存在。

(2)变异　亲代和子代之间以及子代的不同个体之间的差异,称为变异。变异是随机发生的,变异的选择和积累是生命多样性的根源。

(3)生存斗争和适者生存　具有适应性变异的个体被保留下来,不具有适应性变异的个体被淘汰,通过一代代的生存环境的选择作用,性状逐渐与祖先有所不同,演变为新的物种。

与达尔文的自然选择学说相对应,遗传算法引入了如下遗传学概念。

(1)串(string)　它是个体的形式,在算法中为二进制串,并且对应于遗传学中的染色体(chromosome)。

(2)种群(population)　个体的集合称为种群,串是种群的元素。

(3)种群大小(population size)　在种群中个体的数量称为种群的大小。

(4)基因(gene)　串中的元素,基因用于表示个体特征。

(5)基因位(gene position)　一个基因在串中的位置。

(6)适应度(fitness)　也称适应值,表示该基因型个体生存与选择的能力。适应度是大于零的实数,适应度越大表示生存能力越强。

遗传算法将"优胜劣汰、适者生存"的生物进化原理引入优化参数形成的编码串联群体中,按所选择的适配值函数并通过遗传中的复制、交叉及变异对个体进行筛选,使适应度高的个体被保留下来,组成新的群体,新的群体继承上一代的信息,又优于上一代。这样周而复始,群体中个体适应度不断提高,直到满足一定的条件。

遗传算法具有以下特点。

(1)遗传算法是对参数的编码进行操作,而非对参数本身,因此,在优化计算过程中可以借鉴生物学中染色体和基因等概念,模仿自然界中生物的遗传和进化等机理。

(2)遗传算法同时使用多个搜索点搜索信息。传统的优化方法往往是从解空间的单个初始点开始最优解的迭代搜索过程,单个搜索点所提供的信息不多,搜索效率不高,有时甚至会使搜索过程局限于局部最优解而停滞不前。遗传算法从由很多个体组成的一个初始群体开始最优解的搜索过程,而不是从一个单一的个体开始搜索,这是遗传算法所特有的一种隐含并行性,因此遗传算法的搜索效率较高。

(3)遗传算法直接以目标函数作为搜索信息。传统的优化算法不仅需要利用目标函数值,而且需要目标函数的导数值等辅助信息才能确定搜索方向。而遗传算法仅使用由目标函数值变换来的适应度函数值,就可以确定进一步的搜索方向和搜索范围,无需目标函数的导数值等其他辅助信息。

(4)遗传算法具有并行计算的特点。正因为这一特点,遗传算法可通过大规模并行计算来提高计算速度,适合大规模复杂问题的优化。

(5)遗传算法使用概率搜索技术。遗传算法的选择、交叉、变异等运算都是以一种概率的方式来进行的,因而遗传算法的搜索过程具有很好的灵活性。随着进化过程的进行,遗传算法新群体会产生许多新的优良个体。

(6)遗传算法应用范围广。遗传算法对于待寻优的函数基本无限制,它既不要求函数连续,也不要求函数可微,既可以是数学解析式所表示的显函数,也可以是映射矩阵甚至是神经网络的隐函数,因而应用范围较广。

(7)遗传算法在解空间进行高效启发式搜索,而非盲目地穷举或完全随机搜索。

6.5.2 基本遗传算法

D. E. Goldberg 总结了一种统一的最基本的遗传算法(simple genetic algorithms, SGA)。基本遗传算法只使用选择算子、交叉算子和变异算子,其遗传进化操作过程简单,容易理解,是其他一些遗传算法的雏形和基础,它不仅给各种遗传算法提供了一个基本框架,同时也具有一定的应用价值。

基本遗传算法可定义为一个八元组:

$$SGA = (C, E, P_0, M, \Phi, \Gamma, \Psi, T)$$

式中:C——个体的编码方法;

E——个体适应度评价函数;

P_0——初始群体;

M——群体大小;

Φ——选择算子;

Γ——交叉算子;

Ψ——变异算子;

T——遗传运算终止条件。

基本遗传算法的构成要素主要有以下几个方面。

1. 染色体编码与解码

（1）编码

假设某一参数的取值范围是 $[U_{min}, U_{max}]$，用长度为 l 的二进制编码符号串来表示该参数，则它总共能够产生 2^l 种不同的编码，参数编码时的对应关系如下：

$$00000000\cdots00000000 = 0 \qquad\qquad U_{min}$$
$$00000000\cdots00000001 = 1 \qquad\qquad U_{min}+\delta$$
$$\cdots$$
$$11111111\cdots11111111 = 2^l - 1 \qquad\qquad U_{max}$$

其中，δ 为二进制编码的编码精度，其公式为：

$$\delta = \frac{U_{max} - U_{min}}{2^l - 1}$$

（2）解码

假设某一个体的编码是：

$$x: b_l\ b_{l-1}\ b_{l-2}\cdots b_2 b_1$$

则对应的解码公式为：

$$x = U_{min} + \left(\sum_{i=1}^{l} b_i \cdot 2^{i-1} \right) \cdot \frac{U_{max} - U_{min}}{2^l - 1}$$

◆ **例 6-12**　设 $-3.0 \leqslant x \leqslant 12.1$，精度要求 $\delta = 1/10\ 000$，则 x 需要用几位的二进制编码来表示该参数？

解： 由公式：

$$\delta = \frac{U_{max} - U_{min}}{2^l - 1}$$

得 $2^l = 151\ 001$，所以 $l = 18$

2. 个体适应度评价

遗传算法按与个体适应度成正比的概率来决定当前群体中每个个体遗传到下一代群体中的概率多少。为正确计算这个概率，要求所有个体的适应度必须为正数或零。因此，必须先确定由目标函数值 f 到个体适应度 F 之间的转换规则。

（1）当优化目标是求函数最大值，并且目标函数总取正值时，可以直接设定个体的适应度 $F(x)$ 就等于相应的目标函数值 $f(x)$，即：

$$F(x) = f(x)$$

（2）对于求目标函数最小值的优化问题，理论上只需简单地对其增加一个负号就可将其转化为求目标函数最大值的优化问题，即：

$$F(x) = -f(x)$$

但实际优化问题中的目标函数值有正也有负，优化目标有求函数最大值，也有求函数最小值，显然上面两式保证不了所有情况下个体的适应度都是非负数这个要求。因此，为满足适应值取非负值的要求,基本遗传算法一般采用以下两种方法将目标函数值 $f(x)$ 变换为个体适应度 $F(x)$。

(1) 对于求目标函数最大值的优化问题,变换方法为:

$$F(x) = \begin{cases} f(x) + C_{min}; & f(x) + C_{min} > 0 \\ 0; & f(x) + C_{min} \leq 0 \end{cases}$$

式中,C_{min} 为一个适当地相对比较小的数,C_{min} 可以预先指定,也可以取当前代或最近几代群体中的最小目标函数值。

(2) 对于求目标函数最小值的优化问题,变换方法为:

$$F(x) = \begin{cases} C_{max} - f(x); & f(x) < C_{max} \\ 0; & f(x) \geq C_{max} \end{cases}$$

式中,C_{max} 为一个相对较大的数,C_{max} 可以预先指定,也可以取当前代或最近几代群体中的最大目标函数值。

3. 选择运算

选择又称复制,是从一个旧种群中选择生命力强的个体位串产生新种群的过程。具有高适应度的位串更有可能在下一代中产生一个或多个子孙。

目前最常用的选择算子是适应度比例方法,也称为轮赌法。此方法中,每个个体的选择概率与其适应度大小成正比。

设种群大小为 n,其中个体 i 的适应度为 f_i,则 i 被选择的概率 P_{si} 为:

$$P_{si} = \frac{f_i}{\sum\limits_{i=1}^{n} f_i}$$

概率 P_{si} 反映了个体适应度在整个个体适应度总和中所占的比例,个体适应度越大,其被选择的概率就越高。

计算出种群中各个体的选择概率后,就可以决定哪些个体被选出。轮赌法的基本思想如图 6-38 所示。将转动的圆盘按选择概率 P_{si} 分成 n 份,其中第 i 个扇形中心角为 $2\pi P_{si}$。进行选择时,假设转动转盘,若某参考点(骰子)落入到第 i 个扇形内,则选择个体 i。很容易看出,扇区面积越大,被选中的概率也越大,即个体的适应度越大,从而该个体基因被遗传到下一代的可能性也越大。

4. 交叉运算

复制操作能从旧种群中选择出优秀者,但不能创造新的染色体。而交叉模拟了生物进化过程中的繁殖现象,通过两个染色体的交换组合,来产生新的优良品种。遗传算法的有效性主要来自选择和交叉运算,尤其是交叉运算在遗传算法中起着重要的作用

交叉运算的过程为:在匹配池中任选两个染色体,随机选择一点或多点交换点位置;交换双亲染色体交换点右边的部分,即可得到两个新的染色体数字串。

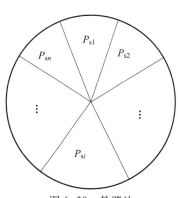

图 6-38 轮赌法

最基本的交叉运算方法是单点交叉,是指染色体交换点只有一处,具体过程如下:设个体的字符长度为 l,随机地从 $[1, l-1]$ 中选取一个整数值 k 作为交换点,将两个父代个体从位置 k 后的所有字符进行交换,而形成两个新的子代个体。例如, $A1 = 10\,110$, $A2 = 0\,1001$,个体字符长度为 $l = 5$,假定从 $1 \sim 4$ 间选取随机数,得到交换点位 $k = 3$,对两个初始的位串个体 $A1$ 和 $A2$ 进行配对,交叉运算的位置用分隔符"|"表示为:

$$A1 = 101\,|\,10$$

$$A2 = 010\,|\,01$$

交叉运算后产生了两个新的字符串为:

$$A1' = 10\,101$$

$$A2' = 01\,010$$

除单点交叉外,交叉操作还有多点交叉、均匀交叉、两点交叉、周期交叉、自适应交叉等。

交叉概率可用下面的公式表示:

$$P_c = \frac{M_c}{M}$$

式中: M——群体中个体的数目;

　M_c——群体中被交换个体的数目。

5. 变异运算

变异运算用来模拟生物在自然的遗传环境中由于各种偶然因素引起的基因突变,它以很小的概率随机地改变遗传基因(表示染色体的符号串的某一位)的值。变异的作用是补偿群体在某一位可能缺失的基因,保证遗传算法可以搜索到空间的所有点。若只有选择和交叉,而没有变异,则无法在初始基因组合以外的空间进行搜索,使进化过程在早期就陷入局部解而进入终止过程,从而影响解的质量。为了在尽可能大的空间中获得质量较高的优化解,必须采用变异操作。

对于二进制编码而言,最基本的变异操作就是将染色体的某一个基因由 1 变为 0,或由 0 变为 1,这种变异称为基本位变异。基本位变异运算的示例如下所示:

$$A: 1\,010\quad 1\quad 01\,010 \longrightarrow A': 1\,010\quad 0\quad 01\,010$$

此外,变异操作还有均匀变异、逆转变异、非一致变异、自适应变异等。

变异是针对个体的某一个或某一些基因座上的基因值执行的,因此变异概率 P_m 也是针对基因而言,即:

$$P_m = \frac{B}{Ml}$$

式中: B——每代中变异的基因数目;

　M——每代中群体拥有的个体数目;

　l——个体中基因串长度。

6. 基本遗传算法的运算参数

有下述四个运行参数需要提前设定。

M:群体大小,即群体中所含个体的数量,一般取为 $20 \sim 100$;

G:遗传算法的终止进化代数,一般取为 $100 \sim 500$;

P_c:交叉概率,一般取为 $0.4 \sim 0.99$;

P_m:变异概率,一般取为 $0.000\ 1 \sim 0.1$。

这四个运算参数对遗传算法的求解结果和求解效率都有一定的影响,但目前尚无合理选择它们的理论依据。在遗传算法的实际应用中,往往需要经过多次试算后才能确定出这些参数合理的取值大小或取值范围。

6.5.3 基本遗传算法的流程

对于一个需要进行优化的实际问题,一般可按下述步骤构造遗传算法。

(1)确定决策变量及各种约束条件,即确定出个体的表现型 X 和问题的解空间。

(2)建立优化模型,即确定出目标函数的类型及数学描述形式或量化方法。

(3)确定表示可行解的染色体编码方法,即确定出个体的基因型 x 及遗传算法的搜索空间。

(4)确定解码方法,即确定出由个体基因型 x 到个体表现型 X 的对应关系或转换方法。

(5)确定个体适应度的量化评价方法,即确定出由目标函数值到个体适应度的转换规则。

(6)设计遗传算子,即确定选择运算、交叉运算、变异运算等遗传算子的具体操作方法。

(7)确定遗传算法的有关运行参数,即 M、G、P_c、P_m 等参数。

以上操作过程可用如图 6-39 来表示。

遗传算法中的优化准则,一般依据问题的不同有不同的确定方式。通常采用以下的准则之一作为判断条件:

(1)种群中个体的最大适应度超过预先设定值;

(2)种群中个体的平均适应度超过预先设定值;

(3)世代数超过预先设定值。

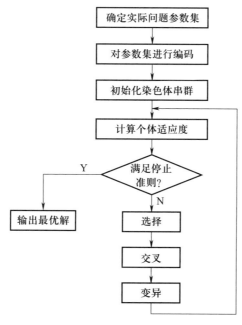

图 6-39 基本遗传算法流程图

6.5.4 基于遗传算法的应用实例

1. 遗传算法的应用领域

遗传算法提供了一种求解复杂系统优化问题的通用框架,它不依赖于问题的具体领域,所以广泛应用于函数优化、组合优化、生产调度、自动控制、图像处理和模式识别等众多领域。

(1) 函数优化

函数优化是遗传算法的经典应用领域,也是对遗传算法进行性能评价的常用算例。对于一些非线性、多模型、多目标的函数优化问题,用其他优化方法较难求解时,用遗传算法却可以方便地得到较好的结果。

(2) 组合优化

随着问题规模的扩大,组合优化问题的搜索空间急剧扩大,有时用枚举法很难甚至不可能得到其精确最优解,而遗传算法则是寻求这种最优解的最佳工具之一。例如,遗传算法已经成功应用在求解旅行商问题、图形划分问题等方面。

(3) 生产调度

生产调度问题在许多情况下所建立起来的数学模型难以精确求解,目前在现实生产中主要靠经验进行调度。遗传算法已成为解决复杂调度问题的有效工具,在单件生产车间调度、流水线生产车间调度、生产规划、任务分配等方面都得到了有效的应用。

(4) 自动控制

在自动控制领域有很多与优化相关的问题需要求解。例如,用遗传算法进行机器人路径规划及运动轨迹规划、基于遗传算法的模糊控制器的优化、基于遗传算法的参数识别、利用遗传算法进行人工神经网络的结构优化设计和权值学习等。

(5) 图形处理和模式识别

在图形处理过程中,如扫描、特征提取、图像分割等不可避免地会产生一些误差,这些误差会影响到图像处理和识别的效果。如何使这些误差最小化是图像处理实用化的重要要求。目前,遗传算法已在图像恢复、图像边缘特征提取、几何形状识别等方面得到了应用。

2. 基于遗传算法工具箱的函数优化

遗传算法的应用过程中需要编制大量的程序,作为使用者总希望有一个现成的程序框架,而 MATLAB 遗传算法工具箱正好满足这一要求,基于 MATLAB 平台的遗传算法工具箱主要有美国北卡罗来纳大学开发的 GAOT、英国谢菲尔德大学开发的 GATBX 以及 GADS(genetic algorithm and direct search toolbox)遗传算法与直接搜索工具箱。MATLAB7.0 以后的版本就包含了一个 GADS,它扩展了 MATLAB 在处理优化问题方面的能力,可以很方便地处理传统优化技术难以解决的问题,包括那些难以定义或不便于数学建模的问题;还可以用于解决目标函数较复杂的问题,比如目标函数不连续或具有高度非线性、随机性以及目标函数没有导数的情况。

遗传工具箱有如下两种使用方式。

(1) 以命令行方式调用遗传算法函数 ga

在命令行使用遗传算法时,可以用下列语法调用遗传算法函数 ga:

[x fval] = ga(@fitnessfun, nvars, options)

其中,@ fitnessfun 是适应度函数句柄;nvars 是适应度函数独立变量的个数;options 是一个包含遗传算法选项参数的结构体。

函数返回值:fval 是适应度函数的最终值;x 是最终值到达的点。

遗传算法相关参数的值都存放在参数结构体 options 中,例如 options. Populationsize 在结构体中的缺省值为 20,如果需要设置 Populationsize 的值等于 100,可以通过下面的语句进行修改:

options = gaoptimset(' PopulationSize ',100)

这样,参数 Populationsize 的值就设定为 100,其他参数的值为缺省值或当前值。这时,再输入:ga(@ fitnessfun,nvars,options),函数 ga 将以种群中个体为 100 运行遗传算法。

(2)通过图形用户界面 GUI 使用遗传工具

遗传算法工具箱中的优化函数总是使目标函数或适应度函数最小化。即求解如下形式的问题:minimize $f(x)$

如果想要求解 $f(x)$ 的最大值,可以转而求取函数 $g(x) = -f(x)$ 的最小值,因为函数 $g(x)$ 最小值出现的地方与函数 $f(x)$ 的最大值出现的地方相同。

◆ 例6-13 利用遗传算法求 Rosenbrock 函数的极大值:

$$f(x_1,x_2) = 100(x_1^2 - x_2)^2 + (1 - x_1)^2; -2.048 \leqslant x_1, x_2 \leqslant 2.048$$

解: 1)编写 MATLAB 函数来描述想要优化的函数,并且把写好的 MATLAB 文件保存在工作目录下。该 MATLAB 文件代码如下所示:

```
function z = Rosenbrock(x)
z = -100 * (x(1)^2 - x(2))^2 - (1 - x(1))^2;
```

2)在 MATLAB 工作窗口输入 optimtool,打开遗传算法工具,界面如图 6-40 所示。

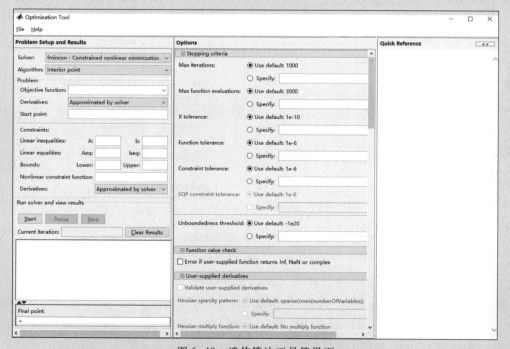

图6-40　遗传算法工具箱界面

3）在遗传算法工具箱界面中进行设置：

　　① 在 Solver 菜单中选择遗传算法 ga；

　　② Fitness function：欲求最小值的目标函数。在此输入编写好的 MATLAB 文件，格式为 @ fitnessfun，fitness 是工作目录下的保存文件名，本题输入目标函数 @ Rosenbrock。

　　③ Number of variables：输入适应度函数向量的长度，也就是决策变量个数，本题中有 2 个变量 x_1 和 x_2，故输入 2。

　　④ Bounds：填写独立变量的取值范围。在 Lower 中填写变量的取值下界，Upper 中填写变量的取值上界，均以向量形式表示。本题中两个变量 x_1 和 x_2 的取值范围均为 [−2.048, 2.048]；故 Lower 中填写 [−2.048; −2.048]；Upper 中填写 [2.048; 2.048]。

　　4）在右侧"Options"窗口中可以对遗传算法参数进行设置，单击与之相连的符号"＋"可以查看窗格中所列出的各类选项。本题中选择默认值。当然，也可以根据反复试验来设置各个参数值，从而得到较好的函数优化结果。

　　5）在右侧"Options"窗口找到 Plot functions 菜单栏，勾选 Best fitness（最佳适应度）和 Best individual（最佳个体）选项。设置完成后的界面如图 6-41 所示。

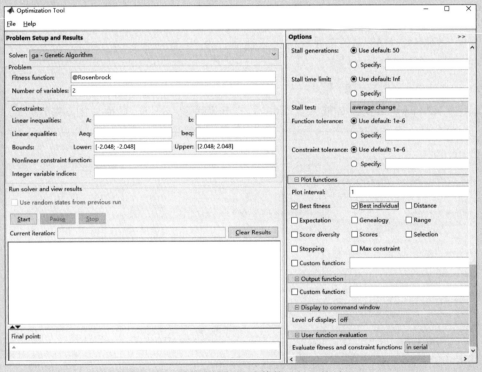

图 6-41　设置完成后的遗传算法工具箱界面

　　6）单击"Start"按钮，运行遗传算法，将在"Run solver and view results"窗口中显示出当前的运行结果：Objective function value：−3 905.898 375 812 465 5，Final point 分别为：−2.048，−2.048，如图 6-42 所示。运行截止代数 105 时，Best fitness 和 Best individual 的仿真结果如图 6-43 所示。

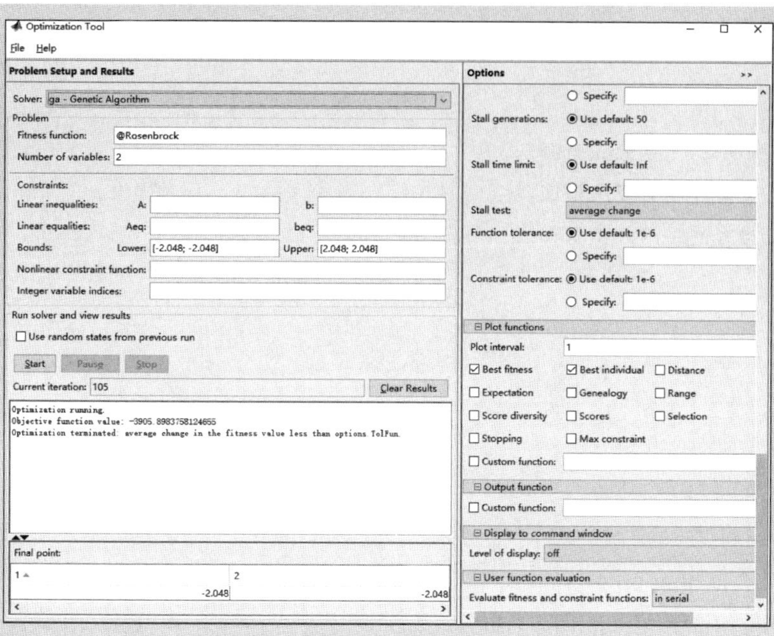

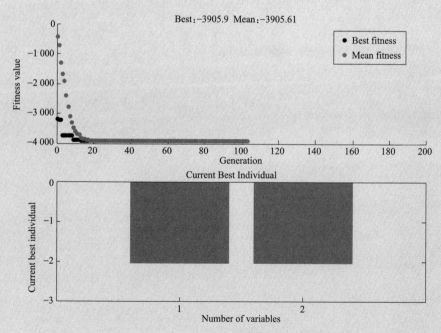

图 6-42　运行后的遗传算法工具箱界面

图 6-43　Rosenbrock 函数最佳适应度与最佳个体

由运行结果和仿真图形可以得出,当 $x_1 = -2.048, x_2 = -2.048$,函数的最优解(最小值)为 -3905.9,即 Rosenbrock 函数的最大值为 3905.9。

需要注意的是,由于遗传算法使用随机数据进行搜索,所以每次运行时所返回的结果会稍微有些不同。

思考题

6-1　智能控制的主要分支有哪些?

6-2　简述智能控制的应用领域。

6-3　人工神经网络的分类有哪些?

第7章　智能制造中的检测技术

7.1　智能检测概述

检测技术是信息获取的重要手段,是系统感知外部信息的"五感",是实现自动控制、自动调节的前提和基础。检测系统与信息系统的输入端连接,将检测到的信号发送给信息处理装置,是信息感知、获取、处理和传输的重要设备。检测技术是由测量技术、功能材料、微电子技术、精密与微细加工技术、信息处理技术、计算机技术等相结合而形成的知识密集型综合技术,是信息技术(传感与控制技术、通信技术、计算机技术)的三大支柱之一。

检测技术随着科学技术的发展而不断发展。随着生产设备机械化、自动化水平的提高,控制对象日益复杂,针对系统中表征设备工作状态参数多、参数变化快、子系统不确定性大等特点,对检测技术的要求也不断提高,从而促进了检测技术水平的发展。检测技术的发展经历了机械式仪表、普通光学仪表、电动量仪自动监测和智能监控等几个阶段。在现代化工业生产和管理中,大量的物理量、工艺数据特征参数需要进行实时的、自动的和智能的检测管理与控制。智能检测技术以其测量速度快、高度灵活性、智能化数据处理、多信息融合、自检查和故障自诊断以及检测过程中软件控制等优势,在各种工业系统中得到了广泛的应用。由于智能检测系统充分利用了计算机及相关技术,实现了检测过程的智能化和自动化,因此可以在最少人工参与下获得最佳的结果。智能检测系统以计算机为核心,以检测和智能化处理为目的,用以对被测过程的物理量进行测量并进行智能化的处理和控制,从而获得精确的数据,包括测量检验、故障诊断、信息处理和决策等多方面内容。随着人工智能原理和技术的发展,人工神经网络系统以及模式识别技术等在检测中的应用,加快了检测技术智能化的进程,成为 21 世纪检测技术的主要研究方向。

7.1.1　检测技术

检测就是利用各种物理化学效应,选择合适的方法和装置,将生产、科研、生活中的有关信息通过检查与测量的方法赋予定性或定量结果的过程。它以自动化、电子、计算机、控制工程、信息处理为研究对象,以现代控制理论、传感技术与应用、计算机控制等为技术基础,以检测技术、测控系统设计、人工智能、工业计算机集散控制系统等技术为专业基础,同时与自动化、计算机、控制工程、电子与信息、机械等学科相互渗透,主要应用于以检测技术和自动化装置为主体的领域。对现代工业来说,任何生产过程都可以看作物料流、能量流和信息流的结合,其中信息流是控制和管理物料流和能量流的依据。生产过程中的各种信息,如物料的几何与物理性能信息、设备的状态信息、能耗信息等都必须通过各种检测方法,利用在线或离线的各种检测设备获取。将检测到的状态信息经过分析、判断和决策,得到相应的控制信息,并驱动执行机构实现过程控制。因此,检测系统是现代生产过程的重要组成部分。

7.1.2 智能检测

智能检测包括两个方面的含义:一方面,在传统检测的基础上,引入人工智能方法,实现智能检测,提高传感检测系统的性能;另一方面,利用人工智能的思想,构成一种新的检测系统。智能检测系统是以计算机为核心,以检测和智能化处理为目的的系统,一般用于测量生产过程的物理量,并进行智能化处理,以获得准确的数据。智能检测通常包括测量、检查、故障诊断、信息处理和决策等多方面内容。智能检测系统充分利用了计算机和相关技术,实现了检测过程的智能化和自动化,因此可以在最少的人工参与条件下获得最佳结果。

智能检测系统具有以下特点。

(1)测量速度快。计算机技术的发展为智能检测系统的快速检测提供了有利条件,与传统的检测过程相比,提供了更快的检测速度。

(2)高度的灵活性。以软件为工作核心的智能检测系统可以方便地进行设计、生产、修改和复制,方便地改变功能和性能指标。

(3)智能化数据处理。计算机可以方便快捷地实现各种算法,通过使用软件对测量结果进行在线处理,可以提高测量精度。另外,能够容易地实现各种信息的分析与线性化处理。

(4)实现多信息数据融合。智能检测系统配备了多个测量通道,计算机高速扫描采样多个测量通道,根据各种信息的相关特点,实现了智能检测系统的多传感器信息融合,提高了检测系统的精度、可靠性和容错性。

(5)自诊断和故障排除。智能检测系统可以根据检测通道的特性和计算机的自诊断功能,检查各单元的故障类型和原因,显示故障部位,并给出相应的故障排除方法。

(6)检测过程的软件控制。采用软件控制,可以方便地实现自校零和自校准、自动范围切换、自补偿、自动报警、过载保护、信号通道和采样方式的自动选择等。

此外,智能检测系统还具有人机交互、打印、绘图、通信、专家知识调用和控制输出等智能化功能。

7.1.3 智能检测系统的组成

智能检测系统的结构随检测对象、环境的复杂性和不确定性程度而变化。图7-1所示为智能检测系统的基本结构。广义对象包括一般的控制对象和外部环境,例如,在智能机器人系统中,将机器人的手臂、移动载体、操作对象以及作业环境统称为广义对象。传感器是能够将其中所需的物理量等变换为计算机进行处理的电信号的装置。机器人的传感器系统包括位置传感器、力传感器、测距仪、视觉传感器等。感知信息处理器能对传感器取得的各种信息进行处理,该处理器可以对单一传感器的信息处理,也可以对多个传感器的信息融合处理。随着智能水平的提高,后者的信息融合处理变得更加重要。认识接口主要接收和储备知识、经验和数据,将它们分析、学习和推理,发送给规划与控制决策器。规划与控制决策器根据给定的任务要求,反馈信息和经验知识,进行自动搜索、推理、决策和动作规划,最后通过执行器作用于被控对象。通信接口部分不仅要建立人机之间的连接,还要负责各个模块之间的通信,保证必要信息的传递。

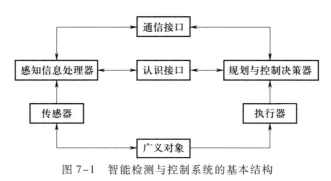

图 7-1 智能检测与控制系统的基本结构

7.2 智能检测技术

7.2.1 缺陷检测

使用自动缺陷检测系统代替传统的人工质量检测,可以及时准确地发现生产过程中的缺陷,从而提高产品质量和检测效率,降低生产成本。由于传统制造行业不能满足自动化、智能化生产的需要,开始将视觉技术、人工智能技术、物联网等技术应用于生产过程,实现产品缺陷的智能检测和反馈。

智能缺陷检测系统可实现实时在线检测,可与客户系统对接,同时进行数据信息的存储、记录,评价产品整体质量,大大提高检查速度。智能缺陷检测系统使用移动摄像机扫描检测产品中存在的缺陷,一旦发现缺陷,就向控制系统发出指令,同时记录缺陷的特性和位置,为后续工人进行缺陷修复提供依据。

基于计算机视觉技术的智能缺陷检测系统以计算机技术和光学技术为基础,不仅可以自动识别产品上的各种缺陷,同时还可以实现缺陷的标识和分类,并可以与产品修复系统、牵引系统等连接,全面提高了制造行业的生产效率和智能化水平。

随着图像处理技术、深度学习技术和各种硬件设备的不断创新,制造行业产品缺陷的自动检测必将成为一种发展趋势。目前,根据产品的图像处理,可以将缺陷检测方法大致分为频谱分析方法、基于统计的方法、基于模型的方法、基于学习的方法四种。

7.2.2 边缘检测

边缘作为检测对象和背景部分的边界线,是图像的最基本特征。图像的边缘包含丰富的图像信息,边缘检测是进行图像分割、压缩和特征提取的重要前提。随着信息化和自动化的进程,边缘检测技术在日常生活中得到了广泛的应用。例如,能够在实际工业生产中实现工件的自动边缘检测和维护,降低生产成本,提高产品质量;在医学领域中,不仅能够作为医学探针追踪、治疗特定癌变细胞的技术,而且能够正确地检测纳米级的细胞形态;日常出行中,边缘检测作为飞机、列车等安检过程中的一项关键技术,通过对行李进行轮廓检测,可以分析乘客是否携带违禁物品。目前,深度学习技术不断发展,图像处理技术渗透到人们生活的方方面面,研究图像边缘检测技术对人类以及社会的发展具有重要的理论意义和实用价值。

第一个边缘检测算法是 1963 年 Lawrence Roberts 提出的 Roberts 算子,该方法在水平方向和垂直方向上显示出较高的定位精度,但容易受到噪声的干扰。除了 Roberts 算子之外,还出现了 Sobel 算子和 Prewitt 算子。这些算子通过计算原始图像中的梯度变换来进行边缘预测,都是基于小范围的梯度变换,计算量少但对噪声非常敏感。然而,在实际应用中,噪声干扰无处不在,使用上述算子进行边缘检测的结果通常是不可靠的。

为了改善噪声对边缘检测算子的干扰,出现了通过引入高斯滤波降低噪声干扰的 LoG 算法,然后使用二次算子计算梯度,检测边缘特征。在 LoG 算法之后提出的边缘检测算法中,高斯滤波成为必须的选项,经典的 Canny 算子保留了高斯滤波的处理过程。Canny 算子的提出在边缘检测领域是一个质的飞跃,目前也得到了广泛的应用。该算子检测流程包括五个步骤,分别是高斯滤波去噪、计算梯度幅值和方向、非极大值抑制、双阈值检测连接边缘和孤立边缘点的抑制,通过这五个步骤,Canny 算子在边缘检测和噪声抑制中取得了很好的平衡。

随着小波变换分析方法的提出,国内外专家学者也尝试将该方法应用于图像的边缘处理。小波变换可以对高频部分进行时间细化,对低频部分进行频率细化,作为更详细的算法,可以在不同尺度上实现精细区域的边缘检测。

近年来,深度学习技术受到各个领域的广泛关注,尤其是卷积神经网络在图像处理领域的广泛应用,使得许多边缘检测算法的性能和检测精度都有不同程度的提高。

7.2.3　图像直线检测

图像直线检测能反映图像的基本几何信息,是图像理解和分析的基础。目前常用的图像直线检测算法有 LSD(line segment detector)直线检测算法、Hough 变换检测算法等。

1. LSD 直线检测算法

LSD 直线检测算法是一种线性检测算法,能在线性时间内获得子像素级精度的检测结果。LSD 算法相对于传统的直线检测算法,具有结果准确、误检测可控、无需调整参数等优点。LSD 直线检测算法涉及梯度和图像基准线这两个基本概念,如图 7-2 所示。LSD 算法先计算每个像素与基准线的夹角以构建基准线场(level-linefield);然后利用区域生长算法合并场里方向近似一致的像素,得到一系列线支撑域(line-support regions),如图 7-3 所示,每个线支撑域都是生成直线的备选区域。

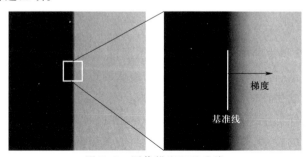

图 7-2　图像梯度和基准线

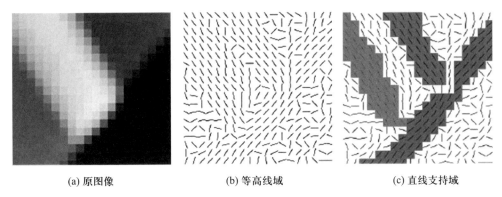

(a) 原图像   (b) 等高线域   (c) 直线支持域

图 7-3 LSD 中间过程处理结果

2. Hough 变换检测算法

Hough 变换是图像处理中的特征提取技术,能够识别图像中的几何形状。Hough 变换检测算法将图像空间中的特征点映射到参数空间,通过检测累计结果的局部极值点,得到符合特定形状的点集合。其抗噪声性、抗失真性高,对图像中的噪声不敏感。

7.3 机 器 视 觉

7.3.1 机器视觉定义

机器视觉是人工智能快速发展的一个分支。简而言之,机器视觉就是用机器代替人眼进行测量和判断。机器视觉通过机器视觉产品[即,摄像装置,分为 CMOS(complementary metal oxide-semiconductor,互补金属氧化物半导体)和 CCD(charge coupled device,电荷耦合器件)两种]将摄像对象变换为图像信号,传送给专用图像处理系统,得到被摄体的形态信息,根据像素分布、亮度、颜色等信息,变换为数字信号,图像系统对这些信号进行各种操作,提取目标的特征,然后根据判别结果控制现场的设备动作。

机器视觉是一种综合技术,包括图像处理、机械工程技术、控制、电光源照明、光学成像、传感器、模拟和数字视频技术、计算机软硬件技术(图像增强分析算法、图像卡、I/O 卡)等。典型的机器视觉应用系统包括图像采集模块、光源系统、图像数字化模块、数字图像处理模块、智能判断决策模块和机械控制执行模块。

机器视觉检测系统采用 CCD 照相机将被检测的目标转换成图像信号,传送给专用的图像处理系统,根据像素分布和亮度、颜色等信息,转变成数字化信号,图像处理系统对这些信号进行各种运算来抽取目标的特征,如面积、数量、位置、长度等,再根据预设的允许度和其他条件输出的结果,包括尺寸、角度、个数、合格/不合格、有/无等,实现自动识别功能。

7.3.2 机器视觉发展趋势

目前,机器视觉已发展成为最活跃的检测技术之一,应用范围涵盖工业、农业、医药、军事、航天、气象、天文、交通等国民经济各行各业。随着零件加工精度要求的提高及其相应的先进生产线的投产,先进机器视觉系统研发和应用也进入了新的阶段。

总体来说,机器视觉技术的发展具有如下趋势。

价格持续下降。随着技术进步和市场竞争的激烈,价格下降成为必然趋势,这意味着机器视觉技术将逐渐被接受。

功能越来越多。更多功能的实现主要依靠计算能力的增强、传感器分辨率的提高、扫描率的加快和软件功能的提高。计算机处理器的速度在稳步提高的同时,其价格也在下降,这推动了更快传输速度的总线的出现,总线反过来允许以更快的速度传输和处理具有更多数据的更大图像。

产品的小型化。产品的小型化趋势使得机器视觉产品可以在工厂提供的有限空间中使用。例如,工业部件中 LED 为主导光源,其小尺寸便于成像参数的测量,其耐久性和稳定性非常适合工厂的加工设备。

产品集成度增加。智能相机的发展预示着产品集成度的增加。智能相机在一个盒子内集成了处理器、镜头、光源、输入输出设备等,推动了更快、更便宜的精简指令集计算机(RISC)的发展,这使得智能相机和嵌入式处理器的出现成为可能。同样,由于现场可编程门阵列(FPGA)技术的进步,在智能照相机中追加了计算功能,并为计算机嵌入了处理器和高性能数据采集器。结合 FPGA、DSP 和微处理器来处理大量计算任务的智能相机将变得更加智能。

7.3.3　机器视觉构成

典型的工业机器视觉包括光源、镜头、高速相机、图像采集卡、视觉处理器等几部分。

1. 光源

光源是影响机器视觉系统输入的重要因素,它直接影响输入数据的质量和应用效果。由于没有通用的机器视觉照明设备,需选择适当的照明设备,以获得最佳照明效果。光源可以分为可见光源和不可见光源。常用的几种可见光源有白炽灯、荧光灯、水银灯和钠灯。可见光的缺点是光能不稳定。如何在一定程度上稳定光能,是实用化过程中必须解决的问题。环境光也可能影响图像质量,因此可以采用添加保护屏的方法来减少环境光的影响。照明系统根据其照射方法可分为背光照明、正向照明、结构光照明、频闪照明等。但是,背光照明在光源和照相机之间放置被测定物,具有能够得到高对比度图像的优点。在正向照明中,光源和照相机位于被测定物的同一侧,容易设置。结构光照明是将光栅或线光源等投影到被测定物上,根据它们产生的失真来解调被测定物三维信息的照明方式。频闪照明是对物体照射高频光脉冲的照明方式,在照相机摄影中需要与光源同步。

2. 镜头

机器视觉系统的镜头如图 7-4 所示。

镜头选择应注意焦距、目标高度、影像高度、放大倍数、影像至目标的距离、中心点/节点、畸变等参数。

3. 高速相机

按输出信号的方式,高速相机可分为数码相机和模拟相机,需要根据实际用途进行选择。

按成像颜色,高速相机可以分为彩色相机和黑白相机。

图 7-4 机器视觉系统的镜头

按成像分辨率,像素数为 38 万以下为通常型高速相机,像素数为 38 万以上为高分辨率型高速相机。

按感光面尺寸,可以分为 1/4、1/3、1/2、1 英寸照相机。

按扫描方式,可分为行扫描相机(线阵相机)和面扫描相机(面阵相机);行扫描相机又可分为隔行扫描相机和逐行扫描相机。

按同步方式,可分为内同步相机和外同步相机等。

高速相机外形如图 7-5 所示。

4. 图像采集卡

图像采集卡是一个完整的机器视觉组件,它起着非常重要的作用,如图 7-6 所示。图像采集卡直接决定了相机的类型:黑白、彩色、模拟、数字等。

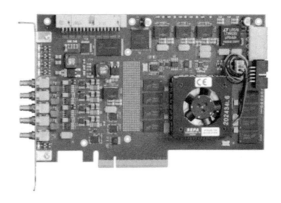

图 7-5 高速相机外形   图 7-6 图像采集卡

比较典型的是 PCI 或 AGP 兼容采集卡,能够将图像快速地传输到计算机存储器中并进行处理。有些采集卡有内置的多路开关,能连接多个不同的相机,并将用该相机拍摄的信息传递给采集卡。

5. 视觉处理器

在计算机速度低的情况下,采用视觉处理器使视觉处理的任务高速化。收集卡将图像传输到内存并计算分析。目前主流配置的 PLC 配置较高,视觉处理器几乎退出市场。

7.3.4　光源的选项

在机器视觉中,获得高质量、可处理的图像是很重要的。机器视觉系统的成功首先要保证图像具有良好的质量和明显的特征。一个机器视觉系统之所以失败,大多因为图像质量差,特征不明显。因此,选择合适的光源是非常重要的。光源选择通常考虑如下基本元素。

(1)对比度　对比度对机器视觉非常重要。光源在机器视觉应用中的首要任务是在需要观察的图像特征和需要忽略的图像特征之间产生最大对比度,从而便于区分特征。对比度为图像特征与其周围区域之间的灰度差异。好的光源应该能保证需要检测的特征从其他背景突显出来。

(2)亮度　选择两种光源时,最好选择更亮的那个。如果光源不亮,可能有三种不好的情况。第一,照相机信噪比不足,由于光源亮度不足,图像对比度不足,图像产生噪声的可能性增大。其次,光源亮度不够,必然要加大光圈,减小景深。另外,在光源的亮度不足的情况下,自然光等随机光对系统的影响增大。

(3)鲁棒性　测试光源的另一种方式是看光源是否对元件的位置最不敏感。当光源放置在照相机视野的不同区域或角度时,图像不应发生相应的变化。方向性强的光源增加了对高亮区域镜面反射的可能性,不利于接下来的特征提取。

一个好的光源需要找到的特征十分明显,除了照相机能够拍摄的元器件外,一个好的光源应该能够产生最大对比度,足够的亮度,对元器件的位置变化不敏感。如果光源选择好,其余的工作就会容易很多,具体的光源选择方法也有赖于测试的实践经验。

7.4　大口径光学元件外观检测

7.4.1　大口径光学元件检测发展现状

最初,对于元件表面缺陷的检测是在一定规格的光源照明下,用肉眼或依靠一定放大倍数的透镜进行视觉检查,以预测缺陷的存在和大小。这种方法虽然简单,但受工作经验和疲劳程度影响较大,难以满足光学元件的质量检测要求。因此,基于光学方法的滤波成像法和能量法开始出现。滤波成像法通过光学传感器接收元件表面缺陷的散射光线,与人眼检测相比,降低了人眼检测的主观性,大大提高了检测效率。能量法通过量化积分后的缺陷散射光的能量来评价表面瑕疵的严重度。滤波成像法对被检测面进行一次成像,因此仅适合于检测表面。能量法无法从视觉上获得表面缺陷的精确位置信息或类别信息。扫描隧道显微镜(scanning tunneling microscope,STM)或原子力显微镜(atomic force microscope,AFM)等通用检测装置能够完成光学元件指定区域缺陷的高精度检测,但存在以下问题:第一,检测范围过小,无法完成对整个大口径光学元件表面缺陷的宏观特征描述;第二,检测效率过低,无法满足大口径光学元件表面缺陷的检测速度需求;第三,设备造价和维修费用偏高。这些通用设备可用于小范围缺陷的检测,难以应用于大口径光学元件。

近年来,基于机器视觉的大口径光学元件表面缺陷检测技术成为研究热点。在美国激光核聚变装置 NIF 中,其大直径光学元件表面缺陷检测装置包括激光元件缺陷检测(LODI)系统和终端元件缺陷检测(FODI)系统两部分,FODI 系统是基于三种不同成像方式(背面明场、背面暗场和侧面暗场)的区域 CCD 相机和望远镜系统组成的视觉系统。通过分析由视觉系统收集的大口径光学元件表面的所有图像,获得表面缺陷的大致位置和尺寸。使用高倍测量显微镜或其他检测方法进一步检测和准确评估表面缺陷。以 FODI 系统为例,由于其系统分辨率仅为 110 μm,对于 110 μm 以下的尺度缺陷无法判断其大小,因此该检测过程仅完成了较大缺陷的检测。

目前,在我国的惯性约束核聚变装置上,绝大多数光学元件仍采用目视法进行检测。国内进行大口径光学元件表面缺陷检测研究的单位主要有浙江大学、重庆大学、中国工程物理研究院、西南科技大学等。

浙江大学研制了一套精密光学元件表面缺陷数字化检测系统。该系统通过多束环形光纤光源和可变倍显微相机实现暗场成像,利用两个步进电动机驱动被检测光学元件进行二维平面运动,能够在 1~2 h 内对直径为 430 mm、长度为 430 mm 的大口径光学元件表面的缺陷进行全面检测。通过灰度模板匹配实现多层次子孔径图像拼接,利用 Prewit 算子和基于类别方差的自动局部分块阈值算法实现图像分割,利用标准对比板进行缺陷尺寸标定。该系统检测效率过低,扫描直径为 800 mm、长度为 400 mm 的光学元件超过 1 h,而且只能检测平面元件。该装置主要针对明显缺陷(例如强划痕)进行检测,也未对各种缺陷进行识别分类,容易造成缺陷的误判。此外,该装置利用标准对比板进行暗场尺寸标定误差较大。

西南科技大学参照美国激光核聚变装置 NIF 的图像获取方案,选择专业级 CCD 相机,分辨率为 2 100 万像素,利用该相机一次性获取口径 300 mm 光学元件全尺寸缺陷图像。但是此种方案单个像元的空间分辨率约 70 μm,不能满足工程上对微米量级分辨率的要求。

中国工程物理研究院激光聚变研究中心提出了一种利用高分辨率 CCD 相机快速检测大口径光学元件表面和体内缺陷的方法。利用侧照明方式对大口径光学元件进行均匀掠射照明,表面和体内缺陷因散射在暗室所成影像被放大,通过对比分析缺陷示踪尺寸和真实尺寸,得出二者之间的近似数学关系。其装置示意图如图 7-7 所示,该方法能够利用高分辨率 CCD 相机,通过一次性成像获得光学元件缺陷尺寸近似值、二维空间位置等定量表面特征的描述信

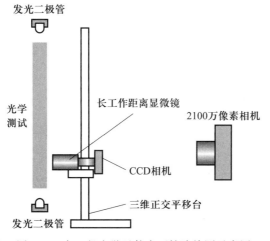

图 7-7 大口径光学元件表面缺陷检测示意图

息。但上述缺陷示踪尺寸和真实尺寸之间的近似数学关系并不具有通用性,当照明条件和 CCD 相机存在差异时,利用上述关系计算缺陷尺寸会存在较大误差,一般需要根据实际情况进行重新标定。

重庆大学建立了一种大口径光学元件的缺陷扫描系统,利用单个线阵相机对光学元件局部扫描成像,按照指定顺序通过步进电动机带动相机对全局进行扫描,通过图像拼接获取全尺寸图像。利用 Canny 算子进行缺陷边缘检测,针对不闭合边缘轮廓构造凸集进行阈值分割,进而得到全部的缺陷轮廓,采用线性拟合像素当量的方法进行缺陷尺寸估计。该系统在实时性上有较大提高,对直径为 340 mm、长度为 340 mm 光学元件的检测时间不超过 20 min。检测装置的结构和实物如图 7-8 所示。该系统目前存在的主要问题是:无法对曲面元件进行检测;系统对缺陷的分割与识别准确率仍有待进一步提高;由于光源成像不均匀,影响子图像拼接精度,同时很容易造成同一个划痕和损伤点被分割成多个部分,影响缺陷数目统计;获取的缺陷图像尺寸与实际物理尺寸之间的对应关系还没有很好的标定,仅仅依靠像素当量进行标定,没有考虑暗场成像的散射放大效应。

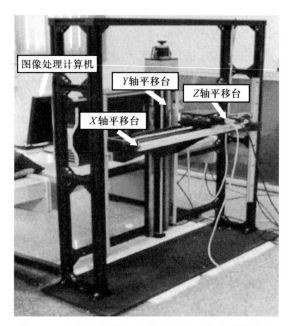

图 7-8　重庆大学精密光学元件表面缺陷检测装置

7.4.2　检测装置总体结构设计方案

大口径光学元件表面缺陷检测系统是集光、机、电等为一体的检测系统,其硬件总体结构由图像采集子系统、运动子系统和光学元件夹具等组成。

图像采集子系统包括同轴光源、面阵相机、显微镜头、线性光源、线阵相机、图像采集卡和激光器等。其中,面阵相机与显微镜头构成显微相机,与同轴光源配合进行明场成像。线性光源倾斜安装在线阵相机侧面,线阵相机与线性光源配合进行暗场成像。激光器安装在明场成像单元一侧,面阵相机朝向、线阵相机朝向与激光朝向基本平行。通过判断激光器发出的入射光与经过光线元件反射回来的反射光是否重合,对光学元件的安装姿态进行调节。

运动子系统包括一个 XY 轴位移平台和一个 Z 轴位移平台,用于相机的三维运动。XY 轴位移平台由两个高精度直线运动机构组成"十"字形结构,Z 轴位移平台安装在 Y 轴直线运动机构上。图像采集子系统的相机、光源等通过连接件固定在 Z 轴位移平台上,通过 XY 轴位移平台和 Z 轴位移平台实现相机的三维空间运动。

光学元件夹具由底座、转盘和元件夹持架构成,安装在隔振平台上用于固定被检测元件。光学元件夹具能够适应不同尺寸光学元件的装夹,同时能手动调节被检元件的俯仰和偏转角度 θ_X、θ_Y,保证相机光轴与光学元件平面垂直。

软件系统是大口径光学元件表面缺陷检测系统的核心部分,它决定了整个检测系统的性能,针对大口径光学元件的特点,设计了相机扫描路径规划、图像拼接、缺陷检测、缺陷分类和缺陷尺寸测量等算法。

7.4.3　成像方式和扫描方式

1. 成像方式

在机器视觉系统中常用的成像方式可以分为暗场成像和明场成像,下面分别予以介绍。

暗场成像又被称为掠入射成像,在缺陷检测中被广泛采用。它是用强光源以一定角度入射元件表面,绝大部分光线由于镜面反射不能进入相机。当元件表面存在缺陷时,因缺陷与镜面不平行,光线照射到缺陷区域形成散射光,少量散射光会进入相机从而成像,其成像方式如图 7-9a 所示。因此,在该成像方式下,图像背景为低灰度级的黑色,而缺陷由于对强光的散射形成较高灰度级的亮像。

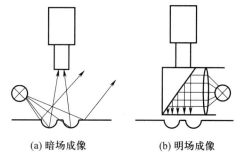

(a) 暗场成像　　　(b) 明场成像

图 7-9　成像方式示意图

与暗场成像方式不同,明场成像主要是让缺陷表面的反射光进入相机,如图 7-9b 所示。明场成像中,相对高亮的背影灰度,缺陷呈现较低的灰度,如图 7-10b 所示。

根据材料表面缺陷散射光的计算模型,当入射光波长与表面缺陷的尺寸接近时,该缺陷会对光进行较强的散射,其成像模型不再满足几何成像原理。大口径光学元件表面的缺陷,其大小一般为微米或亚微米量级,采用暗场成像,小缺陷会出现散射放大效应,方便检测。另一方面,散射会导致缺陷的像素尺寸不能真实反映缺陷的实际大小,如果直接用暗场成像方式来进行缺陷尺寸测量会导致误差较大。暗场成像方式由于光强影响和成像特性,无法提供缺陷的形貌细节信息。图 7-10a 为典型缺陷的暗场成像结果,可以看出暗场成像具有亮缺陷、暗背景的特点,缺陷目标明显,检测方便。

结合表面缺陷的检测需求并对比上述两种成像方式可知,仅采用明场成像将会导致微弱划痕无法检测,影响弱划痕的检出率。仅采用暗场成像,会导致受散射效应影响的缺陷尺寸无法准确测量,影响缺陷尺寸测量精度。因此,将这两者成像方式结合起来,利用暗场成像快速扫描元件表面,检测是否有缺陷,然后将相机运动到缺陷位置,利用明场成像获得缺陷的细节,就可以在检测和测量两方面都能得到良好的结果。

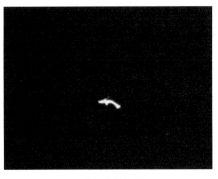
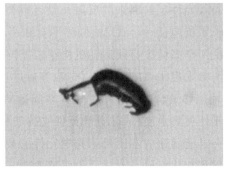

(a) 暗场成像结果   (b) 明场成像结果

图 7-10   同一缺陷在不同成像方式下的图像

2. 扫描方式

一般的表面缺陷检测采用面阵 CCD 相机或者线阵 CCD 相机搭配显微镜头组成的成像系统对被测对象进行扫描,面扫描方式和线扫描方式各有其特点,下面分别予以介绍。

(1)面扫描方式

采用面阵相机的表面缺陷检测系统利用二维运动机构搭载面阵相机进行逐帧扫描,最后通过图像拼接成完整的图像。这种面扫描方式具有检测精度高的优点,但这种方式检测视场较小,对大尺寸对象进行检测存在扫描时间长、运动机构精度要求高和图像拼接复杂等问题。例如,在满足检测精度为 7 μm 的情况下,采用分辨率为 2 048×2 048 像素,靶面为 2/3 ft 的面阵 CCD 相机,检测视场约为 14 mm×14 mm。对于直径为 810 mm、长度为 460 mm 的大口径光学元件,需要至少采集 1 914 次。考虑到机械运动限制,假设每次采集耗时 1 s,则扫描元件表面总耗时在 34 min 左右,实时性较差。

(2)线扫描方式

采用线阵相机的表面缺陷检测系统利用二维运动位移台搭载线阵相机进行逐行扫描,最后通过图像拼接成完整的图像。这种线扫描方式具有扫描速度快、图像拼接简单等优点。但由于受到线扫描相机特点制约,线阵 CCD 相机获取二维图像需要配合扫描机构的二维运动,并利用光栅尺位置反馈的脉冲信号直接触发相机采集。

结合表面缺陷的检测需求,并针对比上述两种扫描方案,选择采用线扫描方式对光学元件表面进行快速扫描,以便满足 6 min 完成元件扫描的时间要求;采用面阵 CCD 相机采集缺陷区域,以实现缺陷的高精度检测。

7.4.4   图像采集子系统设计

综合上述的成像和扫描方式的特点,设计了明场和暗场成像相结合的高分辨率视觉系统对大口径光学元件进行表面缺陷检测。暗场成像单元由一个线阵相机和一个线性光源构成。明场成像单元由一个面阵显微相机和一个同轴光源构成。采用暗场成像单元中的线阵相机对缺陷进行快速扫描,利用强光对缺陷等细小物体的衍射、散射达到对缺陷放大的原理,实现对光学元件进行快速缺陷检测。对采集的暗场图像进行处理分析,得到缺陷的精确坐标、轮廓及分布等信息。暗场检测完毕后,为了对缺陷进行精确分析和测量,利用明场成像单元对缺陷进行精确检测和测量,融合暗场和明场下的检测数据,得到光学元件表面完整和准确的缺陷数据检测结果。

1. 相机选择

本系统中选用高灵敏度 TDI(time delay integration)线阵 CCD 相机,相比于传统线阵相机,它增加了在低亮度、高速运动物体上的曝光时间,提高了图像清晰度,大幅度提高了线阵 CCD 相机的灵敏度。由于需要检测小于 10 μm 的缺陷,所以选用像元尺寸为 7 μm 和分辨率为 8 192 像素的线阵 CCD 相机。设线阵相机的扫描速度为 v(mm/s),像素当量(每个像素代表的物理尺寸)为 q(mm/px),线阵相机扫描时行频 f(即每秒钟线阵相机采集的行数)为 v/q。假设相机扫描速度为 30 mm/s,相机的像素当量为最小检测指标 10 μm/px,则所需线阵相机的行频为 3 000 Hz。鉴于此,选用像元大小为 7 μm、分辨率为 8 192 像素、最大行频为 34 kHz 的相机。该相机实物图如图 7-11 所示。

2. 镜头选择

图 7-11 线阵相机
实物图

线阵 CCD 相机采用的镜头放大率为 1 倍时,则检测区域为 70 mm 的线状区域聚焦成像到 70 mm 的线阵 CCD 相机靶面上。上述线阵 CCD 相机靶面由 8 192 个感光元件构成,则每个感光元件的直径为 8.5 μm。根据检测现场情况,线阵相机镜头前端距光学元件表面的距离应该在 150 mm 左右。经综合考虑,采用搭配高分辨率镜头的线阵 CCD 相机,其放大倍率为 1,工作距离为 165 mm,视场为 70 mm,景深为 ±0.51 mm。为了对缺陷进行明场高精度检测,明场显微镜头采用变倍镜头搭配上述面阵 CCD 相机。采用放大倍数为 0.71× ~ 4.5× 的显微镜筒,在该倍率下,利用 CCD 相机成像视场直径为 8.52 ~ 1.33 mm,工作距离为 51 mm。

3. 光源选择

视觉系统中常用光源包括荧光灯、卤素灯和 LED 光源。经过综合对比,选用寿命长、稳定性好、能耗小的 LED 光源作为视觉系统光源。

7.4.5 运动子系统设计

为解决显微视觉的小视场与大尺寸检测对象之间的矛盾,一般采用二维位移运动平台配合相机对检测对象进行扫描,最终将多次扫描的结果拼接成一幅完整的图像。二维位移运动平台配合相机扫描检测对象有两种方式:一种是检测对象静止,二维位移运动平台带动相机运动进行图像采集;另一种是相机静止,二维位移运动平台带动检测对象运动。由于本系统针对大口径光学元件进行检测,光学元件的质量都在 50 kg 以上,如采用第二种方式,二维位移运动平台负载过重会导致平台定位误差较大,影响检测精度。因此,采用光学元件静止放置,二维位移平台带动相机运动进行图像采集的方式。将大尺寸元件按照视觉系统的视场大小划分为多个扫描列,用连接件将视觉系统固定在运动位移平台上,通过 XY 二维位移平台带动视觉系统进行逐列扫描运动,进而完成整个大尺寸元件的扫描。当光学元件水平放置时,不方便吊装搬运和姿态调整,因此二维位移运动平台采用立式结构,由"十"字形放置的两个高精度位移运动平台组合而成。

由于显微视觉存在景深短的问题,当光学元件在安装时存在俯仰和偏转等角度误差,或者当光学元件为非球面光学元件时,视觉系统扫描光学元件表面过程中容易移出视野范围,这对缺陷的检测是极为不利的。因此,采用 Z 轴位移平台控制相机在 Z 方向上的位移以调节相机的物距,保证图像采集时精确对焦。Z 轴位移平台底面通过连接件与 XY 二维位移运动平台固连。

本系统选用的位移运动台由线性滑轨、滚珠丝杠、步进电动机及其驱动器组成。为了保证线阵相机在运动方向上的采样精度,Y 轴位移运动平台配有光栅尺,它输出高精度 TTL 信号,实时触发线阵相机进行同步扫描。由于最大光学元件的直径为 810 mm,长度为 460 mm,本系统选用的水平位移运动台行程为 1 000 mm,竖直位移运动台行程为 500 mm。

7.4.6　软件系统设计

根据大口径光学元件的表面缺陷检测要求,设计的软件系统分为多个模块,主要包括系统自检、参数设置、运动控制、路径规划、图像采集、图像拼接、图像显示、缺陷检测、缺陷尺寸测量、检测数据存储等模块。

系统自检模块是指系统上电后,判断三维运动平台和相机是否工作正常。参数设置模块主要包括被检元件的尺寸、相机的参数(包括触发模式、行频、运动方向、曝光模式等)、电动机的运动速度和位置等参数设置。运动控制模块用于实现对三维运动平台的电动机运动控制。路径规划模块通过估计光学元件安装在夹具上的姿态,计算相机扫描时在焦距方向的调整量,同时根据元件尺寸,规划线阵相机在 X、Y、Z 方向上的运动。图像采集模块控制视觉系统和三维运动平台,实现暗场图像数据的采集与传输。图像拼接模块是将采集的暗场子图像拼接成完整的光学元件表面缺陷暗场图像。图像显示模块对采集的暗场图像进行高效快速的显示,便于人工交互操作。缺陷检测模块是本系统中最为关键的环节,针对暗场成像和明场成像下的缺陷特点,设计相应算法实现缺陷的提取与分类。缺陷尺寸测量模块采用明场和暗场融合的方式,在暗场检测获得缺陷的坐标后,通过明场显微相机定位缺陷,获取其对应的明场图像,利用明场图像对缺陷尺寸进行测量。检测数据存储模块按照不同的检测参数要求,自动生成检测数据报表。

7.4.7　检测流程

结合上述检测系统,大口径光学元件表面缺陷检测的流程如图 7-12 所示。系统的检测流程可以分为光学元件姿态位置调整、表面建模与运动规划、暗场图像采集和缺陷检测四个阶段。

第一阶段:光学元件姿态调整。首先将光学元件安装在夹具上并固定,通过手动调节光学元件夹具上的螺杆,确保光学元件与相机的光轴基本垂直。当激光器发出的入射光与经过光学元件反射回来的反射光重合时,激光器与光学元件表面垂直,光学元件姿态的手动调整完成。

第二阶段:表面建模与运动规划。通过面阵相机聚焦到光学元件的不同位置,估计光学元件表面的姿态。计算线阵相机在扫描时聚焦方向上的补偿量,从而规划线阵相机的扫描路径。

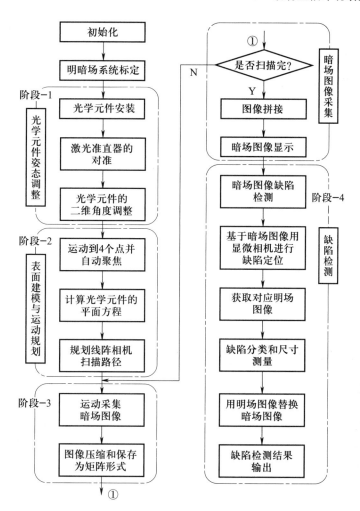

图 7-12　检测流程

第三阶段:暗场图像采集。三维运动平台带动线阵相机运动进行快速暗场图像采集,同时按照第二阶段计算的补偿量进行聚焦方向补偿运动,确保采集的暗场图像始终清晰。采集暗场图像按照矩阵形式进行分块压缩并保存。当完成暗场图像采集后,所有的分块子图像通过拼接形成一个完整的暗场图像。

第四阶段:缺陷检测。通过对暗场图像进行缺陷分析,获取暗场图像下的缺陷信息。为了进一步对暗场图像中缺陷进行高精度检测,利用缺陷的暗场图像确定缺陷的位置,控制运动平台运动到该位置,获取对应的明场图像。基于明场图像可以对缺陷高精度检测,包括缺陷分类识别和缺陷的尺寸测量。最后,保存缺陷检测的结果,完成整块元件的表面缺陷检测。

7.5　玻璃盖板外观缺陷检测方案

利用机器视觉检测盖板玻璃表面印刷缺陷,最基本同时也最重要的就是获得适合计算机处理和分析的缺陷图像。因此,为了构建一个合理的、完善的光学系统并设计相应的缺陷图像采集设备,首先需要了解盖板玻璃表面缺陷的特性,再针对这些缺陷的特性选择合适的硬件进行图像采集系统的设计。

7.5.1　检测对象及常见缺陷

以盖板玻璃的上半部分图像为例(图7-13)一块普通的盖板通常可以分为印刷区域、视窗区、听筒、相机孔和红外线照射孔等部分。红外线照射孔、相机孔和听筒一般都会出现在印刷区内。与相机孔和听筒这类通孔不同的是,红外线照射孔是由特殊油墨印刷而成的,制程相对复杂,其缺陷的边界区域非常模糊且形状多种多样,检测难度较高,如图7-14所示。正因如此,红外线照射孔周边的缺陷成为整个盖板上最值得关注同时也是最重要的检测对象。红外线照射孔的典型缺陷如图7-14a、b所示。值得注意的是,由同一设备采集得到的图7-14a所示的图像相比图7-14b所示的图像亮度更暗,这种成像上的差异是生产环境变化(如照明等)、制造误差和仪器误差等多重因素造成的。为了弥补此类设备成像时的不一致性,必须在检测方法上做到宽容忍度和高检测精度的有机统一。

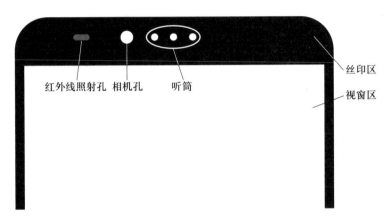

图7-13　盖板玻璃上半部分图像

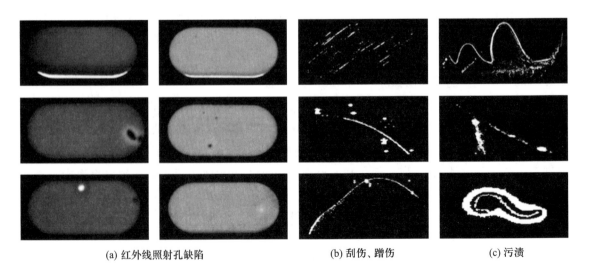

(a) 红外线照射孔缺陷　　　　(b) 刮伤、蹭伤　　　　(c) 污渍

图7-14　盖板玻璃的典型印刷缺陷

7.5.2 光学成像系统设计

盖板玻璃印刷缺陷包含制造工艺问题以及搬运过程中外力作用因素导致印刷区域脱色。因此,当使用光源从盖板背面进行照射时,缺陷区域便会比正常区域透过更多的光线,此时使用相机采集穿透盖板的光强便可对缺陷进行成像,如图 7-15 所示。按照上述原理,采用背光方式对盖板玻璃进行打光,同时使用线阵相机扫描成像的方法对盖板图像进行采集。采集前,盖板玻璃应放置在背光光源上,与遮光板平行,同时垂直于线阵相机的光轴。成像时,盖板玻璃和背光光源随着水平运动机构同步前进,线阵相机则随着盖板的行进,逐行采集图像。遮光板只有和相机光轴相交的区域有微小缝隙可以通过光线,其余位置为黑色吸光材料。使用遮光板的好处是可以保证在成像过程中,相机仅接收光轴上的光而不会受到盖板上其他缺陷散射光的影响。

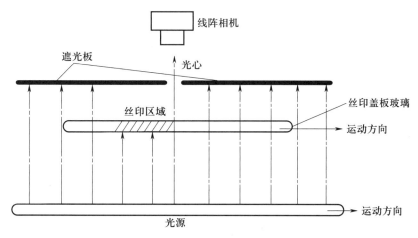

图 7-15 背光成像系统原理示意图

根据图 7-15 中的成像原理,设计了图 7-16 所示的成像系统。该系统由姿态调节器、相机、光源和传动机构构成。姿态调节器可以用来调节相机的空间姿态,以保证相机光轴和成像

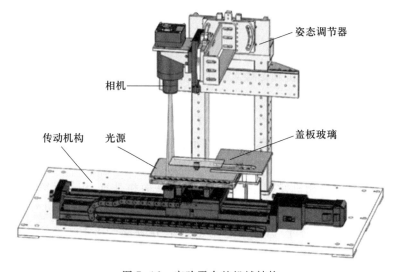

图 7-16 实验平台的机械结构

平面垂直。在实际检测过程中,待检测的盖板玻璃会被放置在背光光源上,垂直于相机的光轴,且与遮光罩平行。经背光光源照亮之后,盖板玻璃将在传动机构的带动下逐步曝露在相机的光轴下进行曝光成像。

7.5.3　检测系统总体结构设计

检测系统总体结构如图 7-17 所示。该系统由照明系统、图像采集系统、传动系统和控制系统这四个子系统构成。传动系统负责传输待检测盖板,使其匀速经过照明和图像采集系统,并返回脉冲同步信号控制图像采集系统进行逐行曝光。控制系统负责对采集到的图像进行处理,同时给出控制指令控制传动系统的运行。构成检测系统的各子系统的构成和功能如下。

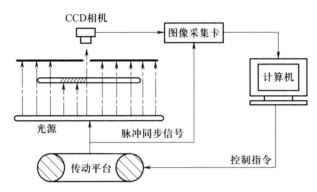

图 7-17　检测系统总体结构设计图

1. 照明系统

照明系统为缺陷检测系统提供照明,光源选择的好坏是盖板玻璃图像采集系统能否有效运作的关键环节之一。要使待检测盖板玻璃得到合适的照明,就应当使光照尽量均匀,且光强不能太强,太强会损害相机成像元件,加速相机的老化,太弱则无法很好地对缺陷处进行照明,使得最终成像结果不明显。考虑以上因素,选用 LED(light emitting diode,发光二极管)方形光源,并在设备调试阶段从较弱的光强开始逐步调高亮度直到所有缺陷均能被清晰地拍摄出来。

2. 图像采集系统

图像采集系统包括线阵相机和图像采集卡。

(1) 线阵相机

CCD 相机有面阵和线阵之分。在线阵 CCD 相机中,对光线敏感的微小单元(对应于影像的一个元素)均匀地排列成一列,故称线阵。在面阵 CCD 相机中,这样的微小单位均匀地排成若干列,形成一个矩形的芯片,故称为面阵。本检测系统采用线阵相机的主要原因有两个:首先,采用线阵相机仅需调整相机使其光轴与盖板运动平面相垂直,相较面阵相机少了一个自由度的约束;其次,与面阵相机相比,相同成本的线阵相机能够获得更高的图像分辨率,这对高精度的图像检测有巨大优势,本系统最终选用了水平分辨率为 8 192 像素,最高采集频率为 68 kHz 的线阵 CCD 相机。

（2）图像采集卡

图像采集卡，又称图像捕捉卡，是一种可以获取数字化视频图像信息，并将其存储、传输的硬件设备。本检测系统最终选用了基于计算机总线结构和 CameraLink 标准的图像采集卡，该采集卡支持的最大行分辨率为 8 192×12×3 像素，支持外触发信号输入，并具备硬件实时递归降噪功能，降噪系数 15 级可调。

3. 传动系统

传动系统包括金属导轨和步进电动机。

（1）导轨

导轨用于直线往复运动，具有比直线轴承高的额定载荷，并且能够承担一定的转矩，能够在高载荷的情况下实现高精度的直线运动。在检测系统中，使用导轨作为背光光源的导向移动装置，实时反馈脉冲信号并提供给采集卡，以保证线阵相机采集到的图像没有在运动方向上被拉伸。

（2）步进电动机

步进电动机与其他控制用途的电动机相比，能够更准确地将控制量变换为所需的转速。原则上，步进电动机接收数字控制信号、电脉冲信号，并将其转换为相应的角位移或线位移。步进电动机其本身就是完成数模转换的执行元件，可以进行开环位置控制，通过输入脉冲信号可以得到严格的位置增量。位置增量控制系统与传统的直流控制系统相比成本低，几乎不需要系统调整。步进电动机的角位移量严格地与输入的脉冲个数成比例，同时在时间上与脉冲同步。因此，如果控制脉冲的数量、频率、电动机绕组的相位，则能够得到所希望的旋转角、速度、方向。

4. 控制系统

鉴于工业生产环境对设备稳定性的要求，本检测系统选择稳定性更好的工业控制计算机作为总体系统的控制、图像采集和处理平台。

7.5.4 检测系统、生产线对接方式

在实际生产中，盖板玻璃印刷缺陷在线检测系统需要与生产流水线进行对接。为此，设计了离线独立式和在线嵌入式两种对接方案。

1. 离线独立式方案

在离线独立式方案中，图 7-18 所示的实验平台被改造为一套独立的采集系统，包含相机系统、上下料平台和机架。在此方案中，通过丝印机印刷过的盖板玻璃直接从产线流道传送至检测设备中，并根据检测结果将无缺陷盖板送入烘烤炉进行烘烤，有缺陷盖板进行回收再印刷。

2. 在线嵌入式方案

如图 7-18 所示，在线嵌入式方案是将检测设备集成到印刷机中，当盖板印刷完成后便会直接进行检测，无需通过产线流道转送入单独的检测设备。这种方案的系统设计更加紧凑，占用空间更小，也更加方便检测设备集成到用户的产线中。

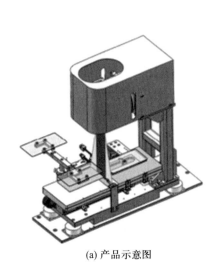

(a) 产品示意图

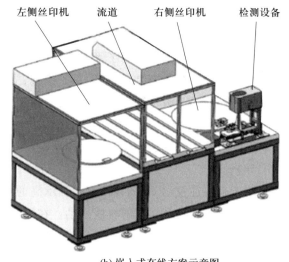

(b) 嵌入式在线方案示意图

图 7-18 在线嵌入式

思考题

7-1　请论述检测系统的重要性。

7-2　什么是智能检测？智能检测的特点有哪些？

7-3　机器视觉指什么？论述其构成。

第8章　工程材料的智能制造

　　材料依据状态不同主要可分为气态、液态和固态三大类,工程材料一般多为固体材料。工程材料主要是指用于机械工程、电气工程、建筑工程、化工工程、航空航天工程等领域材料的统称。工程材料种类繁多,分类方法有多种。常见的分类方法是依据材料组成和结合键性质将工程材料分为金属材料、无机非金属材料、高分子材料、复合材料四类,如图 8-1 所示。金属材料、无机非金属材料与高分子材料由于其内部原子间作用不同,材料性能有较大差异,且这三类材料应用广泛,因而构成了现代工业的三大材料体系。复合材料是由上述两种或以上的材料经复合而成的一类材料,复合材料具有良好设计性,性能优良,应用潜力巨大。

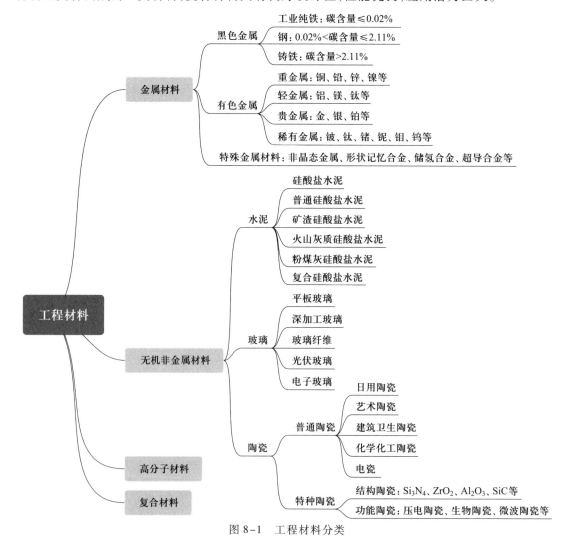

图 8-1　工程材料分类

8.1 金属材料的智能制造

8.1.1 金属材料概述

1. 金属材料简介

金属材料是机械工业的基础,它主要是指具有良好延展性、优良导电性、良好导热性等性质的一类材料,通常可以分为黑色金属、有色金属以及特殊金属材料。黑色金属主要是包括铁、铬、锰等,有色金属主要是除铁、铬、锰外的所有金属及其合金材料,特殊金属材料主要是非晶态金属、形状记忆合金、储氢合金等。

钢铁是金属材料中基本的结构材料,被称为"工业的骨骼"。随着科学技术不断进步,各种新型化学材料与非金属材料逐步广泛应用,使得钢铁替代材料不断增多,钢铁需求量略有下降。然而迄今为止,钢铁在工业原材料构成中的主导地位依然凸显。金属材料一般由金属键结合,内部金属离子在空间有序排列,因而金属材料一般都是晶体结构。金属材料的性能主要是包括使用性能与工艺性能两种,使用性能是指机械零件在应用过程中金属材料发挥出来的物化性能、力学性能等,工艺性能是指金属材料在加工成机械零件时发挥出来的性能。近年来随着金属材料生产技术发展,采用等离子工艺等特殊制备工艺和手段可以制备出非晶金属固体,如 Ni-P 合金。

2. 金属材料发展

我国工程材料及其加工工艺在历史上有辉煌的成就。早在 4000 多年前,中国的工匠们就开始用青铜打造工件。商朝时期(约公元前 1600 年—约公元前 1046 年)已经初步发展了青铜冶铸技术,且到了一定水平。1939 年河南安阳武官村发现了殷商时期祭器后母戊大方鼎,该鼎体积庞大,质量为 875 kg,鼎身花纹精巧,造型精美。春秋时期(约公元前 770 年—约公元前 476 年),我国最早发明了生铁冶炼技术,并开始用铁加工制造农具。西汉到明朝时期(公元前 206 年—公元 1644 年),我国钢铁加工技术快速进步,生产技术领先于世界各国。唐朝时期(618 年—907 年),我国已经开始应用锡焊与银焊技术,比欧洲早了一千多年。明朝宋应星所著的《天工开物》记载了冶铁、炼钢、铸钟、锻铁、淬火等多种金属加工方法,它是世界上有关金属加工工艺最早的科学著作之一。大量的珍贵文物和历史文献,充分说明我国古代时期在金属材料及加工工艺方面的技术水平都远远超过同时代的欧洲,在世界上占有领先地位,为人类的文明作出了巨大的贡献。但是由于长期封建制度的闭关锁国和近百年来的外国侵略,使我国科学技术的发展受到极大阻碍。

新中国成立后,特别是改革开放以来,我国工农业生产、国防、科技事业得到迅速发展,建立了冶金矿山、机械制造、交通运输、石油化工、电子仪表、轻工纺织、航空航天等许多现代化工业,为国民经济的进一步发展奠定了牢固的基础。同时,原子弹、氢弹、导弹的试验成功,人造地球卫星的发射和准确回收,标志着我国科学技术达到了新的水平。2008 年 8 月,国家体育场"鸟巢"由于其宏伟的主体结构,坚实的基础工程和看台,使其成为大家关注的焦点。"鸟巢"建造钢材主要是 12~23 mm 的 II 级、III 级螺纹钢,6~10 mm 高速线材。"鸟巢"

用 110 mm 厚的 Q460E-Z35 钢板兼具了强度与韧性,且性能要求达到国内建筑结构用钢板最高水平。

金属材料的热处理工艺与材料组成设计对于金属材料及其设备的升级换代具有重要意义。金属材料热处理工艺主要有退火、正火、淬火与回火,经过四个工艺处理后可以得到结构与性能较为稳定的金属制品。同时,为满足一些特殊领域的功能性需求,激光热处理技术、真空热处理技术、薄层渗透化学处理技术、超硬涂层技术、CAD 辅助设计热处理技术、振动时效处理工艺等一些新型热处理技术应运而生,在其相应的应用领域获得了良好效果。目前,最值得改进的热处理技术是可控气氛技术,它是利用气氛技术以达到控制和保护金属材料热处理工艺的作用,从而使金属制品加工后具有更高的质量。与传统金属材料热处理工艺相比,可控气氛技术的无氧化处理能保护制品表面且可以提高热处理质量,因而将成为金属材料热处理工艺发展的一个重要方向。同时,可控气氛热处理工艺可以调节金属材料制品的尺寸,提升金属加工制品的操作灵活性。在金属材料热处理工艺实践过程中,应充分利用先进技术提升产品质量,合理利用节能技术以降低企业生产能耗,提高效益。

材料科学作为现代高新科学技术的三大支柱之一,其发展速度直接影响着国民经济的现代化建设。随着现代科学技术快速发展,传统机械制造逐步发生变化,在先进技术与高精尖设备的加持下,柔性制造系统开始逐步推广。随着柔性制造系统快速发展,区域网络控制系统开始对工程材料设计、加工、装卸、传送、储存等生产线进行全流程控制,工程材料的自动化、智能化生产技术日益完善,智能制造开始让繁杂系统的生产操作管理变得简单,同时也逐步推进了国民经济中工程材料的发展与升级。

8.1.2　工业用钢

1. 工业用钢简介

碳钢是指碳含量为 0.02% ~ 2.11%,同时含有少量硅、锰、磷、硫等元素的钢。碳钢性能与碳含量有很大关系,碳含量升高会提升钢材的强度与硬度,而碳钢的塑性、韧性、焊接性则随之降低。碳钢是近代工业用量最大、应用最早的基础材料。由于碳钢冶炼简单、易于加工、性能设计范围宽、价格低廉,且经过进一步热处理之后,碳钢性能基本可以满足工程构建需求,因而使其在钢铁材料占据重要地位,在民用与国防领域得到广泛应用。目前,碳钢产量在我国钢产量中占比约为 80%,可以广泛用于建筑、铁路、桥梁、车辆、船舶、机械、石油化工、航天、海洋工程等方面。

现代科技发展对工程用钢材提出了越来越高的要求,如石化工业要求钢材具有耐酸、耐碱、防锈等性能,精密仪表工业要求钢材具有高导电性、高电阻性、高导磁性等机电特性,汽轮机工业要求钢材具有高温强度、加工精度等性能。由于碳钢屈强比偏低、淬透性偏低,难以满足航空、交通、能源动力、石油化工等领域对复杂件以及材料高强度的需求。因此,只能采用合金钢或特殊合金以实现工程需求。

2. 钢的制造与发展

合金钢主要是指在普通碳钢中添加一种或多种合金元素而制成的钢。为了持续改善钢制品的性能,科学家们在钢的组成与工艺上开展了大量工作。19 世纪 50 年代,合金钢开始在工业上获得应用。由于合金钢良好的力学性能与可加工性,使得社会对合金钢的需求量持续增加,1868 年英国 R. F. Mushet 发明了含有 2.0% C、7% W、2.5% Mn 的自硬钢,使钢的切削速度提高到了 5 m/min。1870 年,美国用含 1.5% ~ 2.0% Cr 的铬钢在密西西比河建造了 158.5 m 大跨度的大桥,此时其他国家则使用 3.5% Ni 的镍钢建造大跨度桥梁与船舰。1900 年,世界钢材的产量总计为 2 850 万吨。1901 年,西欧开始生产高碳铬滚动轴承钢。1910 年,18W4Cr1V 型高速工具钢开始获得生产,进一步把切削速度提高到了 30 m/min。1912 年 4 月,英国建成了此时世界体积最大、设施最豪华的泰坦尼克号,并试航成功。20 世纪 20 年代,随着电弧炉炼钢工艺的推广应用,合金钢的产量与品种有了更进一步提升。化学与动力工业的发展促进了不锈钢与耐热钢的发明制造。1920 年,德国 E. Maurer 发明了 18-8 型耐酸不锈钢。1929 年,美国发明了 Fe-Cr-Al 电阻丝。1939 年,德国发明了奥氏体耐热钢。20 世纪 60 年代,航空与火箭技术的发展促进了高强度钢、超高强度钢的研发。之后,钢炉外精炼技术的发展促进了合金钢在超低碳、高纯度、高精度方面的发展,马氏体时效钢、超纯铁素体不锈钢等优质钢也随之出现。20 世纪 70 年代,世界钢铁工业进入第一次高速增长期,此时的钢产量增加到 7 亿吨。改革开放后,我国钢铁生产开始快速发力,中国钢铁企业采取"引进+吸收"的策略,引进了一批连铸、连轧、炉外精炼等技术装备,建设了一批工艺与技术先进的炼钢厂。如图中所示,1985 年宝钢一期建成的现代化炼铁厂,如图 8-2 所示。1989 年,美国建成世界第一台薄板坯连铸连轧生产线,这种工艺生产的吨钢成本比常规大型企业减少 40 ~ 80 美元。1996 年我国钢材的年产量已经超过 1 亿吨,位居世界第一。

图 8-2　1985 年建成投产的宝钢一期现代化炼铁厂

进入 21 世纪,世界经济快速发展,钢铁冶炼技术持续改进,世界钢材产量进入了第二次高速增长期,其中 2005 年钢产量增加到了 11 亿吨。中国钢铁企业通过技术创新研发了一批具有国际先进水平的工艺技术与装备,如烧结、焦化、炼铁、炼钢、连铸、轧钢等。2010 年,首钢京唐钢铁厂建立了新一代可循环钢铁制造工艺流程。2013 年,中国钢材的年产量达到 8 亿吨,占世界钢材产量50% 以上。2019 年,中国粗钢产能超过 9 亿吨,比 2018 年提高了 2.4%,稳居世界第一。在国内工程建设发展过程中,钢铁工业已经发展成为了国内的先导行业,在经济建设、国家财税、教育就业等方面起着重要作用。

3. 钢的智能制造

钢铁制造工艺通常具有流程性、离散性的特点,且具有一定高能耗、高排放、高危、重资产等特性,亟需采用智能制造新手段实现转型升级。因此,智慧钢铁逐步发展成了钢铁工业转型升级的主要战略之一。2019 年,中国密集发布了多个支持"5G+互联网"等新工程的政策,大力促进"5G+互联网"的融合发展,为国内工业转型发展增添新活力。传统钢铁企业在现有基础上积极谋求发展,将生产线通过互联网连接,通过智慧化的生产管理、安全管理、能源管理、设备管理等,向钢铁工业的绿色化、智能化方向发展。

钢的质量主要依靠设计结构与工艺,生产出强度高、耐腐蚀、不生锈的钢制品。微合金化钢是在低合金高强度结构钢的基础上,在普通钢基体中添加微量 Nb、Ti、V 等元素,逐步发展起来的一类高强度低合金钢。微合金化钢通过控制轧制与冷却工艺,优化组成与工艺,以实现钢的晶粒强化与沉淀强化的最佳组合。双相低合金高强度钢是通过优化组成与工艺,使低合金高强度钢的"铁素体+珠光体"改为"铁素体+马氏体+少量奥氏体"的双相组织,这类钢的铁素体含量一般为 80% 左右,马氏体则呈小岛状或是纤维状,由于其高强度与高延性,使得它可以成功用于汽车行业。渗碳钢通常是指通过渗碳淬火、低温回火工艺处理,制成低碳的优质碳素结构钢或合金结构钢,碳含量一般控制在 0.1% ~ 0.25%,掺入合金元素主要有 Ni、Cr、Mn,以及少量 W、Mo、V、Ti 等,此类合金渗碳钢淬透性和耐磨性较好,在工业机车变速箱齿轮,内燃机凸轮与活塞销等领域有较好应用。

近年来,人工智能、互联网、大数据等智能技术开始进入钢铁行业,信息工业与钢铁工业开始融合发展,通信技术已经助力中国宝钢、武钢和包钢实现远程"一键炼钢"。2019 年,湘钢与湖南移动、华为公司合作建设了"5G+智慧工厂",智慧工厂通过 30 多个 5G 基站,实现了五米宽厚板厂、棒材厂的 5G 专网覆盖,使工业控制器 PLO 可以互联互通,实现了废钢天车的远程操控与无人操作、机器人智能加渣、设备智慧点检、视频高清回传等四个工段应用。

目前,国内钢铁企业利用"人工智能+钢铁"的模式开展了一些工作。企业运用工业大数据,进行钢铁产品的理论建模,优化钢铁冶炼的工艺,通过虚拟仿真演练,开展钢铁生产优化研究以及新产品设计研发,形成钢铁生产持续改进的闭环优化体系。钢铁企业基于国标对钢铁生产过程进行监控、预判、预警、识别,进行生产质量数据的采集,钢铁产品的全自动化生产与智能分析,及时发现钢铁生产过程可能出现的问题,及时分析故障原因并予以处理。钢铁企业通过设计"生产线+人工智能+互联网",实现生产线的环境感知、人员识别、人员定位,达到对危险人员和区域的管控。通过高温等特殊环境工作的机器人、在线检测与智能识别技术,实现设备的智能维修与管理,综合质量、货期、成本、设备、物流、产能等条件,开展智能化协同生产。

8.1.3　铸铁

铸铁是人们较早开始使用的一类金属材料,目前铸铁仍然是一种重要的金属材料,被广泛应用于工程制造。工业用金属材料(以重量统计)中铸铁的用量排名第二,仅次于钢,其中铸铁在机床中铁铸件的应用比例为 60% ~ 90%（以质量统计），在汽车、拖拉机中铁铸件的应用比例为 50% ~ 70%（以质量统计）。由此可见，铸铁是工业生产的重要基础材料。

1. 铸铁概述

铸铁是指碳含量为 2.5% ~ 4.0% 的铁碳合金，其主要组成为铁、碳、硅，以及少量锰、硫、磷等的多元合金。铸铁中锰、硫、磷含量一般比碳钢要高，有时也可以在铸铁中加入钼、铬、铜、钒、铝等以制备合金铸铁，制备出具有更高力学性能与物化性能的铸铁材料。

铸铁中的石墨形成过程称之为石墨化，铸铁结构形成基本上就是铸铁石墨化过程。在铁碳合金材料中，碳通常以渗碳体与石墨的形式存在，石墨晶格一般为简单六方结构。铸铁石墨化过程主要可以分为液相亚共晶结晶阶段、介于共晶转变与亚共析转变之间的阶段、共析转变阶段。优化铸铁石墨化进行程度，对于优化铸铁结构具有重要意义。研究证明，铸铁组成、结晶冷却速度、铁水过热与静置等重要因素能对铸铁结构产生影响。熔融铁水通过设计冷却速度可以从高温液相中析出渗碳体，也析出石墨，其中析出石墨主要与冷却速度、硅含量有关。依据碳的存在形式与断口颜色来分，铸铁主要可以分为灰口铸铁、白口铸铁、麻口铸铁。灰口铸铁由于其工艺相对简单、价格便宜而在工业中应用广泛，在这类铸铁结构中，碳大多以片状石墨状态存在，因而铸铁件断裂时的裂纹会沿着石墨片延伸下去，断口基本呈现暗灰色。

2. 铸铁的制造加工

（1）灰口铸铁

灰口铸铁占铸铁总产量的 80% 以上，是应用最为广泛的一类铸铁。在铸铁的生产加工过程中，主要是通过设计碳、硅含量以优化铸铁的石墨化进程，进而调节铸铁件结构与性能，通过控制 P 含量、限制 S 含量以优化铸铁性能。按照石墨化进程不同，灰口铸铁可以分为：① 石墨化进程充分，铸铁结构为铁素体上均匀分布片状石墨；② 石墨化进程不充分，铸铁结构为（珠光体+铁素体）基体上分布片状石墨；③ 珠光体灰口铸铁，珠光体上分布片状石墨。

为了提高灰口铸铁的力学性能，通常在碳、硅较少的铸铁液中引入孕育剂制备孕育铸铁（或变质铸铁），以细化灰口铸铁结构，优化铸铁性能。孕育铸铁的强度与硬度比普通灰铸铁要高许多，然而由于其中石墨结构为片状，铸铁的塑性与韧性偏低。这类孕育铸铁的结构为细小石墨片均匀分布在细密珠光体上，此类铸铁材料主要用于生产机床主体、液压件、齿轮等力学性能要求高或是尺寸变化较大的铸铁件。

为了增加灰口铸铁件表面耐磨性，通常可以调控铸铁件冷却速度，制成激冷铸铁，这种工艺主要是使铸铁件激冷以在表层一定深度范围内形成白口结构，心部仍然为灰口结构，过渡区为麻口结构的一类铸铁。激冷铸铁可以用于制造轧辊、车轮、粉碎机等高耐磨铸件。

在灰口铸铁的热处理工艺方面，由于热加工只能改变灰口铸铁基体结构，石墨形态与分布不会发生变化，因而热处理并不能显著改善灰口铸铁的力学性能，但是热加工可以用于消除铸铁应力、改善铸铁加工性能。

灰口铸铁高温液相降温凝固时，一般不会形成集中缩孔，分散缩孔也比较少，长度方向会有一定线收缩，因而可铸造复杂零件，且由于其中石墨相的断屑作用与润滑减摩作用，使其具备良好的切削加工性。

（2）可锻铸铁

可锻铸铁是将铁水浇注成白口铸铁之后，通过石墨化退火工艺，游离渗碳体分解后而形成的一种结构。可锻铸铁中团絮状石墨结构有利于提高铸铁件的强度，此类铸铁在加工中不易引起应力集中，具有较高力学性能，且有一定的塑性变形能力，然而可锻铸铁在实践应用上并不能用于锻造。

可锻铸铁的强度、韧性通常比灰口铸铁高。其中珠光体可锻铸铁的强度与铸钢接近，尤其它的切削加工性是铁基合金最高的，可以进行高精密加工，而且还能通过表面淬火工艺提高铸件的耐磨性。珠光体可锻铸铁通常可以用于制造汽车凸轮轴等动力机械的耐磨件。

（3）球墨铸铁

球墨铸铁主要由金属材料基体、球形石墨组成，其中球墨铸铁金属基体主要有铁素体、铁素体+珠光体、珠光体三种，球形石墨是一个表面有较多包状物、且形貌接近球形的多面体石墨。

球墨铸铁的力学性能一般比灰口铸铁高，其铸造性能、减摩性、切削加工性良好，缺口敏感性偏低。球墨铸铁的疲劳强度与中碳钢接近，其耐磨性高于表面淬火钢，其热处理加工性良好，可以通过加工进一步提升铸件的力学性能，可以在部分铸件加工上实现以铁代钢、以铸代锻。

球墨铸铁可以通过进一步的合金化工艺、热处理工艺等方法提升其力学性能。球墨铸铁可以通过消除内应力退火、高温退火、低温退火三种退火工艺优化结构，提升材料性能；可以通过高温与低温的正火工艺，使铁素体+珠光体球墨铸铁转变为珠光体球墨铸铁，通过细化组织结构以提高球墨铸铁的强度、硬度、耐磨性；可以通过调质处理制备出强度、韧性良好的铸件，可以用于轴类工件加工；可以通过等温淬火处理以提升综合力学性能，获得工件的高强度、高耐磨性、较好的塑性、优良的韧性，可以用于受力复杂的曲轴、齿轮、凸轮轴等机器工件。

3. 铸铁的智能制造

对于铸铁行业长期存在着岗位人数多、工作环境差、劳动强度高、安全管理差、产品质量低五大痛点问题。《中国制造 2025》指出，要对新建工厂提出智能、高效、高质、安全、绿色的要求，铸铁工业智能制造也迫在眉睫。

铸铁生产线最大潜能的发挥需要通过提升核心装备的功能来实现。部分离心球墨铸铁管生产线是在核心装备技术上进行研发的，实施混流柔性化生产模式，通过在一条整装线上设计两种型号铸管工艺，且通过产能优化，使一套设备效率高于以前两套设备的效率，达到降本增效的目的。

已在生产中实际应用的高蠕化率的球墨铸铁智能生产系统，通过合理设计控制条件，实现了高效智能生产。控制条件设置为：

① 共晶度调控至接近共晶成分；

② 浇注时蠕化铁液活性调控至 0.008% ~ 0.016%；

③ 凝固时蠕化铁液形核的核心量调控至 8 ~ 12 ℃共晶再辉温度时的核心量。

采用亚球工艺生产蠕墨铸铁时，要调控好蠕墨铸铁的共晶度、浇注时活性量、凝固时形核的核心量，当预处理铁液快达到蠕化目标时，应用热分析仪进行测量三大要素偏离值，可以精确制导喂丝机达到预期目标，进而保证蠕化率80%以上的蠕墨铸铁实现智能制造。

8.1.4 有色金属

工程材料通常将金属材料分为黑色金属、有色金属等,黑色金属主要是指铁及其合金,有色金属则主要指其他的非铁金属及其合金。与钢铁材料相比,有色金属及合金种类众多,通常具有低密度,以及特殊的电、磁、热、耐腐蚀、高比强度等优良特性。有色金属产量为金属材料总量的 5%,由于铜、铝、镁、钛及其合金的优良特性,使其发展成为现代工业的重要金属材料之一。

1. 铝及铝合金

铝及铝合金材料由于其性优价廉的优势,在有色金属中的应用居于首位,其应用基本延伸到工业生产各个领域。铝制品根据纯度不同,主要可以分为高纯铝、工业纯铝,其中高纯铝纯度一般为 99.93% ~ 99.99%,常用于制作电容器或科学研究等,工业纯铝纯度一般为 98.0% ~ 99.9%,常用于生产电线(缆)、铝箔、器皿等。工业纯铝中铝含量一般高于 99.00%,通常含有铁、硅、铜等一些杂质,杂质会降低材料的导电性、抗蚀性、塑性。铝在室温下会在表面形成一薄层的 Al_2O_3 膜保护层,阻止氧持续向铝制品内部扩散,但是如果遇到碱与盐溶液,保护膜则会被破坏。一般来说,纯铝的抗拉强度只有 50 MPa。部分铝制品厂家通过引入锌、铜、镁、锰、硅、稀土元素,或是少量锶、钛、锆、铬以制备铝合金,通过铝合金的固溶强化以及第二相强化作用,可以在保持纯铝优良特性同时,将铝合金强度提高至 500 ~ 1 000 MPa。铝合金由于其轻质以及良好的综合性能,广泛应用于航空、建筑、汽车、磨具、配件等。

铝合金强化工艺主要是通过优化组成与热处理工艺实现的。固溶强化纯铝是通过加入 Mg、Zn、Cu、Si、Mn 等元素形成的铝基有限固溶体,起到材料的固溶强化效果,提高材料强度。铸造铝合金一般是适当增加合金元素含量至 8% ~ 25%,通过优化合金的共晶结构,提升铝合金的铸造性能与力学性能,也可以通过热处理优化合金元素在铝中的固溶度,时效强化处理提高铝合金的强度。铸造铝合金通常可以引入适量微量元素进行变质处理,来细化合金组织,以提高合金的强度与韧性。变形铝合金可以通过引入少量 Zr、Be、Ti、稀土等元素,使铝制品形成难熔的化合物,人为创造非自发晶核,以细化铝合金晶粒,提升铝合金的强度与塑性。

2. 铜及铜合金

铜及其合金是人类最早使用的金属材料之一。纯铜的电导率位居常见金属材料的第二位,仅次于银,因而铜可以广泛应用于制造电线、电刷、电缆等,也可以用于生产发电机、电动机、变压器、电气接触网等。铜制品导热良好,其热导率可达银的 73%,因而使其在散热器、冷却器、炉板等散热设备中有良好的应用。铜及其合金在人们的现代生活中应用日益广泛,作用日益凸显。

纯铜具有优良的导电性、导热性、延展性等,然而由于其强度低、切削性能等问题限制了它的使用。目前铜加工主流工艺是设计铜制品的合金化与热处理工艺,进一步改善铜的强度、耐磨、耐蚀、铸造等性能。铜合金中加入的元素主要有 Be、Zn、Mg、Pb、Sn、Al、Ni、Fe、Zr、Cr、S、Se、Cd、Si、Ti、P、Mn、B 等,常见铜合金主要有黄铜(加 Zn),青铜(加 Pb、Al、Si、Be、Cd、Cr 等)、白铜(加 Ni)。

黄铜具有良好的变形加工性能、铸造性能,加工过程中可以通过低温退火,或者引入适量

Sn、Si、Al、Mn 等来降低黄铜加工中的开裂。有时为了改善黄铜的性能,也会在黄铜加工中引入 Al、Mn、Pb、Si 等,以制造复杂黄铜。铝黄铜一般具有良好的抗拉强度、屈服强度、硬度、抗大气腐蚀能力,使其可以用于制造重载荷与耐腐蚀零件。铅黄铜一般具有良好的切削加工、耐磨性,使其主要可以用于制造轴瓦、衬套。硅黄铜的硅含量一般低于 4%,常用硅黄铜(80% Cu、17% Zn、3% Si)能承受热压力加工,耐蚀性优良,可以用于制造船舶零件,蒸汽管、水管配件等。

两千多年前,人们就已经开始应用锡青铜,它是中国最早使用的铜合金之一,如古代的鼎、钟、武器、铜镜等。目前,青铜主要是指铜锡合金,通常是将黄铜、白铜之外的铜合金都称之为青铜。青铜合金添加元素主要有 Sn、Be、Al、Si、Mn、Zr、Ti、Cr 等,因而青铜主要包括铝青铜、锡青铜、铍青铜等。青铜加工主要是可以采用压力加工工艺与铸造青铜工艺。锡青铜通过进一步优化组成与工艺,具有耐磨、耐蚀、弹性好、体积收缩小等优势,相关产品主要有三大用途:用于高强度、高弹性需求的弹片、弹簧、弹性元件;用于耐磨需求的轴套、齿轮等;用于收缩率小、耐蚀的铜像、艺术品等。铝青铜由于其良好的力学性能、耐磨性、耐蚀性,也有着广泛的应用。

3. 钛及其合金

钛及其合金由于轻质、耐热、耐蚀等优势,已经成为航天、航空、化工、船舶等工业重要的基础材料。由于钛及其合金的熔铸、焊接、热处理工艺成本相对偏高,在一定程度上限制了它的应用。

钛具有良好的延展性、韧性,但其强度偏低,通过加入合适元素制成合金,可明显改善钛金属工件的结构与性能,以适应工程需求。钛及其合金在海水中具有良好的耐腐蚀特性,因而又被称为海洋金属。

4. 镁及其合金

镁作为一种快速发展的工程金属材料,以每年 15% 的增速保持快速增长,应用增长率高于铝、镍、铜、锌、钢铁,成为工程材料中常用金属之一。镁及其合金具有轻质、高比刚度、优良导热性、优良抗电磁性等特性,被认为是新世纪最具潜力的"绿色金属材料"。镁可以通过引入 Li、Ag、Zn、Al、Zr、Ti、Mn、稀土金属等,制成镁合金以获得优良的力学性能。

优化热处理工艺可以改善镁合金的力学性能与加工性能。镁合金常用热处理工艺主要有退火、固溶和时效。退火是通过优化工艺以降低镁合金工件的内应力,提高铸件尺寸的稳定性。固溶和时效处理主要是通过优化铸件组成与结构,优化合金的相组成,提高合金强度。镁合金主要可以通过重力铸造与压力铸造。铸造镁合金由于其优良的综合性能,可以用于航天航空、军事国防、汽车、摩托车等领域。镁合金有利于实现机械装备的结构减重、结构承载、功能一体化设计,在航空工业中得到了越来越广泛的应用。

5. 有色金属的智能制造

"十三五"规划建设以来,我国有色金属工业发展迅速,骨干企业针对有色金属的生产工艺繁杂、原料多样,耗能高、污染大等问题,在有色金属的智慧矿山、金属冶炼、加工方面开展了大量工作。有色金属行业主要的生产技术装备基本达到世界水平。在智能化建设方面,有色金属行业骨干企业设计了自动化生产线,通过"互联网+计算机"实现生产过程实时控制与管理实时控制,实现生产的灵敏感知、精细操作、智能分析、敏捷决策,生产与管理水平不断提高。

目前,中国已经成为品种最全、规模最大的有色金属制造大国,初步形成了基本完整的有色金属工业体系。

有色金属材料选矿水平的高低直接决定有色金属的回收率与环保效益。有色金属浮选可以通过引入机器视觉技术,利用分布机器视觉以提取泡沫图像关键特征,实现金属品位预测,浮选工况识别,浮选药剂优化等的实时调控,以提高资源利用率,降低排放。

已建成的高端铝合金智能制造生产线实现了铝合金材料薄壁挤压及智能制造。40MN挤压生产线综合采用了宽幅薄壁中空型材的技术,为高端装备制造用铝的智能化、信息化生产线建设迈出了关键一步。

8.2　无机非金属材料的智能制造

8.2.1　无机非金属材料概述

20世纪40年代,无机非金属材料开始从传统的硅酸盐材料发展起来。无机非金属材料是与金属材料、高分子材料、复合材料并列的四大工程材料之一,它主要是以特定氧化物、氮化物、硼化物以及硅酸盐、磷酸盐、铝酸盐、硼酸盐等组成的材料。常见的无机非金属材料主要有气凝胶、水泥、玻璃、陶瓷、耐火材料等。与金属材料相比,无机非金属材料内部结构没有自由电子,而且存在有比金属键、共价键更强的离子键与混合键,因此具有高硬度、耐磨损、高熔点、耐腐蚀、高强度等基本属性,同时也具有了良好的隔热性、透光性、铁电性、铁磁性以及压电性等功能特性。

300万年前,人类就已经开始利用天然石材制作工具,这也是最早获得应用的无机非金属材料。公元前6000~公元前5000年期间,中国发明并开始使用原始陶器。公元前17世纪初~公元前11世纪期间,中国发明并开始使用原始瓷器,而且还出现了上釉陶器。此后,为了满足宫廷贵族观赏以及民间生活与建筑的需求,中国的陶瓷生产技术逐步发展。公元200年,中国发明并开始使用青瓷,这是迄今为止在中国发现的最早瓷器。中国夏朝时期炼铜用的陶质坩埚是最早的耐火材料,陶器的使用也促进了人类进入金属材料时代。随着冶炼金属用陶器材料进一步发展,金属材料生产技术也随之发展,当耐火材料的使用温度高到一定程度后也就促进了铁器的发展。18世纪,随着钢铁工业的兴起与发展,耐火材料开始朝着耐高温、多样化、耐腐蚀的方向发展。

公元前3700年的古埃及开始出现玻璃材料做的装饰品,公元前1000年的中国也出现了白色的打孔玻璃珠。公元初期的古罗马开始生产形式多样的玻璃产品。公元1000~1200年期间,玻璃的制造技法逐步成熟,此时的威尼斯开始成为世界玻璃工业的中心。公元1600年,日用玻璃制品生产与加工已经发展到了世界各个地区。

公元前3000~公元前2000年期间,人们开始使用石灰、石膏等气硬性胶凝材料以砌筑墙体。随着世界范围内建筑业的发展,胶凝材料随之发展与进步。公元初期,世界范围内开始出现并应用水硬性石灰、火山灰胶凝材料。1700年后,人们开始将胶凝材料加工成水硬性石灰、罗马水泥。1824年,英国科学家阿斯普丁率先发明了波特兰水泥。

在无机非金属材料发展历程上,陶瓷、耐火材料、玻璃、水泥等作为典型的硅酸盐材料,作为无机非金属材料的主体,对于工程材料的发展进步起着重要作用。进入 18 世纪,工业革命加速了建筑、机械、钢铁、运输等工业的兴起与发展。之后,无机非金属材料加快研发与创新,出现了高性能生物陶瓷、电子陶瓷、微波陶瓷、金属陶瓷等先进陶瓷产品,发展了平板玻璃、超薄玻璃、信息玻璃等高性能玻璃及其加工制品,研发并推广了普通硅酸盐水泥、油井水泥、矿渣水泥、机场水泥等高新技术产品。

进入 21 世纪,随着航天、能源、通信、激光、生物医学以及环境保护等高新技术的兴起与发展,人们对无机非金属材料提出了更高的使用要求与场景需求,也促进了无机非金属材料生产技术的快速发展。随着高频陶瓷、铁电陶瓷、压电陶瓷、铁氧体磁性材料、热敏电阻陶瓷、碳化硅陶瓷、氮化硅陶瓷、气敏陶瓷、湿敏陶瓷、变色玻璃、光导纤维、超高温陶瓷、超导材料等一系列新型无机材料的发展与应用,无机非金属材料的生产技术日益进步。

8.2.2 水泥

水泥是磨成细粉后,加水可以制成塑性浆体,能在空气、水中硬化,且能胶结砂石的一类水硬性胶凝材料。水泥的使用体量大,应用范围广,被称为建筑的三大基础材料之一,享有"建筑工业的粮食"美誉。现在以及将来一段时间,水泥将依然是最为主要的建筑材料。水泥的生产过程可以概括为"两磨一烧"。水泥工业的智能制造在于其秉承绿色发展理念,转变行业发展方式,实施"创新提升,超越引领"和"走出去"战略,在现有水泥生产工艺的基础上设计了水泥窑协同处置、二氧化碳捕集、生产智能化与信息化等智能制造技术,加快了行业的科技创新与进步。

1. 水泥的分类

目前,水泥的种类繁多,应用最为广泛的主要是硅酸盐水泥。硅酸盐水泥主要包括通用硅酸盐水泥与特种硅酸盐水泥,是以硅酸钙作为主要组成熟料而制成的系列水泥的总称。通用硅酸盐水泥主要包含硅酸盐水泥、普通硅酸盐水泥、矿渣硅酸盐水泥、粉煤灰硅酸盐水泥、火山灰质硅酸盐水泥和复合硅酸盐水泥,这类水泥主要用于一般的建筑工程。根据现行国家标准GB 175—2007《通用硅酸盐水泥》,通用硅酸盐水泥是指以硅酸盐水泥熟料、一定比例的石膏、适量的其他规定混合材料经过磨细后制成的一类水硬性胶凝材料。根据混合材料品种与含量不同,通用硅酸盐水泥可以分为表 8-1 所示的六类。

表 8-1　通用硅酸盐水泥的组分要求（摘自 GB 175—2007）

品种	代号	组分/%				
		熟料+石膏	粒化高炉矿渣	火山灰质混合材料	粉煤灰	石灰石
硅酸盐水泥	P · I	100	—	—	—	—
	P · II	≥95	≤5	—	—	—
		≥95	—	—	—	≤5
普通硅酸盐水泥	P · O	≥80 且<95	>5 且≤20[(1)]			—

续表

品种	代号	组分/%				
		熟料+石膏	粒化高炉矿渣	火山灰质混合材料	粉煤灰	石灰石
矿渣硅酸盐水泥	P·S·A	≥50 且<80	>20 且≤50(2)	—	—	—
	P·S·B	≥30 且<50	>50 且≤70(2)	—	—	—
火山灰质硅酸盐水泥	P·P	≥60 且<80	—	>20 且≤40(3)	—	—
粉煤灰硅酸盐水泥	P·F	≥60 且<80	—	—	>20 且≤40(4)	—
复合硅酸盐水泥	P·C	≥50 且<80	>20 且≤50(5)			

（1）本组分材料为符合本标准的活性混合材料,其中允许用不超过水泥质量8%且符合本标准的非活性混合材料或不超过水泥质量5%且符合本标准的窑灰代替。

（2）本组分材料为符合 GB/T 203—2008 或 GB/T 18046—2017 的活性混合材料,其中允许用不超过水泥质量8%且符合本标准的活性混合材料或符合本标准的非活性混合材料或符合本标准的窑灰中的任一种材料代替。

（3）本组分材料为符合 GB/T 2847—2005 的活性混合材料。

（4）本组分材料为符合 GB/T 1596—2017 的活性混合材料。

（5）本组分材料为由两种以上符合本标准的活性混合材料或/和符合本标准的非活性混合材料组成,其中允许用不超过水泥质量8%且符合本标准的窑灰代替。掺矿渣时混合材料掺量不得与矿渣硅酸盐水泥重复。

2. 水泥的生产

水泥是现代化工程建设中最为重要的建筑材料。随着工业生产技术快速发展,水泥在国民经济中地位越来越重要,应用领域也越来越广泛。水泥与砂、石等混合可以制成混凝土,这是一种绿色、低耗能、低成本的建筑材料。利用新拌水泥混凝土良好的可塑性,可以将其制成不同形状的混凝土预制件。长期应用实践表明,水泥混凝土材料的强度高、耐久性好。利用水泥可以制成性能优异的水泥制品,如高铁轨枕、高强度纤维水泥制品、海上钻井平台等,这些制品广泛地应用于工业、交通等领域,在成本、效益方面也日益显示出技术、经济的优越性。目前,水泥及其制品已经被广泛地应用于工程制造、民用建筑、水利枢纽、道路建设、农田水利、军事重大工程等方面。

（1）水泥工业生产流程

目前,根据不同标准可以将水泥分为很多种类,然而主流产品还是通用硅酸盐水泥,这类水泥的生产与应用约占世界水泥总量95%。一般来说,通用硅酸盐水泥工业生产主要是采用带多级悬浮预热器与分解炉的预分解窑,生产工艺流程可以概括为"两磨一烧",即是生料制备、熟料煅烧与水泥制成,如图 8-3 所示。

① 生料制备

从矿山开采加工的石灰石经再次加工破碎后,经皮带输送至石灰石预均化堆场。同时,硅铝质原料与其他辅助原料经破碎后由皮带输送机送入辅助原料预均化堆场。经预均化处理的原料通过皮带输送至配料站的原料储库,根据配方称量被送入生料磨进行烘干与粉磨,其中烘干可以用悬浮预热器废气供给热能,出磨生料经收尘器收尘后送至生料均化库,进行均化处理与储存。

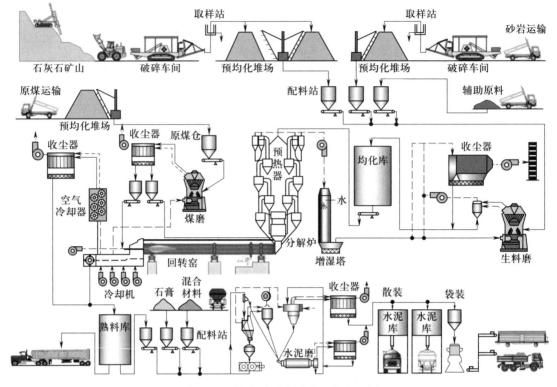

图 8-3　预分解窑水泥生产工艺流程图

② 熟料煅烧

生料经均化后由库底出料,之后按配方比例被输送至悬浮预热器,生料经预热后进入分解炉发生碳酸盐分解反应,预热与分解的生料输送至回转窑,高温煅烧为熟料,熟料经冷却后进入熟料库储存。

③ 水泥制成

水泥熟料、混合材料、石膏按配方称量,进入水泥磨系统球磨。磨细的水泥储存在水泥库一段时间后,部分经过包装机加工为袋装水泥运输出厂,部分由专用罐车运输出厂。

不同类型与规模的水泥生产厂家采用的预分解窑生产线工艺与上述工艺流程类似,其部分具体的生产工序与设备略有不同。

（2）熟料预分解窑煅烧过程

水泥熟料预分解窑系统一般由回转窑、预热器、分解炉、冷却机与煤粉燃烧器组成。水泥熟料预分解窑生产工艺多种多样,其基本工作原理如下。

首先,水泥生料从 C1 级旋风筒与 C2 级旋风筒连接管道加进来,生料进入连接管道后迅速被打散在上升气流中,之后被带入 C1 级旋风筒内;生料与气体在旋风筒内凭借离心力作用发生分离,废气被排出,此时的生料进入 C2 级和 C3 级旋风筒连接管道,之后又进入 C2 级旋风筒发生气固分离;由此类推,生料按序进入 C1 ~ C5 级旋风筒及其连接管道。生料与上升气流接触后发生热交换,通过余热来预热生料,以此实现节能的目的;出 C4 级旋风筒的生料被带入分解炉,在这里基本完成碳酸钙分解反应;生料经分解后与废气进入 C5 级旋风筒,在这里完成进一步的气固分离,之后生料粉被带入回转窑,高温煅烧成水泥熟料;之后,熟料进入冷却机冷却后被送入熟料库,过程中的高温余热再次被回收利用。

其次,经煤磨处理的煤粉主要经两个路径供后序环节利用。30%~45%煤粉被送至窑尾,喷入回转窑用以燃烧供热。55%~70%煤粉被送至分解炉内燃烧,以供给碳酸钙分解需要热量。

最后,助燃空气注入回转窑。水泥回转窑系统燃烧用助燃空气主要有三大来源。一部分是来自窑头鼓风机的一次风,其作用主要是将煤粉以极高的速度经燃烧器喷入水泥回转窑内。第二部分是来自熟料冷却机内的预热空气,此时进入回转窑的预热空气称为二次风,主要用于煤粉燃烧。第三部分是进入分解炉的三次风,主要用于分解炉内煤粉燃烧。回转窑废气与分解炉废气一起进入悬浮预热器,逐级预热水泥生料。

在由多级旋风筒、分解炉、回转窑、冷却机与煤粉燃烧器组成的水泥预分解窑系统中,每个子系统都有具体热工任务。对于带 n 级悬浮预热器的水泥预分解窑来说,生料预热主要是在前 $(n-1)$ 级旋风筒及管道中进行。碳酸盐分解主要是在分解炉、第 n 级旋风筒以及回转窑尾部进行。固相反应与熟料煅烧工作主要是在水泥回转窑中完成。水泥熟料冷却以及废热回收主要是在冷却机中进行。水泥预分解窑所需热量则主要由煤粉燃烧器供给。

3. 水泥的智能生产

水泥工业秉承绿色发展理念,逐步实施“创新提升,超越引领”和“走出去”发展战略,水泥工业在水泥窑协同处置、二氧化碳捕集技术应用、智能控制等智能生产方面稳步提升,科技创新的步伐逐步加快。

(1) 水泥窑协同处置技术

水泥窑协同处置是指将经处理后满足入窑要求的废弃物投入水泥窑,在进行水泥生产同时实现废弃物无害化处理的技术。在欧洲一些生产技术先进的水泥厂,废弃物替代率可以达到50%,水泥预分解窑燃料的替代率可以达到20%~40%。20世纪90年代,我国大型水泥厂通过吸收国外协同处置成功经验,开展了系列水泥窑处理工业危废物、生活垃圾、污泥等的研究及应用,成功建设了多条水泥窑协同处置示范线。1999年,北京金隅集团就开始研究城市工业废弃物的加工处理与应用。2007~2013年期间,北京水泥厂处置的废弃物总计达到106.7万吨,其中城市危废物为29.1万吨,污染土壤为47.4万吨,生活污泥为30.2万吨。2013年,南京设计院设计了水泥窑城市生活垃圾处置450吨/天的示范线,项目在溧阳建成投产。2014年,国内工业固废物产量约为32.3亿吨/年,城市生活垃圾处理量约为1.71亿吨/年。2015年1月30日,工业和信息化部发布《水泥行业规范条件》(2015年本),强调坚持“等量或减量置换”原则,且要求新建项目必须兼顾协同处置当地或行业固体废弃物。2019年,国内20多个省份建设水泥窑协同处置垃圾、危废物等生产线150条,其中水泥窑协同处置垃圾生产线53条(处理能力为600万吨),水泥窑协同处置污泥生产线45条(处理能力为325万吨),水泥窑协同处置危废物生产线52条(处理能力为341万吨)。

(2) 二氧化碳捕集技术

二氧化碳捕集技术的基本原理如下

水泥生产线的烟气首先进入碳酸化炉,600~650 ℃高温下与石灰发生反应并生成碳酸钙；

碳酸钙进入煅烧炉,850 ℃下在纯氧气氛中燃烧,发生分解反应后得到氧化钙与高浓度 CO_2 烟气,高浓度 CO_2 烟气经冷却、除尘、压缩后储存,氧化钙则可以作为重要原料回到碳酸化炉进行第二次循环反应。

2018 年 10 月海螺集团通过与大连理工大学合作研发水泥窑烟气 CO_2 捕集项目,在白马山水泥厂建成了水泥窑烟气 CO_2 捕集纯化环保示范线(图 8-4),项目投产后运转良好,年回收 CO_2 5 万吨,纯度可达 99.99%,产品主要用于机械制造、灭火制剂、食品添加剂等领域。

2020 年 3 月,海螺集团白马山水泥厂首车干冰顺利销售出厂,产品主要用于碳酸饮料添加、食品蔬菜保鲜、清洗行业和冷藏运输行业。

图 8-4　海螺集团 5 万吨级 CO_2 捕集纯化示范项目

（3）水泥厂的智能化与信息化建设

为了促进水泥行业转型升级,水泥行业逐步加快了智能化与信息化建设的步伐。2015 年 3 月,泰安中联 5 000 t/d 熟料水泥智能暨低能耗示范生产线建成投产。该生产线加强了智能化控制与生产,原料端安装中子活化在线分析仪以全程实时监测物料成分波动并实时调控,生料粉磨系统设计为辊压机粉磨系统以实现节能高效粉磨,生料、煤粉、水泥粉磨系统设置在线激光粒度分析仪以实时检测物料粒度,燃烧系统采用双系列六级旋风预热器及在线双喷式分解炉,小体积、大产量的 $\phi 5 \times 61$ m 两挡式回转窑,第四代中间辊破篦式冷却机。生产线基本实现了水泥生产的"五全""七化""四一流"与"四不漏"的建设目标,建设成了国内水泥企业智能制造的典范,生产线的智能化程度也达到了国际领先水平,生产线基本实现无人值守,全厂定员 95 人。该生产线与国内外先进水平生产线能耗对比见表 8-2。示范线每吨水泥的生产成本减少 23%,劳动生产率提高 216.7%,污染物排放降低 10%。

表 8-2　泰安中联低能耗示范线与国内外先进水平生产线能耗对比

项目	泰安中联示范线指标	国内先进水平指标	国际先进水平指标
吨熟料标准煤耗/kg	<95	<104	<100
吨熟料综合电耗/kWh	<50	<65	<58
吨水泥综合电耗/kWh	<70	<85~90	<80~83

2016 年,丹东东方测控工程技术有限公司研究了水泥矿山均化开采及智能化配矿技术和生料智能化配料技术,并在泰安中联等国内多条水泥生产线上成功应用,效果良好,可以满足"二代水泥"原燃料均化配置的技术要求。天津水泥工业设计研究院、济南大学研制了水泥智能优化节能控制系统,相关成果已经在多条水泥生产线应用,节能减排效果显著。

2019 年 3 月,全椒海螺智能工厂建成并投产,智能工厂通过打造智能生产、网络化分布生产设施、智能管理系统 3 大平台,全面实施数字化矿山系统、专家优化控制系统、智能质量控制系统、供销物流信息管理系统、设备管理及辅助巡检系统、能源管理系统的自动化控制,实现了工厂运行的自动化、可视化、故障预控化、要素协同化、决策智能化,实现水泥的智能生产。2019 年 3 月至 2020 年 10 月期间,全椒海螺智能生产线的生产人员降低 18%,设备故障停机率减少 20%,生产效率提高 20%、资源综合利用率增加 5%,能源消耗降低 1%、CO_2 排放减少 2.5 万吨/年,企业取得了良好的经济效益与社会效益。

8.2.3 平板玻璃

玻璃主要是指内部为长程无序结构且具有玻璃转变特性的一类非晶态固体,由于其良好的光学性能、化学稳定性、电学性能等,在建筑、医药、交通、航天等领域具有广泛的应用。根据平板玻璃形态并结合应用进行分类,可以分为平板玻璃、深加工玻璃、电子玻璃等。平板玻璃主要成形工艺有压延法、平拉法与浮法等工艺,其中浮法工艺已经成为平板玻璃的主流制造方式。深加工玻璃主要是利用平板玻璃原片进行切割、研磨、钢化、丝印、镀膜等方式的二次加工处理得到的,主要产品有钢化玻璃、镀膜玻璃、中空玻璃、夹层玻璃、真空玻璃等。电子玻璃主要是指厚度为 0.1~1.1 mm 的超薄平板玻璃,产品主要用于电子显示、微电子集成、光电子等领域的一类高科技产品,也可以用于制作集成电路,以及具有电、磁、声、光、热等功能的电子元件。

1. 平板玻璃的工业生产

浮法工艺是目前平板玻璃生产的主流工艺,其生产线如图 8-5 所示。根据各工序特点,主要可以分为原料工艺、熔制工艺、成形工艺、退火工艺、切裁包装工艺。

(1) 原料工艺

玻璃原料主要是指用于制备平板玻璃的各种物质,按作用与用量区分,有主要原料与辅助原料两类,其中主要原料是指玻璃生产使用的主要氧化物原料,例如石英砂、纯碱、白云石、石灰石、长石、芒硝与碳粉等,辅助原料主要用于改善玻璃性质或优化玻璃熔制工艺。辅助原料的用量一般较少,但通常能起到重要作用,主要有澄清剂、脱色剂、着色剂、助熔剂等。

(2) 熔制工艺

平板玻璃熔制是一个较为复杂的工艺过程,制好的配合料通过系列物理化学变化,经历硅

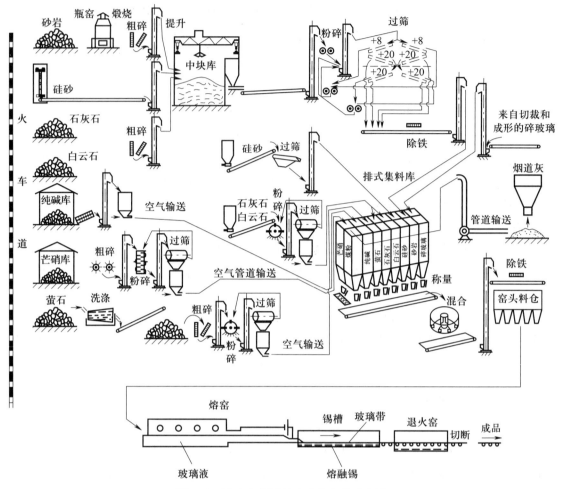

图 8-5　浮法生产平板玻璃生产线示意图

酸盐形成、玻璃形成、玻璃液澄清、玻璃液均化、玻璃液冷却五个工序,最终得到透明的玻璃液。普通钠钙硅玻璃的碳酸盐分解一般发生在 $800 \sim 900\ ℃$,配合料在这一阶段变成了不同链结构的硅酸盐与部分 SiO_2 组成的烧结体。随着温度继续升高,开始进入玻璃形成时期,上一阶段的硅酸钙、硅酸镁、硅酸铝、硅酸钠及剩余 SiO_2 开始熔化,且相互之间开始融合、扩散,最后硅酸盐烧结物变成了透明的玻璃体。平板玻璃的澄清阶段主要是排除气泡形成玻璃镜面的过程,此时玻璃中气体主要有可见气泡、溶解气体、化学结合气体、吸附于玻璃表面的气体,常见的气体种类主要有 CO_2、O_2、N_2、H_2O、SO_2、CO 等。玻璃液均化一般是在澄清温度以下完成,均化工艺主要依靠不均体的扩散均化、玻璃液的对流均化、气泡上升而引起搅拌均化三种作用完成,主要目的是消除与主体玻璃化学组成不同的不均匀体,在平板玻璃生产中也可以对池窑底部进行鼓泡处理,进一步强化玻璃液均化效果。为适应平板玻璃的成形工艺,通常需要对玻璃液进行冷却,一般要将玻璃液降温至 $1\,000 \sim 1\,100\ ℃$,降温手段主要是辐射散热、对流散热、冷却水包车降温等,冷却不同位置需要控制不同的冷却强度,以减少热不均匀性造成的玻璃缺陷。

（3）成形工艺

玻璃成形是指玻璃液从熔融状态转变为具有固定形状制品的过程,其主要分为成形与定型两个阶段。浮法玻璃的成形工艺是在保护气体（N_2 及 H_2）作用下,在浮抛锡槽中进行成形定板。锡槽高温端温度可达 950 ℃,低温端温度一般为 600 ℃,1 100 ℃的玻璃液通过流道、流槽流入锡液表面,在重力、表面张力共同作用下,玻璃液摊开形成玻璃带,前向的拉力将玻璃带朝着锡槽尾端拉引,玻璃带经抛光、拉薄、硬化、冷却后上过渡辊台,随着三个辊子转动把玻璃带拉进退火窑。玻璃板定型是指玻璃制品形状保持并固定下来,玻璃随着温度逐步降低,玻璃开始由黏性流体变成黏滞弹性体,然后再转变成为弹性固体。玻璃成形时,玻璃液受到外力发生机械运动而变为一定形状,成为固定形状的玻璃制品,成形阶段主要影响因素是玻璃黏度、表面张力、可塑性、弹性等的流变性质。玻璃定型时,玻璃液与锡液、空气等周围介质发生热交换,随着玻璃液黏度增大至一定值时,玻璃形状就固定下来,玻璃定型主要影响因素是玻璃热学性质及其硬化速度。实际上,玻璃成型工艺是非常复杂的多种物化性质综合作用的结果,玻璃液成形与定型可以说是同时开始且连续进行的,玻璃定型则是成形的延续,所需时间通常也更长。玻璃液冷却与硬化过程主要受成形时热传递所产生的温度场影响,与玻璃液及其周围介质的热导率、比热容等物理性质有关。

（4）退火工艺

平板玻璃受到激烈、不均匀温度变化时,就会产生热应力,热应力的存在会降低玻璃板的机械强度与热稳定性。高温成型的玻璃制品如果不经过退火就降温冷却,则很容易在后期使用与加工过程中发生炸裂,退火可以把玻璃加工产品中的热应力减少至允许范围内。玻璃退火温度制度通常与玻璃产品的种类、大小、形状、参数要求等有关,目前平板玻璃工业生产用的退火制度主要是加热、保温、慢冷和快冷四个工段。对于平板玻璃产品来说,退火工艺的品种单一、批量生产,因而常采用连续式退火窑。

（5）玻璃切装工艺

平板玻璃出退火窑至堆垛装箱之前,通常需要经过输送、检验、切裁与表面防护处理。平板玻璃出退火窑后,玻璃片在辊道输送,从前往后分别是一般输送辊道、玻璃落板辊道、玻璃纵横切辊道、玻璃横向掰断辊道、玻璃加速辊道、玻璃掰边辊道、斜坡辊道、双层分配辊道等。平板玻璃生产线通常会设置一些检验装置,例如在线应力自动检测、厚度检测、板边位置检测、速度检测与缺陷检测等,并实时将采集的数据传送到中控端,全程自动处理。平板玻璃切裁系统主要包括玻璃紧急横切机、玻璃纵切机、玻璃横切机、玻璃横向掰断装置、玻璃掰边装置、玻璃纵向掰断以及玻璃分片装置等,这些设备可以保证将连续的玻璃带切裁成定尺寸的玻璃片。切片合格的玻璃板通常要进行喷涂防霉剂或铺纸以保护。

2. 玻璃工业的智能制造

玻璃工业的智能制造主要体现在二代浮法玻璃技术、超薄玻璃的智能化生产。经过玻璃行业的系列升级,中国平板玻璃工业的智能制造水平已经达到国际先进水平。

（1）二代浮法玻璃技术

中国的二代浮法玻璃技术是指在"中国洛阳浮法玻璃技术"基础上,通过技术与设备的优化创新而实现的新一代浮法玻璃技术。具有优化创新措施包括进一步优化玻璃熔窑结构和锡槽结构,提高熔窑能效;能够生产高质量玻璃原片和各种特种玻璃,并能持久性提升在线镀膜技术;提高玻璃生产用原燃料均化与配置技术,提高利用效率;全线采用世界先进智能化操控检测技术,全面提升管理水平和劳动生产率;提高熔窑热能利用率与外保温效率,探索玻璃液余热再利用技术,提升减排技术。二代浮法玻璃技术的研发与应用使中国浮法工艺技术得到进一步提高,平板玻璃原片的质量、品种功能以及能耗、排放、深加工率全面达到国际水平。

2013—2019 年,中国玻璃企业针对发展超白、超薄、大尺寸化、功能化玻璃的智能生产线进行了技术攻关研究,并初步取得了一些成果。中国建材国际工程集团、凯盛科技集团、蚌埠玻璃工业设计研究院、秦皇岛玻璃工业研究设计院、中国新型建材设计研究院、中国玻璃控股有限公司、海南中航特玻材料有限公司等国内玻璃企业进行了高效玻璃熔窑设备研发,高档线锡槽性能完善和提升技术,全自动生产线智能化控制,浮法玻璃熔窑烟气余热发电、除尘、脱硫、脱硝一体化技术与装备开发等一系列先进技术与设备的研发,全面提升了我国平板玻璃生产的智能化水平。

2018 年 10 月,凯盛科技集团投资建设了一条 600 t/d 优质浮法玻璃智能化示范生产线,总投资 7.2 亿元。图 8-6 是浮法玻璃技术示范线所在的智慧化工厂。厂区干净整洁,环境优美。

图 8-6　浮法玻璃技术示范线所在的智慧化工厂

2020 年 8 月,河南省中联玻璃有限责任公司的 600 t/d 优质浮法玻璃智能化示范生产线点火投产。图 8-7 是中联玻璃二代示范线生产现场冷端。

该条智能化二代示范线的工艺水平、智能化程度均达到国际先进水平。平板玻璃产品主要用于光伏组件、汽车玻璃、家电玻璃等高端功能玻璃产品。平板玻璃生产设备的基本国产化和二代浮法玻璃示范线的建成投产,代表着国内平板玻璃企业的生产技术水平逐步提高,已赶超世界领先水平,开始了从多到好的新发展。

（2）超薄玻璃的智能化生产

超薄玻璃又称超薄电子玻璃,它是电子显示器件的核心材料,主要作为基础材料用于生产计算机、手机、电视等的显示屏。中国超薄玻璃在 21 世纪之前的一段时期,还做不出 1.1 mm

图 8-7 中联玻璃二代示范线生产现场冷端

以下的超薄玻璃,因而电子信息显示器件核心材料被国外垄断。进入 21 世纪后,玻璃工业的高新技术产品快速发展。2013 年,中国建材集团蚌埠玻璃工业设计研究院超薄生产线先后生产了 ITO 用超薄电子玻璃和厚度为 1.1 ~ 0.15 mm 的超薄玻璃,2015 年实现了 0.25 mm 玻璃稳定量产。2015 年南玻集团宜昌光电玻璃有限公司的 0.2 mm 超薄电子玻璃成功量产。2018 年,中国建材集团蚌埠玻璃工业设计研究院实验成功厚度为 0.12 mm 的超薄玻璃。

图 8-8 是超薄玻璃生产现场。超薄玻璃的生产,除了高温窑炉熔化玻璃液,锡槽成形也是非常关键的生产技术。高温熔化的玻璃液进入锡槽后浮在锡液表面,然后选用拉边机组将玻璃强制拉薄,最后在退火窑完成退火。2018 年,国内超薄玻璃产品在国际市场上的份额增长到了 40%。

图 8-8 超薄玻璃生产现场

8.2.4 陶瓷

陶瓷可以说是人类生产与生活中必不可少的一类重要无机非金属材料,发明至今已经有几千年的历史了。陶瓷主要是指以黏土为主要原料以及其他辅助原料,经过破碎、混炼、成形、煅烧等工艺制作而成的一类无机非金属材料,如日常使用的瓷碗、瓷盘、瓷花瓶等就属于日用陶瓷范畴,建筑用的瓷砖等属于是建筑陶瓷,输电线上的瓷质绝缘子、瓷套管等就是电瓷,电子元器件使用的压电陶瓷、介电陶瓷、微波陶瓷等就属于功能陶瓷,满足高温、高强度、耐磨等性能需求的 Si_3N_4、ZrO_2、Al_2O_3、SiC 就属于结构陶瓷。随着科技快速发展,众多新型陶瓷产品相继出现,相关原料也不再局限于黏土、长石、石英等原料,一些碳化物、氮化物、硼化物、砷化物、钛化物、化工原料、合成矿物等也开始应用于陶瓷生产,同时也发展了注凝成形、等静压成形、热压成形等新型陶瓷制备工艺。随着社会生产力发展以及生产技术水平逐步提高,陶瓷制品的应用现在已经普及到了国民经济各领域,相关产品的生产与发展也是经历了从简到繁、由粗至精、由无釉至施釉、由低温至高温等过程的变化。

　　按照陶瓷的性能与应用分类,可将陶瓷制品分为普通陶瓷、特种陶瓷。普通陶瓷主要是采用传统工艺生产的陶瓷制品,例如日用陶瓷、艺术陈设陶瓷、建筑卫生陶瓷、化学化工陶瓷、电瓷等。特种陶瓷主要是利用高新技术生产的高性能结构陶瓷与功能陶瓷制品,结构陶瓷主要是一些具有耐磨损、耐热冲击、高强度、高硬度、低热膨胀性、隔热等性能的结构陶瓷材料,以及具有电、热、磁、声、光、生物、化学等功能的功能陶瓷材料。

　　1. 陶瓷的生产

　　一般来说,陶瓷品种众多,原料大多取自天然矿物原料,成形工艺主要有压制成形、注浆成形、等静压成形,烧制工艺主要有一次烧成、二次烧成、三次烧成工艺,产品主要有上釉产品与无釉产品。由于不同陶瓷产品的生产工艺流程不尽相同,以一次烧成彩釉陶瓷墙砖、地砖生产工艺为例,其生产流程如图 8-9 所示。

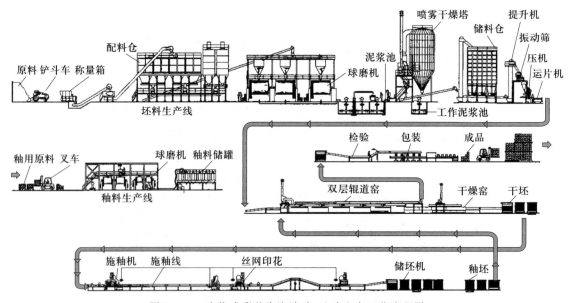

图 8-9　一次烧成彩釉陶瓷墙砖、地砖生产工艺流程图

（1）原料

普通陶瓷原料多是一些天然矿物原料,如良好可塑性的黏土,作为熔剂类原料的长石,作

为瘠性原料的石英,作为辅助原料的一些化工原料。黏土主要化学成分是 Al_2O_3、SiO_2、结晶水、少量 K_2O 与 Na_2O 的碱金属氧化物、少量 CaO 与 MgO 的碱土金属氧化物、少量 Fe_2O_3 与 TiO_2 等,其中 SiO_2 与 Al_2O_3 组成越接近高岭石,则此类黏土纯度就越高。自然界中 SiO_2 结晶矿物统称为石英,经历地质环境不同的石英则呈现出多种状态,纯度也各有差异。陶瓷工业中常用石英类原料主要有脉石英、砂岩、石英岩、石英砂。石英的化学组成是 SiO_2,通常会含有 Fe_2O_3、Al_2O_3、MgO、CaO、TiO_2 等少量杂质。高温下石英与其他氧化物会生成硅酸盐或玻璃态物质。长石是陶瓷生产中常用的熔剂性原料,同时也是坯料、釉料、色料熔剂等的基础原料。自然界中长石种类较多,大多数是钾长石、钠长石、钙长石、钡长石以一定比例固溶的混合矿物。陶瓷工业生产常用的长石代用品主要是伟晶花岗岩与霞石正长岩。

（2）成形

陶瓷成形材料随着成形工艺不同,主要可以分为含水率为 28% ~ 35% 注浆料、含水率为 18% ~ 25% 可塑料、含水率为 7% ~ 15% 的半干压制料三类。注浆料主要用于注浆工艺,生产过程主要控制其混浆均匀性、脱水均匀性及生坯强度。可塑料主要通过机械力进行挤制、湿压、滚压、压膜成形。对于压制料,主要是借助机械模具,通过等静压成形与干压成形。

（3）烧制

陶瓷坯体加热到高温,坯体的矿物组成发生化学变化,显微结构逐渐变得致密,冷却至室温后外形尺寸得以固定,制品的强度,电学、热学性能等相应提高,这一系列变化过程称为烧制工艺。一次烧成是指坯体经成形、干燥、施釉后,在烧成窑内一次烧制陶瓷产品的工艺,其优点为制品玻化明显、坯釉结合性好、节能环保。二次烧成是指坯体经成形、干燥后先在素烧窑内初烧,之后经拣选、施釉等工序后再次进行釉烧的工艺,其优点为缺陷少、坯釉质量高、性能优良。

2. 陶瓷的智能制造

陶瓷工业的智能制造是要实现个性化、柔性化生产,主要围绕产品、工艺、装备三大要素持续努力,通过技术研发,促进企业转型发展,营造出新商机。目前,陶瓷工业在生产的整机性能、自动化、智能化已有初步发展,在降低设备能耗、节能减排、环境友好型等方面也做出了一定成绩。

（1）产品技术创新

新中国成立初期,我国卫生陶瓷工业主要是老八件,如洗面器、坐便器、小便器、蹲便器,陶瓷产品的品种相对较少。改革开放后,卫生陶瓷模型与成形工艺不断改进,卫生陶瓷产品的品种越来越多,涵盖了市场需要的各类品种。进入 21 世纪,卫生陶瓷的产品结构逐渐多元化,智能坐便器因其智能高档、功能丰富、舒适豪华而深受用户喜爱,市场前景良好。纳米抗菌陶瓷作为一种加入抗菌剂的工业陶瓷,在保持陶瓷制品原有功能与装饰效果不变情况下,增加抗菌、除臭、保健功能,主要应用于卫生、医疗、居家、民用、工业建筑等领域,已逐渐发展为高技术卫生陶瓷开发的热点产品之一。

（2）工艺创新

陶瓷用原料逐步采用化工原料与标准化原料代替以前的天然矿物原料,这极大地保证了原料稳定性,整体提高了陶瓷质量。部分陶瓷企业采用了高压注浆成形工艺,大大提高了劳动效率以及产品质量。还有部分大中型陶瓷企业开始在组合立式浇注线上一次成形大批量产品,成形效率与质量大大提高。大部分陶瓷厂配备了梭式窑,梭式窑可以对大件高档陶瓷产品进行单烧,或对大件高档产品进行补后重烧,这些技术大大提高了陶瓷制品的质量。

3. 装备创新

在喷釉方面,21 世纪初,国产喷釉机械手开始用于陶瓷生产,极大提高了生产效率。在检测方面,2002 年推出的陶瓷砖坯厚激光测量系统,最小分辨率为 0.01 mm;2005 年,研发成功的墙地砖自动检测分砖线,可以检测墙地砖的尺寸、平面度、对角线等,每天可测 8 000 ~ 20 000 m^2;目前普遍使用的瓷砖自动化检测线,不仅提高了检测速度,而且提高了产品质量。在印花方面,先后经历了机械印花、激光喷码印花和数码印花三个阶段,印花质量逐步提高。在包装方面,普遍采用自动拣选包装线和智能分级包装线。

8.3 高分子材料的智能制造

8.3.1 高分子材料概述

高分子材料主要是指由分子量较高的一些化合物组成的材料,它是以高分子化合物为主要组成的有机材料。高分子化合物通常是由一种或多种单体(低分子化合物)聚合而成的。采用低分子化合物合成制备高分子化合物的常用方法主要有加聚反应与缩聚反应。由于组成高分子材料的高分子组成、结合力、结构不同,高分子材料的性能也有所差异。高分子化合物的结构主要与其大分子链结构、聚集态结构有关,其中链结构主要是指大分子的组成、大小与形态,以及其链接方式与构型,聚集态结构主要是指大分子间的结构,如非晶态与晶态结构等。高分子材料一般质量较轻、弹性良好、强度不高、刚度偏小、韧性偏低、塑性良好,加工温度与变形速度对高分子材料的强度有较大影响,然而其耐热性能一般,且存在老化问题。

高分子材料的应用与发展基本可以分为天然应用、人工改良、煤化工生产、石油化工生产四个时期。公元前期,人类就开始使用棉麻、蚕丝、羊毛等天然高分子材料,此时主要是天然高分子材料的应用时期。到了近代时期,化学工业生产技术与设备快速发展,人们开始不满足于天然橡胶、天然纤维等天然材料的性能,开始对这些材料进行人工改进,此时主要是高分子材料的人工改良阶段。20 世纪初,美国人率先研究成功了酚醛树脂合成技术。之后,英、德、法等国家也相继应用煤化工技术合成制备出高分子化工材料,此时进入了高分子材料的煤化工生产时期。20 世纪 30 年代,一些发达国家经过长期生产经验积累,基本掌握了较为成熟的高分子材料生产技术,开始了以石化技术制造高分子材料的规模性生产活动,此时进入了高分子材料的石油化工生产时期。20 世纪 40 年代,高分子科学与技术进入快速发展时期。高分子材料凭借其优异的性能,在信息、航天、军事、农业、交通、日常生活等领域获得了重要的应用。

近年来,随着高分子材料快速发展,一些现代化的大型工程设备相继研发成功。高分辨光刻胶、塑封树脂等的研发与进步促进了现代大规模集成电路的研发,进而成就了信息化的计算机技术。有机光缆、光信息存储材料等的研发与进步,极大地促进了现代化信息高速公路快速推广,为万物互联奠定了基础。目前,在飞机设计方面,高分子材料占机身总质量的65%左右;在汽车设计方面,高分子材料占车身总质量的18%左右;在服装设计方面,高分子材料可以用于制作羽绒服、运动服、消防服、作战服、宇航服等。

8.3.2 塑料

1. 塑料的概念、分类与应用

塑料是指在合成树脂基础上进行加热、加压、引入添加剂等处理工艺,加工成特定形状的高分子材料。合成树脂是指将低分子化合物进行缩聚,通过聚合反应制备生成的高分子化合物,如聚乙烯、聚丙烯、酚醛树脂等,其种类直接决定塑料的属性,在塑料中起黏结作用。添加剂主要是为了改良塑料的物化性能而加入的一类填料、固化剂、增塑剂、稳定剂、润滑剂、着色剂、阻燃剂、稀释剂、发泡剂、催化剂、抗静电剂等。塑料根据热性能不同可以分为热塑性塑料和热固性塑料,其中热塑性塑料主要是指加热可以熔融且能够反复使用的塑料,主要有聚乙烯、聚苯乙烯、聚氯乙烯、聚丙烯、ABS塑料等;热固性塑料是指成形后加热不发生变形,且不能重复使用,只能墩压后应用的塑料,如酚醛树脂、环氧塑料、氨基塑料、呋喃塑料等。

塑料制品按应用范围主要可以分为通用塑料、工程塑料与特种塑料。通用塑料主流产品有聚乙烯、聚苯乙烯、聚氯乙烯、聚丙烯等,这类塑料的产量较高、用途广泛、价格低廉,通用塑料产量占塑料总量的75%以上。工程塑料主要是指用于工程结构设计的塑料,主流产品有聚甲醛、聚碳酸酯、聚砜、ABS塑料、聚酰胺等,此类塑料的力学强度高,耐高温、耐腐蚀性好。特种塑料主要是具有特殊性能的一类塑料,一般用量较少,主要产品有导电塑料、感光塑料、导磁塑料等。

2. 工程塑料的智能制造

塑料的加工制造是将合成树脂、塑料制造成塑料制品的各类工艺总称,是塑料工业生产的重要部分。塑料加工制造通常包括塑料的配料、成形、加工、接合、修饰、装配等工序,其中加工、接合、修饰、装配工序是对塑料制品进行的再加工,又称之为塑料二次加工。塑料成形工艺的选择主要取决于塑料的类型、起始形态、制品外形、制品尺寸等,其中热塑性塑料的成形工艺主要有挤出成形、注射成形、压延成形、吹塑成形、热成形等。

注射成形技术与人工智能技术相结合,有利于实现工程塑料的智能生产与管理,目前已经成为工程塑料产品的主流制造工艺,可以用于制造结构复杂、尺寸精密的工程构件,相关产品主要可以用于航天、汽车、医疗、包装等领域。气体/液体辅助注射成形、微发泡注射成形、嵌件注射成形、熔芯注射成形、模内装饰成形等新型技术在"计算机+互联网"的加持下,生产效率将稳步提升。

（1）聚乙烯

聚乙烯是由乙烯单体聚合反应而制成的一类热塑性树脂,常用的合成方法主要有高压工艺、中压工艺、低压工艺三种,其中高压工艺与中压工艺生产的聚乙烯称之为低密度聚乙烯(简称为LDPE),低压工艺生产的聚乙烯称之为高密度聚乙烯(简称为HDPE)。LDPE质地相对柔软,较适合用于制造薄膜或软管,而HDPE质地坚硬,且化学稳定性、电绝缘性、耐腐蚀性良好,较适合用于制造受力结构。由于聚乙烯良好的物化性能,使其在化工设备与贮罐、化工耐腐蚀管道、阀件、衬套、滚动轴承保持器、电缆包皮、食品包装袋、奶瓶、食品容器等领域有着良好的应用。聚乙烯常用生产工艺是淤浆聚合工艺或气相加工工艺,是由乙烯单体、α-烯烃单体、催化剂体系、各种烃类稀释剂参与的放热反应。氢气与催化剂主要用以调控分子量。在配备双螺杆挤出机的大型反应器生产线上,聚乙烯的产量可达 18 t/h。新型催化剂为高性能 HDPE 的制造提供了技术支持,如铬氧化物催化剂、钛化合物-烷基铝催化剂等。

（2）尼龙

尼龙,又可以称之为聚酰胺,简称 PA,是由二元酸、二元胺通过缩聚反应而制成的高分子材料,主要产品有尼龙-66、尼龙-610、尼龙-1010 等。尼龙具有无毒、质轻、耐磨、耐蚀、强度高、易加工等优良特性,在轴承、齿轮、泵叶等领域有较好应用。

20 世纪 80 年代,尼龙开始获得应用,此时相容剂的成功研发,进一步推动了 PA 合金的发展,PA/PE、PA/PC、PA/PP、PA/ABS 等千余种合金相继开发成功,相关产品可以用于汽车、航天、纺织、办公用品、家电等领域。20 世纪 90 年代,尼龙改性品种持续增加,逐步走向商品化,20 世纪 90 年代末世界尼龙合金的年产量总计达 110 万吨。

在新产品研发方面,高性能尼龙 PPO/PA6、纳米尼龙、PPS/PA66、增韧尼龙、无卤阻燃尼龙逐渐发展成为新的尼龙产品;在产品应用方面,改性尼龙开始用于生产汽车的进气歧管,开始了商品化生产,延长了部件的寿命。

8.3.3　合成纤维

1. 合成纤维的概念、分类与应用

合成纤维是人工制备合适分子量且可溶的线型聚合物,然后经纺织与后处理而制造的一种化学纤维。与天然纤维、人造纤维相比,合成纤维的原料由人工工艺制造,生产也不受天然条件限制。依据主链结构,合成纤维可以分为碳链合成纤维、杂链合成纤维,其中碳链合成纤维主要材料有聚丙烯纤维、聚丙烯腈纤维、聚乙烯醇缩甲醛纤维等,杂链合成纤维主要材料有聚胺纤维、聚对苯二甲酸乙二酯纤维等。依据性能功用,合成纤维可以分为耐高温纤维(典型材料如聚苯并咪唑纤维)、耐腐蚀纤维(典型材料如聚四氟乙烯)、高强度纤维(典型材料如聚对苯二甲酰对苯二胺)、耐辐射纤维(典型材料如聚酰亚胺纤维)等。合成纤维具有强度高、弹性好、轻质、快干、防霉等优异性能,可用于制造生活衣料、渔网、轮胎帘线、船缆、索桥、降落伞、绝缘布等。

2. 合成纤维的智能制造

合成纤维的加工制造主要包括纺丝液制备、纺丝、初生纤维后加工等工序。纺丝液制备主要是将高聚物用溶剂或加热工艺熔化成黏稠液体。纺丝工艺是采用丝泵将纺丝液连续、定量、均匀地从喷头的小孔喷出,之后经过降温冷凝成为纤维。纺丝工艺主要有熔融法、干湿法、溶液法、液晶法、裂膜法、冻胶法、反应法、相分离法等。

纺丝纤维经后续加工处理后才可以用于纺织加工,其中长纤维后加工的工艺主要有拉伸、加捻、热定型、络丝、分级、包装等,而短纤维后加工的工艺主要有集束、牵伸、水洗、上油、干燥、热定型、卷曲、切断、包装等。锦纶、涤纶纤维经变形热处理后可以加工成具有良好弹性的纤维,称之为弹力丝,弹力丝通常是用加捻工艺制造的。腈纶纤维经处理后可以制造蓬松柔软且保暖性良好的膨体纱。

2017年,我国化纤总产量为4 919万吨,占世界总量的68.7%,在我国纺织纤维总量中占比为83.5%。随着"中国制造2025"战略不断推进,我国化纤企业积极引入互联网+、工业机器人、人工智能等先进技术,推动化纤生产模式向柔性化、智能化、精细化转变。随后,一批智能制造示范项目逐步建设并稳步发展,提升了我国化纤行业智能制造的水平。2017年9月,江苏国望高科纤维有限公司的"功能性聚酯纤维智能工厂"项目获批为江苏省智能工厂项目。2018年7月,福建百宏聚纤科技实业有限公司的"涤纶长丝熔体直纺智能制造数字化车间"项目顺利通过工业和信息化部的智能制造综合标准化与新模式应用评审。

8.3.4 合成橡胶

橡胶是具有高弹性、低刚度、绝缘性、密闭性、抗水性、一定耐磨性等性能的一种高分子材料,相关制品的弹性变形通常可达1~10倍,通常可以用于制造弹性材料、密封材料与减振材料等。经过几十年发展,我国的橡胶工业基本形成了胶管、轮胎、胶鞋、胶带、轮胎翻新、乳胶再生等的工业生产体系,合成橡胶、纤维骨架材料、天然橡胶钢丝、助剂等配套原材料工业也基本形成。轮胎工业作为橡胶工业的重点,结构、性能与用途各异的轮胎需要配套使用不同材质、性能的橡胶。

橡胶通常是在生胶中加入适量添加剂而制成的一类高分子材料。生胶作为橡胶制造的主要原料可以用来生产加工出不同性能的原料橡胶,主要产品有天然橡胶,顺丁、丁苯、氯丁等合成橡胶。生胶性能随环境变化有较大的变化,生胶的高温发黏、低温变脆、极易被溶剂溶解等缺点不利于后期加工,因而常常需要在橡胶中加入配合剂以提高橡胶制品的应用性与加工性。为了进一步改善橡胶制品性能,常用的配合剂主要有硫化剂、软化剂、防老剂、发泡剂、填充剂、着色剂等。橡胶生产一般可以加入硫黄、过氧化物、金属氧化物等作为硫化剂,使橡胶制品中的线型分子互相交联成网状结构,起到固化剂的作用,可以显著提高橡胶制品的强度、刚性、耐磨性、宽温稳定性。

2010年,中胶公司的"万吨级废轮胎环保再生橡胶装备技术"开始立项,经过几年科研攻关,该生产线将废轮胎胶块破碎,将橡胶的胶粒-胶粉再生工艺与连续挤出工艺整合,实现了橡胶的密闭、连续、中温、常压、环保生产。生产线结合新型全冗余分布集散式控制系统(DCS)与互联网,实现了生产与管理的自动化与智能化。

8.4 复合材料的智能制造

8.4.1 复合材料概述

复合材料是指由两种或两种以上的金属材料、无机材料、高分子材料,通过一定物理、化学方法进行人工合成的多相,且存在明显界面的一种综合性能优异的新型材料。复合材料各组分间可以取长补短,产生协同效应,使材料综合性能优于原单一材料。

复合材料是由基体、增强体、界面组成,因而复合材料的性能也与其组成有重要关系。复合材料中基体材料主要可以分为金属材料、非金属材料两类,其中金属基体材料主要有镁、铝、铁、铜、钛等。非金属基体材料主要有树脂、陶瓷、橡胶、石墨、碳等。增强体材料主要有玻璃纤维、硼纤维、碳纤维、芳纶纤维、石棉纤维、晶须等。

复合材料依据基体材料不同,主要分为金属基复合材料、聚合物基复合材料、陶瓷基复合材料等。复合材料依据增强体材料不同,主要分为纤维增强复合材料、颗粒增强复合材料等。复合材料依据用途不同,主要分为结构复合材料、功能复合材料。

进入 20 世纪,现代复合材料开始兴起并逐渐发展。1940—1960 年,一种采用强度高、变形小、耐腐蚀的玻璃纤维与高分子树脂塑料复合,形成一种轻质、高强、绝缘性好、耐腐蚀的新型材料,被称之为玻璃钢。此时,玻璃钢制品主要用于制造雷达罩、电机、阀门、容器、电器、仪器、管道、泵等。1960—1980 年,先进复合材料开始稳步发展。1965 年,英国研发成功了碳纤维,并制造了碳纤维增强树脂材料,这类复合材料的强度比玻璃钢高 6 倍,是钢材强度的 4 倍,而密度仅为钢材的四分之一。实验表明,一根直径 1 cm 的碳纤维绳可以承受几十吨火车头的重量。因此,这类高强碳纤维复合材料主要用于制造飞机、火箭的承力部件。1980—1990 年,纤维增强金属材料开始逐步发展。硼纤维增强铝材料是纤维/金属材料较早研究成功的,且应用较为广泛的一种复合材料。此类复合材料主要用于生产发动机叶片、飞机蒙皮等。1990—2019 年,多功能、多用途的新型复合材料逐步发展起来,典型材料代表如智能复合材料、仿生复合材料、梯度复合材料等。其中梯度功能复合材料可以实现性能、应力等阶梯分布,可以用于高温度差环境下的发动机引擎、燃烧室器壁等的制造。随着各种新型复合材料相继研发成功,复合材料在火箭、导弹、人造卫星、电子、汽车、船舶、医疗、建筑、机械、体育等领域都得到了广泛应用。

8.4.2　聚合物基复合材料

1. 聚合物基复合材料的概念、分类与应用

聚合物基复合材料是指以尼龙、聚乙烯、聚碳酸酯、聚丙烯等聚合物作为基体,以玻璃纤维、碳纤维、硼纤维、芳纶纤维等为增强体,经过一定工艺进行复合,制成的一类复合材料。聚合物基复合材料具有良好的比强度、比模量、抗疲劳性、减振性、耐高温性、安全性、可设计性等性能,因而在航天、航空、交通、建筑、化学、电子等领域具有重要的应用。

根据增强体材料不同,聚合物基复合材料主要可以分为玻纤增强塑料、碳纤维增强塑料、高强高模纤维增强塑料、陶瓷增强树脂材料、其他纤维增强塑料。根据基体材料不同,聚合物基复合材料主要可以分为热塑性树脂复合材料、热固性树脂复合材料、聚合物纳米复合材料、高性能聚合物基复合材料等。

先进复合材料研究与应用主要集中在军工领域,其在航空航天领域的应用如图 8-10 所示。高性能聚合物基复合材料体系主要是碳纤维增强树脂、芳纶纤维增强树脂、纤维增强多官能团环氧树脂等。复合材料性能相对稳定,应用良好。

2. 聚合物基复合材料的制造

聚合物基复合材料的生产把复合材料制造与产品加工融为一体,依据增强体与基体材料不同,复合材料的制造工艺也要随之变化。复合材料性能主要取决于成形与固化的工艺。

(1) 成形。根据产品具体要求将预浸料铺置成产品需要形状;

图 8-10 航空航天用复合材料

（2）固化。在特定温度、气氛、压力等影响下，使已铺置产品的形状固定，并达到预期性能要求。

依据基体不同，热固性树脂复合材料的制造工艺主要有手糊成形、喷射成形、模压成形、注射成形、RTM 成形等，热塑性复合材料制造工艺主要有模压成形、注射成形、RTM 成形、真空热压成形、缠绕成形等。手糊成形工艺是聚合物基复合材料制造中最早采用且最简单的工艺。

手糊成形工艺由于受到生产效率低、劳动强度大，卫生条件差等的影响，主要适用于小批量生产。手糊成形工艺过程为：先在模具上涂刷含有固化剂的树脂混合物，再在其上铺贴一层按要求剪裁好的纤维织物，用刷子、压辊等压挤织物，使其均匀浸胶并排除气泡后，再涂刷树脂混合物和铺贴第二层织物，反复上述过程直至达到所需厚度为止。

模压成形是一种对热固性树脂和热塑性树脂都适用的纤维复合材料成形方法。模压成形是先将定量的模塑料或颗粒状树脂与短纤维的混合物，放入成形温度下的模具型腔中，然后闭模加压而使其成形并固化，或者冷却使热塑性树脂硬化，脱模后得到复合材料制品。模压成形可兼用于热固性塑料、热塑性塑料和橡胶材料。模压成形工艺是复合材料生产中最古老而又富有无限活力的一种成形方法。

喷射成形一般是将混有促进剂和引发剂的不饱和聚酯树脂从喷枪两侧喷出，同时将玻璃纤维无捻初纱用切割机切断并由喷枪中心喷出，与树脂一起均匀沉积在模具上，待沉积到一定厚度，用手辊滚压，使树脂浸透纤维，压实并除去气泡，最后固化成制品。

拉挤成形是将浸渍过树脂胶液的连续纤维束或带状织物在牵引装置作用下通过成形模定型，在模中或固化炉中固化，制成具有特定横截面形状和长度不受限制的复合材料型材，如管材、棒材、槽型材、工字型材和方型材等。

8.4.3 无机复合材料

1. 无机复合材料的概念、分类与应用

无机复合材料是复合材料重要的一部分，主要是指基体为水泥、陶瓷等的一类复合材料，主要可以分为水泥基复合材料、陶瓷基复合材料。

水泥基复合材料是指以硅酸盐水泥为基体，以耐碱玻纤、合成纤维、陶瓷纤维、碳纤维、芳纶纤维、金属丝、天然植物纤维、矿物纤维等为增强体,适量加入填料、助剂,采用一定工艺复合而成的复合材料。水泥基复合材料比一般混凝土的性能要高。水泥基复合材料可以通过设计组成、优化结构、改进工艺等手段,制造出高性能的水泥基复合材料。水泥基复合材料制品一般具有强度高、韧性好、可设计性好等优势,在建筑、交通、军事等领域具有重要应用。

陶瓷一般具有耐高温、硬度高、耐磨损、耐腐蚀、密度低等优异性能,然而其致命缺点就是脆性。为此,可以通过陶瓷强韧化处理以提高材料强度,颗粒弥散增强陶瓷、纤维(或是晶须)补强增韧、层状复合增韧、相变增韧陶瓷等新型陶瓷基复合材料相继出现。现代陶瓷材料研究主要是扩大到了无机非金属材料,目前被学者们研究较多的是 SiC、Al_2O_3、SiO_2、ZrO_2 等,相应陶瓷基复合材料通常也具有耐高温、耐腐蚀、高强度、重量轻等优势。碳纤维与玻璃纤维是用来制造陶瓷基复合材料常用的纤维。陶瓷基复合材料有时也应用晶须作为增强体。晶须一般是具有一定长径比(直径 0.3～1 um,长 30～100 um)的小单晶体。陶瓷基复合材料由于其质量轻、高强度、耐高温、耐磨等优势,使其在刃具、滑动构件、发动机制件、能源构件等获得良好应用。

2. 无机复合材料的制造

水泥基复合材料主要产品为混凝土、纤维增强水泥基复合材料、聚合物改性混凝土等产品,掺入的矿物质主要有砂、石子、钢铁等,掺入的功能材料主要有纤维、胶液等,相应制品工艺基本为计量、混合、搅拌、储存。陶瓷基复合材料的常见产品主要有纤维增强陶瓷基复合材料,以及晶须、颗粒增强陶瓷基复合材料,不同陶瓷基复合材料的成形工艺略有不同,烧制工艺基本相似。

(1)水泥基复合材料

① 混凝土

混凝土是指由胶结料、集料、水、外加剂、矿物掺合料按一定比例,经过混合搅拌而制成的混合料,或是硬化后形成的堆聚复合材料。混凝土中的水泥浆主要起胶结作用,砂石集料作为骨料主要在混凝土中起骨架作用。在现代工程建筑中,混凝土是一类最为主要的建筑材料,也成为各类水泥最主要的用途。混凝土在硬化前,水泥浆填充石砂间隙,包裹砂石颗粒,起流动润滑作用,保证混凝土施工时的和易性;硬化后,混凝土则将石砂胶结成固体,产生较高的强度。

② 纤维增强水泥基复合材料

纤维增强水泥基复合材料的基体一般是普通硅酸盐水泥,也可以用高铝水泥或特种水泥。复合材料用纤维主要有石棉纤维、钢纤维、玻璃纤维、天然纤维、合成纤维等,这些纤维在复合材料中的状态与分布也是多样的,如长纤维一般是一维分布,织物一般呈现二维分布,短纤维一般是二维或三维地乱向分布。

③ 聚合物水泥混凝土

聚合物水泥混凝土一般是在水泥混凝土砂浆中掺入一定量的聚合物,以改善混凝土性能,提升混凝土品质,为满足特殊工程需要而制成的一种新型混凝土,也可以称为聚合物改性混凝土。与其他改性手段相比,聚合物水泥混凝土的抗折强度增加,抗压强度减小,脆性减弱,变形能力增加,耐久性与抗侵蚀能力改善。聚合物水泥混凝土较适合用于混凝土工程的修补作业,基本可以适应现有水泥混凝土工艺,成本较低。

（2）陶瓷基复合材料

依据增强体形貌进行区分,陶瓷基复合材料可分为纤维增强陶瓷基复合材料和颗粒增强陶瓷基复合材料。

① 纤维增强陶瓷基复合材料

泥浆烧铸法常被用于纤维增强陶瓷基复合材料的生产。这种工艺较早获得应用,可以制造出多种形状的制品,尽管工艺简单且成本低,然而其产量偏低,制品性能一般。泥浆烧铸工艺主要是将纤维分散在陶瓷泥浆中,然后在石膏模中浇铸成形。

浸渍工艺适合用于长纤维增强陶瓷基复合材料的生产。浸渍工艺易于自由调节纤维取向,实现纤维的单向排布及多向排布。浸渍工艺流程具体是先将纤维编织成需要形状,之后采用陶瓷泥浆进行浸渍,待生坯干燥后进行烧制。浸渍工艺生产制品的致密性一般偏低,很难生产出大尺寸产品。

热压烧结工艺是将切短纤维（长度<3 mm）与基体均匀分散混合,然后用热压工艺烧结制成高性能复合材料,这种工艺使纤维和基体结合良好,是目前纤维增强陶瓷基复合材料制造的主流工艺。在压制过程中,短纤维在致密化进程中沿压力方向转动,并沿着加压面发生择优取向,热压烧结工艺生产的复合材料一般在性能上呈现出各向异性。

② 颗粒增强陶瓷基复合材料

对于颗粒增强陶瓷基复合材料,增强体的形态主要有晶须（细长）与颗粒（圆形、或不规则）,相应的晶须增强陶瓷基复合材料与颗粒增强陶瓷基复合材料的增韧机理也基本相同,统称为颗粒增强陶瓷基复合材料。

颗粒增强陶瓷基复合材料的制造工艺是将晶须或颗粒与基体分散混合均匀,然后采用热压工艺生产高性能复合材料。与陶瓷材料相似,晶须与颗粒增韧陶瓷基复合材料的制造工艺基本可以分为配料、成形、烧结、再加工。

8.4.4 金属基复合材料

1. 金属基复合材料的概念、分类与应用

为了满足结构材料的轻质高强,金属基复合材料应运而生。金属基复合材料是以金属或合金为基体,以晶须、纤维、颗粒等为增强体,经过一定工艺制造的复合材料。根据基体金属的不同,金属基复合材料可分为铝基、镁基、铜基、钛基、高温合金基、金属间化合物基以及难熔金属基等复合材料。金属基复合材料的使用温度一般为350～1 200 ℃,其优势为剪切强度较高、韧性好、疲劳性能较好、抗燃、导电、抗辐射、导热、耐磨、热膨胀系数小、阻尼性好、无污染、不吸湿、不老化等。金属基复合材料按增强体的类别来分类,可以分为纤维增强、晶须增强、颗粒增强等金属基复合材料。金属基复合材料在生产过程中由于受到加工温度高、制造工艺复杂、界面控制困难、成本较高等条件限制,相关产品应用的范围较小。

金属基复合材料由于其高强度、耐高温、抗燃、抗辐射等优良性能,可以用作航天航空的高温材料。目前,金属基复合材料生产技术不断发展与完善,其中碳化硅颗粒增强铝合金以其耐磨、耐高温、轻质高强等优良性能,得到了快速发展,已小批量应用于汽车生产与机械加工。镍基复合材料具有良好的高温性能,可以用于制造燃气涡轮发动机叶片。钛基复合材料具有良好的生物相容性,可以作为新型生物医用金属材料而用于人体骨骼仿生。

2. 金属基复合材料的制造

金属基复合材料的制备工艺主要有固态法、液态法、直接涂覆法和压力浸渗法等。

（1）固态法

固态法是指采用固态工艺制造金属基复合材料的方法,也可以在固态金属中引入少量液相以加速复合过程,常用工艺有扩散黏结法、粉末冶金法、压力加工法。

粉末冶金工艺是一种较为成熟的工艺,最早用于生产铝基复合材料。粉末冶金工艺是先将增强体、铝合金粉末采用机械力混合均匀,压制密实,再加热排除气体,通过控制温度在液相线与固相线之间,采用真空热压烧结工艺,生产出复合材料坯料;然后将坯料进行挤压、轧制、锻造、拉拔等再加工工艺就可以生产出需要的型材。粉末冶金工艺的优点是增强体与铝合金混合均匀,可以任意比例混合,易于制备力学性能要求高的复合材料,然而其缺点为制造工艺与装备较为复杂,生产成本偏高。

（2）液态法

液态法是指采用液态工艺制造金属基复合材料的方法,主要有连续浸渍工艺、铸造工艺。连续浸渍工艺只适合于生产长纤维增强金属基复合材料,且纤维需要进行涂层、添加其他元素、超声处理等预处理。铸造工艺是将金属熔炼成符合要求的液体,浇注到模具里,经降温凝固后加工处理成预设形状、尺寸、性能的铸件。

铸造工艺主要用于生产金属基复合材料,也可以铸造简单机械零件、复杂零件等。对于纤维增强金属基复合材料,铸造工艺主要有常压铸造、真空铸造、压力铸造。常压铸造的设备与工艺一般较为简单,产品空隙多,质量一般。真空铸造与压力铸造可以显著减少材料空隙,提升材料性能。此外,真空铸造、压力铸造工艺可以进一步提高复合材料致密性,简化材料处理工序。

液态金属搅拌铸造工艺可以用于生产铝基复合材料,也是工业化规模生产铝基复合材料的主流工艺。液态金属搅拌铸造工艺是将颗粒增强体直接加入到熔融的金属中,通过搅拌作用使增强体均匀分散在基体中,从而制造出颗粒增强金属基复合材料。

（3）直接涂覆法

直接涂覆工艺是先将纤维清洗干净,然后在低温或高温下进行短时间的涂覆处理,制备金属基复合材料,典型工艺如等离子喷涂工艺、电镀工艺、化学镀工艺、化学气相沉积工艺。

（4）压力浸渗法

压力浸渗法是先将增强体制成预制件,然后将预制件放入模具,采用惰性气体或机械装置提供压力,将金属液压入预制件的间隙,凝固后即形成金属基复合材料的方法。压力浸渗工艺生产方法相对简单,但预制件容易产生变形与偏移。压力浸渗工艺有助于提高复合材料致密性,且适合于长纤维产品,在航天航空、汽车、空调等领域获得良好应用。

参 考 文 献

[1] 蔡自兴,蔡昱峰.智能制造的若干技术[J].机器人技术与应用,2020(03):13-16.

[2] 曾广峰.我国智能制造行业发展现状及趋势[J].质量与认证,2020(11):46-47.

[3] 宋嘉,薛健,吕娜.智能制造在5G环境下的发展趋势研究[J].中国新技术新产品,2019 (20):107-108.

[4] 沈意吉,傅家乐,张一帆.5G时代计量技术机构的智能场景应用前景[J].计量测试,2020, 47(04):59-61.

[5] 赵邦,谢书凯,周福宽.智能制造领域研究现状及未来趋势分析[J].现代制造技术与装 备,2018(02):180-181.

[6] 刘星星.智能制造的发展:现状、问题及对策研究[J].齐齐哈尔大学学报:哲学社会科学 版,2016(07):66-68.

[7] 陈业航.智能制造技术与智能制造系统的发展与研究[J].数字技术与应用,2016(08): 133.

[8] 张启亮.深入探索智能制造,共建共享工业互联网平台[J].中国高新科技,2020(13): 141-142.

[9] 马丁玲.智能制造:为传统制造业插上腾飞的翅膀[J].宁波通讯,2017(04):12-15.

[10] 郭进.全球智能制造业发展现状、趋势与启示[J].经济研究参考,2020(05):31-42.

[11] 刘建炜,燕路峰.知识表示方法比较[J].计算机系统应用,2011,20(3):242-246.

[12] 马创新.论知识表示[J].现代情报,2014,34(3):5.

[13] 蔡自兴,徐光祐.人工智能及其应用[M].3版.北京:清华大学出版社,2003.

[14] 赵一志.人工神经网络介绍[J].计算机科学与探索,1990,(03):42-47.

[15] 朱大奇,史慧.人工神经网络原理及应用[M].北京:科学出版社,2006.

[16] 李瑞琪,韦莎,程雨航,等.人工智能技术在智能制造中的典型应用场景与标准体系研究 [J].中国工程科学,2018,20(04):112-117.

[17] 车娟,江明棠.基于PLC和KUKA机器人的棒材车削自动生产线的设计[J].内燃机与配 件,2017(22):22-23.

[18] 任婷婷.自动化生产线的安装与调试[J].电子技术与软件工程,2018(03):145-146.

[19] 程永强.自动化生产线安装与调试课程改革与实践[J].黎明职业大学学报,2016(01): 58-61.

[20] 樊军锋.智能工厂数字化交付初探[J].石油化工自动化,2017,53(03):15-17.

[21] 孔雪健.DCS控制系统及发展趋势[J].城市建设理论研究:电子版,2014,(23):50-52.

[22] 吴修德.基于工业以太网的车间数字设备集成控制的关键技术研究[D].武汉:武汉理工

大学,2007.

[23] 郭琼,姚晓宇.机加工自动生产线控制系统集成[J].制造业自动化,2014,36(16):16-18,29.

[24] 李野.智能制造生产线实训系统应用研究[J].内燃机与配件,2021(11):197-199.

[25] 曾光奇,胡均安,王东,等.模糊控制理论与工程应用[M].武汉:华中科技大学出版社,2006.

[26] 李士勇.模糊控制[M].哈尔滨:哈尔滨工业大学出版社,2011.

[27] 石辛民,郝整清.模糊控制及其 MATLAB 仿真[M].北京:清华大学出版社,2008.

[28] 李国勇,杨丽娟.神经模糊预测控制及其 MATLAB 实现[M].北京:电子工业出版社,2018.

[29] 张德丰.MATLAB 神经网络应用设计[M].北京:机械工业出版社,2009.

[30] 韩力群,施彦.人工神经网络理论及应用[M].北京:机械工业出版社,2016.

[31] 李炯城,黄汉雄.神经网络中 LMBP 算法收敛速度改进的研究[J].计算机工程与应用,2006,42(16):46-49.

[32] 郭广颂.智能控制技术[M].北京:北京航空航天大学出版社,2014.

[33] 王耀南,孙炜.智能控制理论及应用[M].北京:机械工业出版社,2008.

[34] 修春波,夏琳琳,等.智能控制技术[M].北京:中国水利水电出版社,2013.

[35] 刘杰,李允公,刘宇,等.智能控制与 MATLAB 实用技术[M].北京:科学出版社,2017.

[36] 雷英杰,张善文.MATLAB 遗传算法工具箱及应用[M].西安:西安电子科技大学出版社,2014.

[37] 付华,徐耀松,王雨虹.智能检测与控制技术[M].电子工业出版社,2015.

[38] 欧阳谷,钟必能,白冰,等.深度神经网络在目标跟踪算法中的应用与最新研究进展[J].小型微型计算机系统,2018,39(02):315-323.

[39] 周文明,周建,潘如如.应用遗传算法优化 Gabor 滤波器的机织物疵点检测[J].东华大学学报:自然科学版,2020,46(04):535-541.

[40] 景年昭,杨维.基于 RCF 的精细边缘检测模型[J].计算机应用,2019,39(09):2535-2540.

[41] 闫兆进,孟丽娜.基于直线特征检测的道路边线自动提取方法[J].测绘工程,2017,26(03):42-45.

[42] 陶显.基于显微视觉的表面瑕疵检测与振动测量研究[D].中国科学院大学,2016.

[43] 袁智超.基于视觉感知的盖板玻璃印刷缺陷检测与识别方法研究[D].中国科学院大学.2018.

[44] 王德生.世界智能制造装备产业发展动态[J].竞争情报,2015,11(4):51-57.

[45] 傅建中.智能制造装备的发展现状与趋势[J].机电工程,2014,31(8):959-962.

[46] 周延佑,陈长年.智能机床:数控机床技术发展新的里程碑[J].制造技术与机床,2007(4):43-46.

[47] 余勤锋.石化工程企业设计集成系统的构建[J].现代化工,2015,35(8):6-10.